现代通信技术系列教材

高等学校新工科应用型人才培养系列教材

数据通信与计算机网络

中兴通讯亚太区实训总部　组编

陈彦彬　主　编

夏　伟　副主编

U0277507

西安电子科技大学出版社

内 容 简 介

  本书内容涵盖了数据通信与计算机网络的基本概念、原理和应用。全书共 8 章，主要介绍了通信网络、数据通信的发展、网络的 OSI 模型和 TCP/IP 模型、数据通信设备和技术、局域网、广域网、互联网、无线网络、物联网、SDN 网络、网络操作系统、网络安全等内容，最后在第 8 章给出了网线制作、交换机 Telnet 远程登录等 6 个实训项目。本书既体现了知识的实用性、前沿性，也考虑了技术发展的关联性。

  本书由校企合作共同完成编写，实践性、技术性、综合性较强，可以作为高等院校电子信息工程、通信工程、物联网、信息工程、电气工程、自动化、计算机等相关专业的教材，也可供相关岗位培训使用或作为自学参考书。

图书在版编目(CIP)数据

数据通信与计算机网络/陈彦彬主编. —西安：西安电子科技大学出版社，2018.8(2024.1重印)

ISBN 978 - 7 - 5606 - 5004 - 3

Ⅰ. ① 数⋯ Ⅱ. ① 陈⋯ Ⅲ. ① 数据通信 ② 计算机网络

Ⅳ. ① TN919 ② TP393

中国版本图书馆 CIP 数据核字(2018)第 156835 号

策　　划	李惠萍
责任编辑	雷鸿俊
出版发行	西安电子科技大学出版社(西安市太白南路 2 号)
电　　话	(029)88202421　88201467　　邮　编　710071
网　　址	www. xduph. com　　电子邮箱　xdupfxb001@163.com
经　　销	新华书店
印刷单位	陕西日报印务有限公司
版　　次	2018 年 8 月第 1 版　2024 年 1 月第 5 次印刷
开　　本	787 毫米×1092 毫米　1/16　印张　15
字　　数	350 千字
定　　价	38.00 元

ISBN 978 - 7 - 5606 - 5004 - 3/TN

XDUP　5306001 - 5

前　言

数据通信、计算机网络技术是信息时代的关键技术，随着 3G、4G、5G 无线通信网络的应用以及物联网、人工智能的技术发展，数据通信基本理论、通信网络的基本原理以及各种电信的新技术已经与每个人的学习、工作和生活密切相关。

本书由校企合作共同完成。与同类教材相比，本书更注重联系实际，强调实用性和综合性，简洁易懂。全书内容丰富，既介绍了技术发展的历史，也介绍了技术发展的方向。结合应用型高校的特点，将数据通信技术、网络技术和计算机技术相结合。通过本书内容的学习，可以提高学生的实践应用能力，并能帮助学生为今后的就业和创业打下良好的基础。

本书主要内容如下：第 1 章介绍了数据通信网络；第 2 章介绍了数据通信基础知识，包含传输方式、传输介质、交换技术、复用技术、差错控制技术；第 3 章介绍了 OSI 模型和 TCP/IP 模型，其中 OSI 模型重点介绍了数据链路层以及 MAC 地址、网络层以及 IP 地址定义，TCP/IP 模型重点介绍了传输层的 TCP/UDP 协议、应用层的各种协议；第 4 章介绍了网络接口、网卡、集线器、网桥、交换机、路由器、网关等网络设备，在交换机部分重点介绍了 VLAN 以及 802.1Q 协议，在路由器部分重点介绍了路由；第 5 章介绍了网络体系的划分，包括局域网、广域网、互联网、无线网络、SDN 网络、物联网；第 6 章介绍了各种网络操作系统；第 7 章介绍了网络安全技术，包括防火墙、安全网关、VPN 网络技术以及产品；第 8 章介绍了网线制作、交换机 Telnet 远程登录、静态路由应用、ACL 访问控制列表、FTP 服务器搭建等实训项目。附录部分给出了常见通信类英文缩写词。本书在章节内容的安排上，考虑到人们日常工作习惯，将 MAC 地址、IP 地址放在了 OSI 模型部分，以使读者对二层交换和三层路由的知识有更好的理解；将 TCP/UDP 协议、端口的定义等相关知识放在了 TCP/IP 模型部分，这样初学者对于传输层和应用层之间关系的学习就不会受到 OSI 模型的干扰；本书也为初学者更好地理解数据通信的原理提供了清晰的思路。

本书由中兴通讯亚太区实训总部陈彦彬任主编，陆军步兵学院夏伟任副主编。本书编写过程中参考了相关领域成熟的优秀教材，所参考书籍的内容对本书的完成起到了重要作用。在此，本书的编写人员对所有被参考书籍的作者表示诚挚的谢意。

由于数据通信与计算机网络技术和无线通信、卫星通信、物联网等新技术结合越来越紧密，涉及的面已经不仅仅限于传统的数据通信设备，书中可能有不妥之处，敬请读者批评指正。

编　者
2018 年 6 月

目　录

第 1 章　通信网络概述

【本章内容简介】

本章主要介绍了两部分内容，即数据通信概述及计算机网络概述。其中数据通信概述部分包括模拟通信、数字通信以及数据通信的发展史及演变过程，介绍了每种通信技术的概念、特点、关键技术等相关知识；计算机网络概述包括计算机网络的发展史、功能、特点、组成、分类及拓扑结构等基础知识。

【本章重点难点】

重点掌握数据通信概述及计算机网络概述两大部分的相关概念、发展过程、特点、关键技术及模型框架等知识。

1.1　数据通信概述

数据通信是依照一定的通信协议，在两点或多点之间通过某种传输媒介（如电缆、光缆），完成数据传输、信息交换和通信处理等任务的过程。数据通信是为了实现计算机与计算机或终端与计算机之间的信息交互而产生的一种通信技术。数据是把事件的某些属性规范化后的表现形式；信号是数据的具体的物理表现，它把消息用电信号的形式表达。而通信就是把消息这一数据的具体物理表现从一个地方传递到另一个地方，完成信息（或消息）的传输和交换。

1.1.1　数据通信的发展过程

1937 年，英国人 A. H. 里夫斯提出脉冲编码调制（PCM），从而推动了模拟信号数字化的进程。1947 年，美国贝尔实验室研制出供实验用的 24 路电子管脉码调制装置，证实了实现 PCM 的可行性。1953 年，不用编码管的反馈比较型编码器被发明，扩大了输入信号的动态范围。20 世纪 60 年代，数字传输理论与技术得到迅速发展；计算机网络开始出现。1962 年，美国研制出晶体管 24 路 1.544 Mb/s 脉码调制设备，并在市话网局间使用。20 世纪 70 年代，商用卫星通信、程控数字交换机、光纤通信系统投入使用；一些公司制定计算机网络体系结构。20 世纪 80 年代，开通数字网络的公用业务；个人计算机和计算机局域网出现；网络体系结构国际标准陆续制定。20 世纪 90 年代，蜂窝电话系统开通，各种无线通信和数据移动通信技术不断涌现；光纤通信得到迅速普遍的应用；国际互联网和多媒体通信技术得到极大发展。1997 年，68 个国家签订国际协定，互相开放电信市场。20 世纪 90 年代，数字通信向超高速大容量长距离方向发展，高效编码技术日益成熟，语声编码已走向实用化，新的数字化智能终端进一步发展。

1.1.2 模拟通信和数字通信

按照传输信号的种类可以将数据通信分为模拟通信和数字通信，下面分别进行介绍。

1. 模拟通信

1）模拟通信的定义

模拟信号指在一定范围内可以连续取值的信号。时间上连续的模拟信号包括连续变化的图像（电视、传真）信号等，时间上离散的模拟信号是一种抽样信号。模拟信号分布于自然界的各个角落，如每天温度的变化。电学上的模拟信号主要是指振幅和相位都连续的电信号，此信号可以通过模拟电路进行各种运算，如放大、相加、相乘等。

模拟通信是一种以模拟信号传输信息的通信方式。电话通信是最常用的一种模拟通信。模拟通信系统主要由用户设备、终端设备和传输设备等部分组成。其工作过程是：在发送端，先由用户设备将用户送出的非电信号转换成模拟电信号，再经终端设备将它调制成适合信道传输的模拟电信号，然后送往信道传输。到了接收端，信号经终端设备解调，然后由用户设备将模拟电信号还原成非电信号，送至用户。

2）模拟通信的特点

模拟通信系统设备简单，占用频带窄且容易实现，但存在以下几个缺点：

（1）保密性差。模拟通信，尤其是微波通信和有线明线通信，很容易被窃听。只要收到模拟信号，就容易得到通信内容。

（2）抗干扰能力弱。电信号在沿线路的传输过程中会受到外界的和通信系统内部的各种噪声干扰，噪声和信号混合后难以分开，从而使得通信质量下降。线路越长，噪声的积累也就越多。

（3）设备不易大规模集成化。

（4）不适于飞速发展的计算机通信要求。

2. 数字通信

1）数字通信的定义

数字信号是一种离散的脉冲序列，它的取值是有限个数。数字通信是一种以数字信号传输信息或用数字形式对载波信号进行调制后再传输的通信方式。电话和电视模拟信号经数字化后，再进行数字信号的调制和传输，便称为数字电话信号和数字电视信号。以计算机为终端机的相互间的数据通信，因信号本身就是数字信号而属于数字通信。卫星通信中采用的时分或码分的多路通信也属于数字通信。

通常，在数字通信系统模型中，信源输出的是模拟信号，经过数字终端的信源编码器编码后成为数字信号，终端输出的数字信号经过信道编码器后变成适合于信道传输的数字信号，然后由解调器把数字信号调制到系统所使用的数字信道上，再传输到接收端，经过相反的转换后最终送到信宿。数字通信系统的组成框图如图 1-1 所示。

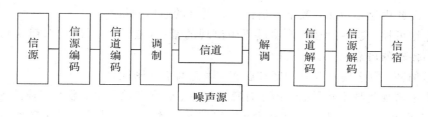

图 1-1　数字通信系统的组成框图

数字通信系统各部分的作用如下：

（1）信源的作用：把原始信息变换成原始电信号。

（2）信源编码的作用。

① 实现模拟信号的数字化，即完成 A/D 变化。

② 提高信号传输的有效性，即在保证一定传输质量的情况下，用尽可能少的数字脉冲来表示信源产生的信息。信源编码也称为频带压缩编码或数据压缩编码。

（3）信道编码的作用。

① 信道编码的目的：信道编码主要解决数字通信的可靠性问题。

② 信道编码的原理：对传输的信息码元按一定的规则加入一些冗余码（监督码），形成新的码字，接收端按照约定好的规律进行检错甚至纠错。

③ 信道编码又称为差错控制编码、抗干扰编码、纠错编码。

（4）数字调制的概念和作用。

① 数字调制技术的概念：把数字基带信号的频谱搬移到高频处，形成适合在信道中传输的频带信号。

② 数字调制的主要作用：提高信号在信道上传输的效率，达到信号远距离传输的目的。

（5）同步的概念和作用。

同步是指通信系统的收、发双方采用统一的时间标准，使它们的工作"步调一致"。对于数字通信而言，同步是至关重要的。如果同步存在误差或失去同步，通信过程中就会出现大量的误码，导致整个通信系统失效。

（6）信道：信号传输媒介的总称。传输信道的类型有有线信道（如电缆、光纤）和无线信道（如自由空间）两种。

（7）噪声源：通信系统中各种设备以及信道中所固有的噪声。为了分析方便，把噪声源视为各处噪声的集中表现而抽象加入信道。

2）数字通信的特点

数字通信系统的优点如下：

（1）抗干扰能力强。由于在数字通信中，传输的信号幅度是离散的，以二进制为例，信号的取值只有两个，这样接收端只需判别两种状态。信号在传输过程中受到噪声的干扰，必然会使波形失真，接收端对其进行抽样判决，以辨别是两种状态中的哪一个。只要噪声的大小不足以影响判决的正确性，就能正确接收（再生）。

数字通信抗噪声性能好，还表现在微波中继通信时，它可以消除噪声积累。这是因为数字信号在每次再生后，只要不发生错码，它仍然像信源中发出的信号一样，没有噪声叠加在上面。因此中继站再多，数字通信仍具有良好的通信质量。

（2）差错可控。数字信号在传输过程中出现的错误（差错），可通过纠错编码技术来控制，以提高传输的可靠性。

（3）易加密。数字信号容易加密和解密，因此通信保密性好。

（4）易于与现代技术相结合。由于计算机技术、数字存储技术、数字交换技术以及数字处理技术等现代技术飞速发展，许多设备、终端接口均是数字信号，因此极易与数字通信系统相连接。

数字通信系统的缺点如下：

（1）频带利用率不高。系统的频带利用率，可用系统允许最大传输带宽（信道的带宽）与每路信号的有效带宽之比来表示。数字通信中数字信号占用的频带要宽得多，以电话为例，一路模拟电话通常只占据 4 kHz 带宽，但一路接近同样话音质量的数字电话可能要占据 20～60 kHz 的带宽。因此，如果系统传输带宽一定的话，模拟电话的频带利用率要高出数字电话的 5～15 倍。

（2）系统设备比较复杂。数字通信中，要准确地恢复信号，接收端需要严格的同步系统，以保持接收端和发送端严格的节拍一致。因此，数字通信系统及设备一般都比较复杂，体积较大。

不过，随着新的宽带传输信道（如光导纤维）的采用、窄带调制技术和超大规模集成电路的发展，数字通信的这些缺点已经弱化。随着微电子技术和计算机技术的迅猛发展和广泛应用，数字通信在当今的通信方式中取代模拟通信而占主导地位。

1.1.3 数据通信系统模型

数据通信系统模型是指远端的数据终端设备 DTE 通过数据电路与计算机系统相连。数据电路由通信信道和数据通信设备 DCE 组成。如果通信信道是模拟信道，DCE 的作用就是把 DTE 送来的数据信号变换成模拟信号再送往信道，信号到达目的节点后，把信道送来的模拟信号变换成数据信号再送到 DTE；如果通信信道是数字信道，DCE 的作用就是实现信号码型与电平的转换、信道特性的均衡、收发时钟的形成与供给以及线路接续控制。

数据通信系统模型如图 1-2 所示。

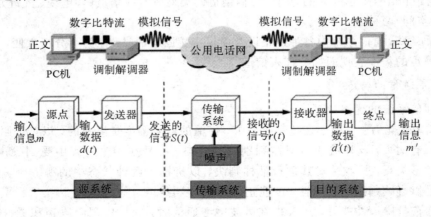

图 1-2 数据通信系统模型

该模型包括源系统、传输系统和目的系统三个部分,有以下 5 个组成要素:

(1) 源点,通常是生成传输数据的设备,如 PC 机。

(2) 发送器,源点生成的数据要通过发送器编码后才能成为在传输系统中传输的电信号。

(3) 传输系统,传输线或者传输网络系统。

(4) 接收器,接收来自传输系统的信号,并转换为终点能处理的信息。

(5) 终点,获取来自接收器数据的设备。

各个组成部分的具体实现及相关技术将在其余章节予以详述。

1.1.4　数据通信系统的主要技术指标

数据通信系统的指标包括有效性指标和特征性指标。有效性指标指衡量数据通信系统的传输能力的指标。常用的有效性指标包括带宽、传输速率和频带利用率等。特征性指标指衡量数据通信系统传输质量的指标。这些指标与有效性指标有很大关系。常用的特征性指标包括差错率、可靠性、通信的建立时间、适应性和可维护性、经济性、标准性。下面就其中的几个重要指标进行说明。

1. 频谱与带宽

信号是数据的电磁编码,信号中包含了所要传递的数据。信号一般以时间为自变量,以表示消息(或数据)的某个参量(振幅、频率或相位)为因变量。信号按其自变量时间的取值是否连续,可分为连续信号和离散信号;按其因变量的取值是否连续,又可分为模拟信号和数字信号。

信号具有时域和频域两种最基本的表现形式和特性。时域特性反映信号随时间变化的情况。频域特性不仅含有与信号时域中相同的信息量,而且通过对信号的频谱分析,还可以清楚地了解该信号的频谱分布情况及所占有的频带宽度。为了得到所传输的信号对接收设备及信道的要求,只了解信号的时域特性是不够的,还必须知道信号的频谱分布情况。由于信号中的大部分能量都集中在一个相对较窄的频带范围之内,因此将信号大部分能量集中的那段频带称为有效带宽,简称带宽。任何信号都有带宽。一般来说,信号的带宽越宽,利用这种信号传送数据的速率就越高,要求传输介质的带宽也越宽。

下面将简单介绍常见信号的频谱和带宽。

声音信号的频谱大致在 20 Hz～2000 kHz 的范围(低于 20 Hz 的信号为次声波,高于 2000 kHz 的信号为超声波),但用一个窄得多的带宽就能使可接受的语音重现,因而语音信号的标准频谱为 300～3400 Hz,其带宽为 3 kHz。电视信号的频谱为 0～4 MHz,因此其带宽为 4 MHz。作为一个特殊的例子,单稳脉冲信号的带宽为无穷大。而对于二进制信号,其带宽一般依赖于信号波形的确切形状以及 0、1 的次序。信号的带宽越大,它就越忠实地表示着数字序列。

2. 截止频率与带宽

根据傅立叶级数可知,如果一个信号的所有频率分量都能完全不变地通过信道传输到接收端,那么在接收端由这些频率分量叠加起来而形成的信号就和发送端的信号是完全一样的，即接收端完全恢复了发送端发出的信号。如果所有的频率分量都被等量衰减，那么接收端接收到的信号虽然在振幅上有所衰减，但并没有发生畸变。但现实世界中，没有任何信道能毫无损耗地通过所有频率分量。传输信道和设备对不同的频率分量的衰减程度是不同的，有些频率分量几乎没有衰减，而有些频率分量则衰减明显，这就是说，信道是具有不同的振幅频率特性的，因而导致输出信号发生畸变。通常情况是频率为 0 到 f_c 赫兹范围内的信号在信道传输过程中不会发生衰减（或其衰减是一个非常小的常量），而在 f_c 频率之上的所有信号在传输过程中衰减明显。我们把信号在信道传输过程中某个分量的振幅衰减到原来的 0.707（即输出信号的功率降低了近一半）时所对应的那个频率称为信道的截止频率（Cut-off Frequency）。截止频率反映了传输介质本身所固有的物理特性。有些时候，信道对应着两个截止频率 f_1 和 f_2，它们分别被称为下截止频率和上截止频率，而这两个截止频率之差 $f_2 - f_1$ 被称为信道的带宽。如果输入信号的带宽小于信道的带宽，则输入信号的全部频率分量都能通过信道，因而信道输出端得到的输出波形将是不失真的。但如果输入信号的带宽大于信道的带宽，则信号中某些频率分量就不能通过信道，这样输出得到的信号将与发送端发送的信号有些不同，即产生了失真。为了保证数据传输的正确性，必须限制信号的带宽。

3. 数据传输率

单位时间内能传输的二进制位数称为数据传输率。数字信道是一种离散信道，它只能传送离散值的数字信号，信道的带宽决定了信道中能不失真地传输脉冲序列的最高速率。

一个数字脉冲称为一个码元，人们用码元速率表示单位时间内信号波形的变换次数，即单位时间内通过信道传输的码元个数。若信号码元宽度为 T 秒，则码元速率 $B = 1/T$。码元速率的单位叫波特（Baud），所以码元速率也叫波特率。早在 1924 年，贝尔实验室的研究员亨利·尼奎斯特就推导出了有限带宽无噪声信道的极限波特率，称为尼奎斯特定理。若信道带宽为 W，则尼奎斯特定理指出最大码元速率为 $B = 2W$（Baud）。尼奎斯特定理指定的信道容量，也叫尼奎斯特极限，这是由信道的物理特性决定的。超过尼奎斯特极限传送脉冲信号是不可能的，所以要进一步提高波特率就必须改善信道带宽。

码元携带的信息量由码元取的离散值个数决定。若码元取两种离散值，则一个码元携带 1 比特信息。若码元可取四种离散值，则一个码元携带 2 比特信息，即一个码元携带的信息量 n 与码元的种类数 N 有如下关系：

$$n = \mathrm{lb}N(\mathrm{lb}N \text{ 即 } \log_2 N)$$

单位时间内在信道上传送的信息量（比特数）称为数据速率。在一定的波特率下提高速率的途径是用一个码元表示更多的比特数。如果把两比特编码为一个码元，则数据速率可成倍提高。对此，有以下公式：

$$R = B\ \mathrm{lb}N = 2W\ \mathrm{lb}N\ (\mathrm{b/s})$$

其中 R 表示数据速率，单位是比特每秒，简写为 bps 或 b/s。

数据速率和波特率是两个不同的概念。仅当码元取两个离散值时两者才相等。对于普通电话线路，带宽为 3000 Hz，最高波特率为 6000 Baud。而最高数据速率可随编码方式的不同而取不同的值。这些都是在无噪声的理想情况下的极限值。实际信道会受到各种噪声的干扰，因而远远达不到按尼奎斯特定理计算出的数据传送速率。香农（Shannon）的研究表明，有噪声的极限数据速率可由下面的公式计算：

$$C = W \, \text{lb}\left(1 + \frac{S}{N}\right)$$

这个公式叫做香农定理，其中 S 为信号的平均功率，N 为噪声的平均功率，S/N 叫做信噪比。由于在实际使用中 S 与 N 的比值太大，故常取其分贝数(dB)。分贝与信噪比的关系为：$1 \text{ dB} = 10 \text{ lg} S/N$。例如，当 S/N 为 1000 时，信噪比为 30 dB。这个公式与信号取的离散值无关，也就是说无论用什么方式调制，只要给定了信噪比，则单位时间内最大的信息传输量就确定了。例如，信道带宽为 3000 Hz，信噪比为 30 dB，则最大数据速率为

$$C = 3000 \, \text{lb}(1 + 1000) \approx 3000 \times 9.97 \approx 30 \ 000 \ (\text{b/s})$$

这是极限值，只有理论上的意义。实际上在 3000 Hz 带宽的电话线上数据速率能达到 9600 b/s 就很不错了。

综上所述，我们有两种带宽的概念，模拟信道的带宽按照公式 $W = f_2 - f_1$ 计算，例如 CATV 电缆的带宽为 600 Hz 或 1000 Hz；数字信道的带宽为信道能够达到的最大数据速率，例如以太网的带宽为 10 Mb/s 或 100 Mb/s，两者可通过香农定理互相转换。

1.1.5　数据通信系统的传输手段

根据数据传输系统的传输手段的不同，可以将其分为电缆通信、微波中继通信、光纤通信、卫星通信、移动通信等。下面分别进行介绍。

1. 电缆通信

电缆通信多指采用双绞线、同轴电缆等介质进行通信的一种手段。

双绞线是由两条互相绝缘的铜线组成，其典型直径为 1 mm。这两条铜线拧在一起，就可以减少邻近线对电气的干扰。双绞线既能传输模拟信号，也能传输数字信号。由于性能较好且价格便宜，双绞线得到广泛应用。双绞线可以分为非屏蔽双绞线和屏蔽双绞线两种，屏蔽双绞线性能优于非屏蔽双绞线。双绞线由于性能较好且价格便宜，得到了广泛应用。

同轴电缆比双绞线的屏蔽性要更好，因此在更高速度上可以传输得更远。它以硬铜线为芯(导体)，外包一层绝缘材料(绝缘层)，这层绝缘材料再用密织的网状导体环绕构成屏蔽，其外又覆盖一层保护性材料(护套)。同轴电缆的这种结构使它具有更宽的带宽和极好的噪声抑制特性。1 km 的同轴电缆可以达到 1～2 Gb/s 的数据传输速率。

2. 微波中继通信

微波是一种频率极高的，波长很短的电磁波。微波对应频率范围为 300 MHz～3000 GHz，波长范围为 1 m～0.1 mm。微波中继通信是指利用微波作为载波并采用中继的方式在地面上进行无线通信的过程。

采用中继方式的原因有两个：一是微波传播具有视距传播特性，即电磁波是沿直线传播的，而地球表面是曲面，若通信两地间的距离较长，且天线所架高度有限，则发送端所发出的电磁波就会受到地面阻挡，而无法到达接收端。所以，为了延长通信距离，需要在通信两地之间设立若干中继站，进行电磁波的转接。另一原因是微波在传播过程中有损耗，在远距离通信时有必要采用中继方式对信号逐段接收、放大和发送。

与同轴电缆相比，微波中继通信易架设、投资小、周期短。微波中继通信在传送长途电话信号、电视信号、移动通信系统基地站与移动业务交换中心之间的信号以及一些特殊地形如孤岛、内河船舶等之间的通信方面均有应用。

3. 光纤通信

光纤即光导纤维。光纤通信是利用光波作载波，以光纤作为传输介质将信息从一处传至另一处的通信方式，被称为"有线"光通信。当今，光纤以其传输频带宽、抗干扰性能强和信号衰减小，而远优于电缆、微波通信的传输，已成为全球通信中的主要传输方式。

4. 卫星通信

卫星通信简单地说就是地球上（包括地面和低层大气中）的无线电通信站间利用卫星作为中继而进行的通信。卫星通信系统由卫星和地球站两部分组成。卫星通信的特点是：通信范围大，只要在卫星发射的电波所覆盖的范围内，在任何两点之间都可进行通信；不易受陆地灾害的影响（可靠性高）；只要设置地球站电路即可开通（开通电路迅速）；可在多处接收，能经济地实现广播、多址通信（多址特点）；电路设置非常灵活，可随时分散过于集中的话务量；同一信道可用于不同方向或不同区间（多址连接）。

人造地球卫星根据对无线电信号放大的有无、转发功能，有有源人造地球卫星和无源人造地球卫星之分。由于无源人造地球卫星反射的信号太弱，无实用价值，于是人们致力于研究具有放大、变频转发功能的有源人造地球卫星——通信卫星来实现卫星通信。其中绕地球赤道运行的周期与地球自转周期相等的同步卫星具有优越性能，利用同步卫星的通信已成为主要的卫星通信方式。不在地球同步轨道上运行的低轨卫星多在卫星移动通信中应用。

同步卫星是在地球赤道上空约 36 000 km 的太空中围绕地球的圆形轨道运行的通信卫星，其绕地球运行周期为 1 恒星日，与地球自转同步，因而与地球之间处于相对静止状态，故称为静止卫星、固定卫星或同步卫星，其运行轨道称为地球同步轨道（GEO）。

5. 移动通信

移动通信（Mobile Communication）是移动体之间的通信，或移动体与固定体之间的通信。移动体可以是人，也可以是汽车、火车、轮船、收音机等在移动状态中的物体。移动通信系统由两部分组成：一是空间系统，二是地面系统。地面系统又包括卫星移动无线电台和天线、关口站、基站等。

移动通信系统从 20 世纪 80 年代诞生以来，到 2020 年将大体经过 5 代的发展历程，除蜂窝电话系统外，宽带无线接入系统、毫米波 LAN、智能传输系统（ITS）和同温层平台（HAPS）系统将投入使用。未来几代移动通信系统最明显的趋势是要求高数据速率、高机动性和无缝隙漫游。实现这些要求在技术上将面临更大的挑战。此外，系统性能（如蜂窝规模和传输速率）在很大程度上将取决于频率的高低。考虑到这些技术问题，有的系统将侧重提供高数据速率，有的系统将侧重增强机动性或扩大通信覆盖范围。

从用户角度看，可以使用的接入技术包括：蜂窝移动无线系统，如 3G；无绳系统，如 DECT；近距离通信系统，如蓝牙和 DECT 数据系统；无线局域网（WLAN）系统；固定无线接入或无线本地环系统。

1.2 计算机网络概述

1.2.1 计算机网络的形成与发展

1. 计算机网络的发展历程

计算机网络的发展历程分为以下三个阶段：

（1）第一阶段。自计算机问世以来，为了提高资源利用率，曾采用批处理的工作方式。为适应终端与计算机的连接，出现了多重线路控制器。以单个计算机为中心的远程联机系统，称为面向终端的计算机通信网络。第一阶段的通信网络架构如图 1-3 所示。

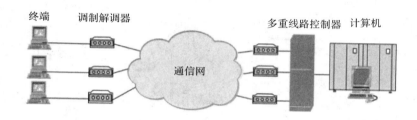

图 1-3 第一阶段的通信网络架构

随着终端个数的增多，终端与计算机的通信对批处理造成了额外开销，因而出现了前置处理机 FEP 来取代多重线路控制器，同时在终端密集处设置集中器或复用器。

（2）第二阶段。20 世纪 60 年代后期，又出现多台主计算机通过通信线路互连构成的计算机网络。主计算机承担着数据处理和通信双重任务。为了提高主计算机的数据效率，出现了通信控制处理机 CCP。CCP 负责通信控制任务，而主计算机仅负责数据处理，从而形成了处于内层的各 CCP 构成的通信子网以及处于外层的主计算机和终端构成的资源子网，如图 1-4 所示。

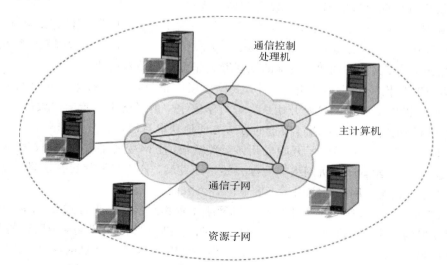

图 1-4 多台主计算机通过通信线路互连构成的计算机网络

（3）第三阶段。计算机网络产生了很好的经济效益和社会效益，它的主要不足是没有统一的网络体系结构，从而造成不同制造商生产的计算机及网络产品互联困难。

1977 年国际标准化组织为适应计算机网络向标准化发展的趋势，成立了专门研究机构，并提出了"开放系统互连参考模型 OSI/RM"。OSI 是一个设计计算机网络的国际标准化的框架结构。后来又出现开放系统下的所有网民和网管人员都在使用的"传输控制协议"（Transmission Control Protocol，TCP）和"因特网协议"（Internet Protocol，IP），即 TCP/IP 协议。

把多个计算机网络通过路由器互联起来，构成了一个覆盖范围更大的网络，俗称互联网，如图 1-5 所示。

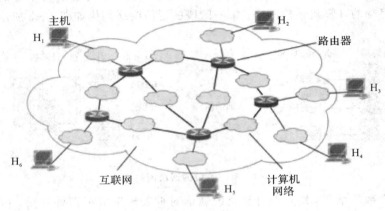

图 1-5　互联网

2. 计算机网络在我国的发展过程

我国互联网的产生虽然比较晚，但是经过几十年的发展，依托于我国国民经济和政府体制改革的成果，已经显露出巨大的发展潜力。我国互联网已经成为国际互联网的一部分，并且我国将会成为最大的互联网用户群体。

纵观我国互联网发展的历程，可以将其划分为以下四个阶段：

（1）从 1987 年 9 月 20 日钱天白教授发出第一封 E-mail 开始，到 1994 年 4 月 20 日 NCFC（the National Computing and Networking Facility of China，中国国家计算机与网络设施）接入 Internet 这段时间里，我国的互联网处于酝酿和萌芽阶段。

（2）从 1994 年 5 月到 1997 年 11 月，我国互联网信息中心发布第一次《中国 Internet 发展状况统计报告》，互联网已经开始从少数科学家手中的科研工具走向广大群众。人们开始了解到互联网的神奇之处：通过廉价的方式方便地获取自己所需要的信息。

（3）1998—1999 年我国网民开始成几何级数增长，上网变成了大众的真正需求。

（4）进入 21 世纪，计算机网络在我国开始迅速发展，计算机网络已成为我们社会结构的一个基本组成部分，网络被应用于工商业的各个方面。

从 1993 年开始，几个全国范围的计算机网络工程相继启动，从而使 Internet 在我国出现了迅猛发展的势头。到目前为止在我国已形成四大互联网络，分别是：中国科技网（CSTNET）、中国公用计算机互联网（ChinaNET）、中国教育和科研计算机网（CERNET）、中国金桥网（ChinaGBN）。下面详细介绍这几个网络的建立和发展过程。

（1）中国科技网。

中国科技网的前身是中国科学院于 1989 年 8 月建立的中国国家计算机与网络设施，又称中关村教育与科研示范网络（NCFC）。1994 年 4 月，NCFC 与美国 NSFNET 直接互联，实现了中国与 Internet 全功能网络连接。1996 年 2 月，以 NCFC 为基础发展起来的中国科学院院网（CASNET）更名为中国科技网。中国科技网是由世界银行贷款，国家计委、国家科委、中国科学院等配套投资和扶持。项目由中国科学院主持，联合北京大学、清华大学共同实施。

1989 年，NCFC 立项；1992 年，NCFC 工程的院校网，即中科院院网、清华大学校园网和北京大学校园网全部完成建设；1993 年 12 月，NCFC 主干网工程完工，采用高速光缆和路由器将三个院校网互联；直到 1994 年 4 月 20 日，NCFC 工程连入 Internet 的 64K 国际专线开通，实现了与 Internet 的全功能连接，整个网络正式运营。

（2）中国公用计算机互联网。

中国公用计算机互联网于 1994 年 2 月，由原邮电部与美国 Sprint 公司签约，为全社会提供 Internet 的各种服务。1994 年 9 月，中国电信与美国商务部布朗部长签订中美双方关于国际互联网的协议，协议中规定中国电信将通过美国 Sprint 公司开通两条 64K 专线（一条在北京，另一条在上海），中国公用计算机互联网的建设开始启动。1995 年年初与 Internet 连通，同年 5 月正式对外服务。

（3）中国教育和科研计算机网。

中国教育和科研计算机网是为了配合我国各院校更好地进行教育与科研工作，由国家教委主持兴建的一个全国范围的教育科研互联网。该网络于 1994 年年初开始兴建，同年 10 月启动。该项目的目标是建设一个全国性的教育科研基础设施，利用先进实用的计算机技术和网络通信技术，把全国大部分高等学校和中学连接起来，推动这些学校校园网的建设和学校资源的交流共享。该网络并非商业网，以公益性经营为主，所以采用免费服务或低收费方式经营。目前它已经连接了全国 2000 多所院校，用户超过 2000 万。

（4）中国金桥网。

中国金桥网也称为国家公用经济信息通信网。1993 年 3 月，国家提出和部署建设国家公用经济信息通信网（简称金桥工程）。1994 年 6 月 8 日，金桥前期工程建设全面展开。1995 年 8 月，金桥工程初步建成，在 24 省市开通联网（卫星网），并与国际网络实现互联。

1996 年 9 月 6 日，中国金桥信息网连入美国的 256K 专线正式开通。中国金桥信息网宣布开始提供 Internet 服务，主要提供专线集团用户的接入和个人用户的单点上网服务。

1.2.2　计算机网络的概念、功能和性能指标

1. 计算机网络的概念和功能

计算机网络是信息传输、接收、共享的虚拟平台，可以把信息和资源联系到一起，从而实现这些资源的共享。计算机网络是人类发展史中最重要的发明之一。那么计算机网络具体有哪些功能呢？举例如下：

（1）资源共享。凡是入网用户均能享受网络中各个计算机系统的全部或部分软件、硬件和数据资源，这是计算机网络最本质的功能。

（2）性能提高。网络中的每台计算机都可通过网络相互成为后备机。一旦某台计算机出现故障，它的任务就可由其他的计算机代为完成，这样可以避免在单机情况下，一台计

算机发生故障引起整个系统瘫痪的现象，从而提高系统的可靠性。而当网络中的某台计算机负担过重时，网络又可以将新的任务交给较空闲的计算机完成，均衡负载，从而提高了每台计算机的可用性。

（3）分布处理。通过算法将大型的综合性问题交给不同的计算机同时进行处理。用户可以根据需要合理选择网络资源，就近快速地进行处理。

2. 计算机网络的性能指标

计算机网络中常用的性能指标如下：

（1）速率（网速）：主机在数字通信上传送数据的速率，其单位为比特每秒（b/s），其中比特是数据量的单位，一个比特是一个二进制数字（0 或者 1）。

（2）带宽：本意是指某个信号具有的频带宽度，在计算机网络中，带宽指网络的通信线路传送数据的能力（单位时间内从网络中的某一个点到另外一个点所能通过的"最高数据率"，带宽的单位为 b/s）；一条通信线路，带宽越宽，最高数据率也越高。

（3）吞吐量：单位时间内通过某个网络（通信线路、接口）的数据量。吞吐量受制于带宽或者网络的额定速率。

（4）时延：数据从网络的一端发送数据帧到另一端所需要的时间。数据帧（Data Frame）就是数据链路层的协议数据单元，它包括三部分：帧头，数据部分，帧尾。其中，帧头和帧尾包含一些必要的控制信息，比如同步信息、地址信息、差错控制信息等；数据部分则包含网络层传下来的数据，比如 IP 数据包。

时延的分类如下：

① 发送时延（Transmission Delay）：主机或者路由器发送数据帧所需要的时间。发送时延＝数据帧长度/发送速率。

② 传播时延（Propagation Delay）：电磁波在信道中传播一定的距离需要花费的时间。传播时延＝信道长度/电磁波在信道上的传播速率。

③ 处理时延（Processing Delay）：路由器对报文或分组进行转发处理所花费的时间，如首部处理、差错检验、转发时间。

④ 排队时延：报文和分组在网络传输时，进入路由器后要在输入队列中排队等待处理，路由器确定转发接口后，还要在输出队列中排队等待转发，这就是排队时延。

总时延由所有时延相加得出。

（5）利用率：可分为信道利用率和网络利用率。信道利用率指某信道有百分之几的时间是被利用的（即有数据通过）。网络利用率指全网络的信道利用率的加权平均值。信道或者网络利用率过高会产生非常大的时延。

1.2.3 计算机网络的组成与分类

1. 计算机网络的组成

计算机网络系统由计算机网络硬件系统和计算机网络软件系统组成。

1）硬件系统

计算机网络的硬件系统由网络的主体设备、网络的连接设备和网络的传输介质这三部分组成。

（1）网络的主体设备。计算机网络中的主体设备称为主机（Host），一般可分为中心站（又称为服务器）和工作站（客户机）两类。服务器是为网络提供共享资源的基本设备，在其上运行网络操作系统，是网络控制的核心。其工作速度、磁盘及内存容量的指标要求都较高，携带的外部设备多且大都为高级设备。工作站是网络用户入网操作的节点，有自己的操作系统。用户既可以通过运行工作站上的网络软件共享网络上的公共资源，也可以不进入网络，单独工作。

（2）网络的连接设备。网络的连接设备是指在计算机网络中起连接和转换作用的一些设备或部件，如调制解调器、网络适配器、集线器、中继器、交换机、路由器和网关等。

（3）网络的传输介质。传输介质是指计算机网络中用来连接主体设备和网络连接设备的物理介质，可分为有线传输介质和无线传输介质两大类。其中，有线传输介质包括同轴电缆、双绞线和光纤等；无线传输介质包括无线电波、微波、红外线和激光等。

2）软件系统

计算机网络的软件系统主要包括网络通信协议、网络操作系统和各类网络应用软件。

（1）网络通信协议是指实现网络数据交换的规则，在通信时，双方必须遵守相同的通信协议才能实现。如 TCP/IP、UDP 等。

（2）网络操作系统（NOS）是多任务、多用户的操作系统，安装在网络服务器上，提供网络操作的基本环境。网络操作系统的功能：处理器管理、文件管理、存储器管理、设备管理、用户界面管理、网络用户管理、网络资源管理、网络运行状况统计、网络安全性的建立、网络通信等。如 NetWare、Windows NT Server、UNIX 等。

（3）网络应用软件是用来对网络资源进行监控管理和对网络进行维护的软件；网络应用软件是为网络用户提供服务并为网络用户解决实际问题的软件，如 SNMP、CMIP 等。

2. 计算机网络的分类

计算机网络的分类方法有很多种，下面介绍几种常用的分类方法。

1）按照地理覆盖范围划分

从地理范围来划分，可以把各种计算机网络类型分为局域网、城域网、广域网三种。需要说明的是这里的网络划分并没有严格意义上地理范围的区分，只是一个定性的概念。下面简要介绍这三种类型的计算机网络，详细介绍请见第 5 章。

（1）局域网（Local Area Network，LAN）。

所谓局域网，就是在局部地区范围内的网络，它所覆盖的地区范围较小。局域网在计算机数量配置上没有太多的限制，少的可以只有两台，多的可达几百台。局域网是最常见、应用最广的一种网络。局域网随着整个计算机网络技术的发展和提高得到充分的应用和普及，几乎每个单位都有自己的局域网，甚至有的家庭中都有自己的小型局域网。一般来说在企业局域网中，工作站的数量在几十到两百台次左右。局域网一般位于一个建筑物或一个单位内，不存在寻径问题，不包括网络层的应用。局域网的地域范围一般只有几千米，局域网的基本组成包括服务器、客户机、网络设备和通信介质。局域网中的线路和网络设备的拥有、使用和管理一般都是属于用户所在公司或组织的。局域网的基本特点包括距离短、延迟时间短、数据传输速率高、传输可靠等。

（2）城域网（Metropolitan Area Network，MAN）。

城域网一般来说是指在一个城市，但不在同一地理小区范围内的计算机的互联。这种网络的连接距离可以在 10～100 km，它采用的是 IEEE 802.6 标准。MAN 与 LAN 相比扩展的距离更长，连接的计算机数量更多，在地理范围上可以说是 LAN 网络的延伸。在一个大型城市或都市地区，一个 MAN 网络通常连接着多个 LAN 网，如连接政府机构的 LAN、医院的 LAN、电信的 LAN、公司企业的 LAN 等。光纤连接的引入，使 MAN 中高速的 LAN 互联成为可能。城域网多采用 ATM 技术做骨干网。ATM 是一种用于数据、语音、视频以及多媒体应用程序的高速网络传输方法。ATM 包括一个接口和一个协议，该协议能够在一个常规的传输信道上，在比特率不变及变化的通信量之间进行切换。ATM 也包括硬件、软件以及与 ATM 协议标准一致的介质。ATM 提供一个可伸缩的主干基础设施，以便能够适应不同规模、速度以及寻址技术的网络。ATM 的最大缺点就是成本太高，所以一般在政府城域网中应用，如邮政、银行、医院等。

（3）广域网（Wide Area Network，WAN）。

广域网也称远程网（Long Haul Network），通常跨接很大的物理范围，所覆盖的范围从几十千米到几千千米，它能连接多个城市或国家，或横跨几个洲并能提供远距离通信，形成国际性的远程网络。

广域网覆盖的范围比局域网和城域网都广。广域网主要使用分组交换技术。广域网可以利用公用分组交换网、卫星通信网和无线分组交换网，将分布在不同地区的局域网或计算机系统互联，达到资源共享的目的。如因特网（Internet）是世界范围内最大的广域网。

广域网是由许多交换机组成的，交换机之间采用点到点线路连接，几乎所有的点到点通信方式都可以用来建立广域网，包括租用线路、光纤、微波、卫星信道。而广域网交换机实际上就是一台计算机，由处理器和输入/输出设备进行数据包的收发处理。

2）按照传输介质划分

按照传输介质是有线的还是无线的，可以把计算机网络分为有线网络和无线网络。

（1）有线网络。

有线网络是采用同轴电缆、双绞线和光纤等来连接的计算机网络。同轴电缆网是常见的一种联网方式。它比较经济，安装较为便利，传输率和抗干扰能力一般，传输距离较短。双绞线网是目前最常见的联网方式。它价格便宜，安装方便，但易受干扰，传输率较低，传输距离比同轴电缆要短。光纤是一种利用光在玻璃或塑料制成的纤维中的全反射原理而达成的光传导工具。微细的光纤封装在塑料护套中，使得它能够弯曲而不至于断裂。在日常生活中，由于光在光导纤维中的传导损耗比电在电线中的传导损耗低得多，光纤被用作长距离的信息传递。

（2）无线网络。

无线网络是采用无线通信技术实现的现代通信网络，主流的无线网络分为通过公众移动通信网实现的无线网络（如：3G、4G 或 GPRS）和 WiFi 这两种形式。而使用 GPRS 手机上网是一种借助移动电话网络来接入 Internet 的无线上网方法，因此只要你所在的城市里开通了 GPRS 网上业务服务，便可在任何一个角落使用电脑或手机移动 WLAN 来上网。

无线网络特别是无线局域网有很多优点，如易于安装和使用。但无线局域网也有许多不足之处，如它的数据传输率一般比较低，远低于有线局域网；另外，无线局域网的误码率也比较高，而且站点之间相互干扰比较严重。对这些问题的研究和解决也是无线网络的重要研究方向之一。

无线网络是当前国内外的研究热点，无线网络的研究是由巨大的市场需求驱动的。无线网络的特点是使用户可以在任何时间、任何地点接入计算机网络，而这一特性使其具有强大的应用前景。当前已经出现了许多基于无线网络的产品，如个人通信系统（Personal Communication System，PCS）、无线电话、无线数据终端、便携式可视电话、个人数字助理（PDA）等。无线网络的发展依赖于无线通信技术的支持。无线通信系统主要有：低功率的无绳电话系统、模拟蜂窝系统、数字蜂窝系统、移动卫星系统、无线 LAN 和无线 WAN 等。

3）按照拓扑结构划分

拓扑结构是指网络的结构形状。按照拓扑形状，可以把计算机网络分为星型拓扑网络、总线型拓扑网络、环型拓扑网络和树型拓扑网络。

（1）星型拓扑。

星型拓扑由中央节点和通过点到点通信链路接到中央节点的各个站点组成。中央节点执行集中式通信控制策略，因此相对复杂，而各个站点的通信处理负担都很小。星型网采用的交换方式有电路交换和报文交换，其中电路交换更为普遍。这种结构一旦建立了通道连接，就可以无延迟地在连通的两个站点之间传送数据。这两种交换方式在 2.4 节有详细介绍，这里不再赘述。目前流行的专用交换机 PBX（Private Branch Exchange）就是星型拓扑结构的典型实例。

星型拓扑结构的优点如下：

① 结构简单，连接方便，管理和维护都相对容易，而且扩展性强。

② 网络延迟时间较小，传输误差低。

③ 在同一网段内支持多种传输介质，除非中央节点发生故障，否则网络不会轻易瘫痪。

④ 每个节点直接连到中央节点，故障容易检测和隔离，可以很方便地排除有故障的节点。

因此，星型网络拓扑结构是目前应用最广泛的一种网络拓扑结构。

星型拓扑结构的缺点如下：

① 安装和维护的费用较高。

② 共享资源的能力较差。

③ 一条通信线路只被该线路上的中央节点和边缘节点使用，通信线路利用率不高。

④ 对中央节点要求相当高，一旦中央节点出现故障，则整个网络将瘫痪。

星型拓扑结构广泛应用于网络的智能集中于中央节点的场合。从目前的趋势看，计算机的发展已从集中的主机系统发展到大量功能很强的微型机和工作站，在这种形势下，传统的星型拓扑的使用会有所减少。星型拓扑结构如图 1-6 所示。

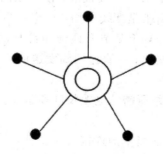

图 1-6　星型拓扑图

（2）总线型拓扑。

总线型拓扑结构的网络只有一条唯一的电缆干线，以链的形式连接一个接一个的工作站。

总线型拓扑的数据传输是广播式传输结构，数据发送给网络上的所有的计算机，只有计算机地址与信号中的目的地址相匹配的计算机才能接收到。采取分布式访问控制策略来协调网络上计算机数据的发送。

所有的节点共享同一介质，某一时刻只有一个节点能够广播消息。虽然总线拓扑适合办公室的布局，易于安装，但是干线电缆的故障将导致整个网络陷入瘫痪。

总线型拓扑结构的优点如下：

① 网络结构简单，节点的插入、删除比较方便，易于网络扩展。

② 设备少、电缆长度短、造价低，安装和使用方便。

③ 具有较高的可靠性。因为单个节点的故障不会涉及整个网络。

总线型拓扑结构的缺点如下：

① 总线传输距离有限，通信范围受到限制。

② 故障诊断和隔离比较困难。当节点发生故障时，隔离起来还比较方便，一旦传输介质出现故障时，就需要将整个总线切断。

③ 易于发生数据碰撞，线路争用现象比较严重。分布式协议不能保证信息的及时传送，不具有实时功能，站点必须有介质访问控制功能，从而增加了站点的硬件和软件开销。

总线型拓扑结构如图1-7所示。

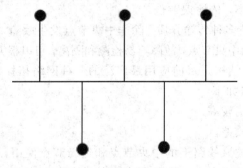

图1-7 总线型拓扑图

（3）环型拓扑。

在环型拓扑中各节点通过环路接口连在一条首尾相连的闭合环型通信线路中，环路上任何节点均可以请求发送信息。请求一旦被批准，便可以向环路发送信息。环网中的数据可以是单向也可以是双向传输。由于是环线公用，一个节点发出的信息必须穿越环中所有的环路接口，信息流中目的地址与环上某节点地址相符时，信息被该节点的环路接口所接收，然后信息继续流向下一环路接口，一直流回到发送该信息的环路接口节点为止。

环型拓扑结构的优点如下：

① 电缆长度短。环型拓扑网络所需的电缆长度和总线型拓扑网络相似，但比星型拓扑网络要短得多。

② 增加或减少工作站时，仅需简单的连接操作。

③ 可使用光纤。光纤的传输速率很高，十分适合于环型拓扑的单方向传输。

环型拓扑结构的缺点如下：

① 节点的故障会引起全网故障。这是因为环上的数据传输要通过接在环上的每一个节点，一旦环中某一节点发生故障就会引起全网的故障。

② 故障检测困难。这与总线型拓扑相似，因为不是集中控制，故障检测需在网上各个节点进行，因此就不很容易。

③ 环型拓扑结构的媒体访问控制协议都采用令牌传递的方式，在负载很轻时，信道利用率相对来说就比较低。环型拓扑结构如图 1-8 所示。

图 1-8　环型拓扑图

（4）树型拓扑。

树型拓扑可以认为是由多级星型结构组成的，只不过这种多级星型结构自上而下呈三角形分布，就像一棵树一样，最顶端的枝叶少些，中间的多些，而最下面的枝叶最多。树的最下端相当于网络中的边缘层，树的中间部分相当于网络中的汇聚层，而树的顶端则相当于网络中的核心层。它采用分级的集中控制方式，其传输介质可有多条分支，但不形成闭合回路，每条通信线路都必须支持双向传输。

树型拓扑结构的优点如下：

① 易于扩展。这种结构可以延伸出很多分支和子分支，这些新节点和新分支都能容易地加入网内。

② 故障隔离较容易。如果某一分支的节点或线路发生故障，则很容易将故障分支与整个系统隔离开来。

树型拓扑结构的缺点如下：

各个节点对根的依赖性太大，如果根发生故障，则全网不能正常工作。从这一点来看，树型拓扑结构的可靠性类似于星型拓扑结构。树型拓扑结构如图 1-9 所示。

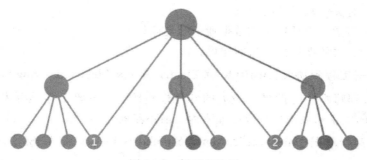

图 1-9　树型拓扑图

1.2.4 常见的国际标准化组织

以下标准化组织为计算机网络的发展做出重大贡献，他们制定和统一了网络的标准，使各个厂商的产品可以互通。

- 国际标准化组织（ISO）
- 国际电信联盟（ITU）
- 电气电子工程师协会（IEEE）
- 美国国家标准局（ANSI）
- 电子工业协会（EIA）
- 因特网工程任务组（IETF）
- 因特网架构委员会（IAB）
- 因特网上的 IP 地址编号机构（IANA）

下面分别对这些标准化组织进行简单介绍。

1. 国际标准化组织（International Organization for Standardization，ISO）

ISO 成立于 1947 年，是世界上最大的国际标准化专业机构。ISO 的宗旨是在世界范围内促进标准化工作的开展，其主要活动是制定国际标准，协调世界范围内的标准化工作。

ISO 标准的制定过程要经过四个阶段，即工作草案（Working Document，WD）、建议草案（Draft Document，DP）、国际标准草案（Draft International Standard，DIS）和国际标准（International Standard，IS）。

2. 国际电信联盟（International Telecommunication Union，ITU）

ITU 成立于 1932 年，其前身为国际电报联合会（UTI）。ITU 的宗旨是维护与发展成员国间的国际合作以改进和共享各种电信技术；帮助发展中国家大力发展电信事业；通过各种手段促进电信技术设施和电信网的改进与服务；管理无线电频带的分配和注册，避免各国电台的互相干扰。

其中，国际电信联盟电信标准部（ITU－T）是一个开发全球电信技术标准的国际组织，也是 ITU 的四个常设机构之一。ITU－T 的宗旨是研究与电话、电报、电传运作和关税有关的问题，并对国家通信用的各种设备及规程的标准化分别制定了一系列建议，具体建议有：

- F 系列：有关电报、数据传输和远程信息通信业务的建议；
- I 系列：有关数字网的建议（含 ISDN）；
- T 系列：有关终端设备的建议；
- V 系列：有关在电话网上的数据通信的建议；
- X 系列：有关数据通信网络的建议。

3. 电气电子工程师协会（Institute of Electrical and Electronics Engineers，IEEE）

电气电子工程师协会是世界上最大的专业性组织，其主要工作是开发通信的网络标准。IEEE 制定的关于局域网的标准已经成为当前主流的 LAN 标准。

4. 美国国家标准局（American National Standards Institute，ANSI）

美国在 ISO 中的代表是 ANSI（美国国家标准局），实际上该组织与其名称不相符，它是个私人的非政府非盈利性组织，其研究范围与 ISO 相对应。

5. 电子工业协会(Electronic Industries Association，EIA)

电子工业协会曾经制定过许多很有名的标准，是一个电子传输标准的解释组织。EIA 开发的 RS‐232 和 ES‐449 标准在今天数据通信设备中被广泛使用。

6. 因特网工程任务组(Internet Engineering Task Force，IETF)

IETF 成立于 1986 年，是推动 Internet 标准规范制定的最主要的组织。对于虚拟网络世界的形成，IETF 起到了巨大的作用。除了 TCP/IP 外，几乎所有互联网的基本技术都是由 IETF 开发或改进的。IETF 工作组创建了网络路由、管理、传输标准，这些正是互联网赖以生存的基础。

IETF 工作组定义了有助于保卫互联网安全的安全标准，使互联网成为更为稳定的服务质量标准以及下一代互联网协议自身的标准。

IETF 是一个非常大的开放性国际组织，由网络设计师、营业者、服务提供商和研究人员组成，致力于 Internet 架构的发展和顺利操作。大多数 IETF 的实际工作是在其工作组中完成的，这些工作组又根据主题的不同划分到若干个领域(Area)，如路由、传输、网络安全等。

7. 因特网架构委员会(Internet Architecture Board，IAB)

因特网架构委员会负责定义整个互联网的架构，负责向 IETF 提供指导，是 IETF 的最高技术决策机构。

8. 因特网上的 IP 地址编号机构(Internet Assigned Numbers Authority，IANA)

因特网的 IP 地址和 AS 号码分配是分级进行的。IANA 是负责为全球 Internet 上的 IP 地址进行编号分配的机构。

按照 IANA 的需要，将部分 IP 地址分配给地区级的 Internet 注册机构 IR(Internet Register)，地区级的 IR 负责该地区的登记注册服务。现在，全球一共有 3 个地区级的 IR：InterNIC、RIPENIC、APNIC，其中 InterNIC 负责北美地区，RIPENIC 负责欧洲地区，亚太地区国家的 IP 地址和 AS 号码分配由 APNIC 管理。

本 章 练 习 题

一、填空题

1. 计算机网络结合了_____和_____两方面的技术。
2. 计算机网络的主要功能包括_____、_____、分布式处理和均衡负载。
3. 计算机网络主要拓扑结构有_____、_____、_____、_____等。
4. 按照覆盖范围划分，计算机网络可分为_____、_____和_____。
5. 数据通信的传输手段有_____、_____、_____和_____。
6. 网络的性能指标具体有_____、_____、_____等。
7. 具有代表性和权威性的通信类标准化组织有_____、_____和_____。

二、判断题

1. 计算机网络中的资源主要是服务器、工作站、路由器、打印机和通信线路。(　　)
2. 计算机网络中的每台计算机都有自己的软硬件系统，能够独立运行，不存在谁控制

谁的问题。（　　）

3. 从拓扑结构上看，计算机网络是由节点和连接节点的通信链路构成的。（　　）

4. 计算机网络主要是由计算机所构成的网络，再进行分类没有什么意义。（　　）

三、简答题

1. 数据通信的关键技术有哪些？

2. 计算机网络的发展历程有哪些阶段，每个阶段有哪些特点？

3. 数据通信系统的分类有哪几种？分别说出具体内容。

本 章 小 结

本章介绍了数据通信和计算机网络两部分内容。

数据通信部分介绍了数据通信的发展过程、数据通信的概念、数据通信的框架模型，并介绍了数据通信的两个类别：模拟通信和数字通信，对两者的特点进行了对比。该部分还介绍了数据通信的主要技术指标和传输手段。主要技术指标包括带宽、频谱和数据传输率等。传输手段包括电缆、微波中继、光纤、卫星、移动通信等。

计算机网络部分介绍了计算机网络的形成和发展过程，计算机网络的概念、功能和性能指标以及计算机网络的组成与分类。计算机网络由硬件系统和软件系统两部分组成。计算机网络的划分方式有多种。从地理范围来划分，可以把各种计算机网络类型分为局域网、城域网、广域网三种。按照传输介质是有线的还是无线的，可以把计算机网络分为有线网络和无线网络。按照拓扑形状划分，可以把计算机网络分为星型拓扑网络、总线型拓扑网络、环型拓扑网络和树型拓扑网络。

本章最后部分介绍了与数据通信相关的一些常见的国际标准化组织，包括 ISO、ITU、EIA、IEEE、ANSI 等。

第2章　数据通信基础知识

【本章内容简介】

数据通信是计算机网络的基础知识。本章系统地介绍了数据通信传输方式、传输介质及特性、数据交换技术、多路复用技术及差错控制技术等相关原理及应用。

【本章重点难点】

重点掌握数据通信传输方式、传输介质及特性、数据交换技术、多路复用技术及差错控制技术等相关原理及应用。

2.1　数据和信号

2.1.1　数据

数据是指对客观事件进行记录并可以鉴别的符号，是对客观事物的性质、状态以及相互关系等进行记载的物理符号或这些物理符号的组合。它是可识别的、抽象的符号。它不仅指狭义上的数字，还可以是具有一定意义的文字、字母、数字符号的组合。图形、图像、视频、音频等，也是客观事物的属性、数量、位置及其相互关系的抽象表示。例如，"0、1、2……"、"阴、雨、下降、气温"、"学生的档案记录、货物的运输情况"等都是数据。数据经过加工后就成为信息。

在计算机科学中，数据是指所有能输入到计算机并被计算机程序处理的符号的介质的总称，是用于输入电子计算机进行处理，具有一定意义的数字、字母、符号和模拟量等的通称。现在计算机存储和处理的对象十分广泛，表示这些对象的数据也随之变得越来越复杂。

数据按性质分为：① 定位的，如各种坐标数据；② 定性的，如表示事物属性的数据（河流、道路等）；③ 定量的，即反映事物数量特征的数据，如长度、面积、体积等几何量或重量、速度等物理量；④ 定时的，即反映事物时间特性的数据，如年、月、日、时、分、秒等。

数据按表现形式分为：① 数字数据，如各种统计或量测数据。数字数据在某个区间内是离散的值。② 模拟数据，由连续函数组成，是指在某个区间连续变化的物理量，又可以分为图形数据（如点、线、面）、符号数据、文字数据和图像数据等，如声音的大小和温度的变化等。

另外，数据按记录方式分为地图、表格、影像、磁带、纸带；按数字化方式分为矢量数据、格网数据等。在地理信息系统中，数据的选择、类型、数量、采集方法、详细程度、可信度等，取决于系统应用目标、功能、结构和数据处理、管理与分析的要求。

2.1.2　信号

信号（Signal）是表示消息的物理量，如电信号可以通过幅度、频率、相位的变化来表示不同的消息。信号是运载消息的工具，是消息的载体。从广义上讲，它包含光信号、声信号和电信号等。按照实际用途区分，信号包括电视信号、广播信号、雷达信号、通信信号等；按照所具有的时间特性区分，则有确定性信号和随机性信号等。

古代人利用点燃烽火台而产生的滚滚狼烟，向远方军队传递敌人入侵的消息，这属于光信号；当人们说话时，声波传递到他人的耳朵，使他人了解自己的意图，这属于声信号；遨游太空的各种无线电波、四通八达的电话网中的电流等，都可以用来向远方表达各种消息，这属于电信号。人们通过对光、声、电信号进行接收，才知道对方要表达的消息。

信号的特性主要表现在时间特性和频率特性两个方面。

一个信号所包含谐波的最高频率与最低频率之差，即该信号所拥有的频率范围，定义为该信号的带宽。因此可以说，信号的频率变化范围越大，信号的带宽就越宽。

2.2　数据通信传输方式

2.2.1　通信方式

按照数据在线路上的传输方向，通信方式可分为单工通信、半双工通信与全双工通信。

单工通信只支持数据在一个方向上传输，又称为单向通信，如无线电广播和电视广播都是单工通信。

半双工通信允许数据在两个方向上传输，但在同一时刻，只允许数据在一个方向上传输，它实际上是一种可切换方向的单工通信，即通信双方都可以发送信息，但不能双方同时发送(当然也不能同时接收)。这种方式一般用于计算机网络的非主干线路中。

全双工通信允许数据同时在两个方向上传输，又称为双向同时通信，即通信的双方可以同时发送和接收数据。

三种通信方式示意图如图 2-1 所示。

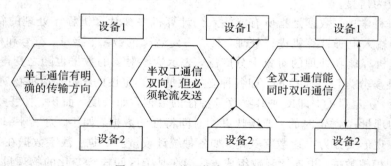

图 2-1　三种通信方式示意图

2.2.2　传输方式

1. 串行传输与并行传输

串行传输是构成字符的二进制代码在一条信道上以位(码元)为单位，按时间顺序逐位传输的方式。按位发送，逐位接收，同时还要确认字符，所以要采取同步措施。速度虽慢，但只需一条传输信道，投资小，易于实现，是数据传输采用的主要传输方式，也是计算机通信采取的一种主要方式。

　　并行传输指的是数据以成组的方式，在多条并行信道上同时进行传输。常用的就是将一个字符代码的几位二进制码，分别在几个并行信道上进行传输。例如，采用 8 单位代码的字符，可以用 8 个信道并行传输，一次传送一个字符，因此收、发双方不存在字符的同步问题，不需要加"起"、"止"信号或者其他信号来实现收、发双方的字符同步，这是并行传输的一个主要优点。但是，并行传输必须有并行信道，这带来了设备或实施条件上的限制。

　　串行与并行传输示意图如图 2-2 所示。

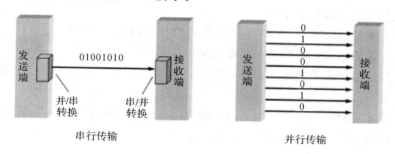

图 2-2　串行与并行传输示意图

2. 同步传输与异步传输

　　在数据通信系统中，当发送端与接收端采用串行通信时，通信双方要交换数据，需要有高度的协同动作，彼此间传输数据的速率、每个比特的持续时间和间隔都必须相同，这就是同步问题。同步就是要接收方按照发送方的每个码元/比特起止时刻和速率来接收数据；否则，收发之间会产生误差。

　　实现收发之间的同步结束是数据传输中的关键技术之一，常用的同步技术有两种：同步传输方式和异步传输方式。

　　同步传输（Synchronous Transmission）是一种以数据块为传输单位的数据传输方式，该方式下数据块与数据块之间的时间间隔是固定的，必须严格地规定它们的时间关系。每个数据块的头部和尾部都要附加一个特殊的字符或比特序列，标记一个数据块的开始和结束，一般还要附加一个校验序列，以便对数据块进行差错控制。同步传输示意图如图 2-3 所示。

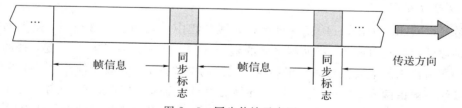

图 2-3　同步传输示意图

　　异步传输（Asynchronous Transmission）将比特分成小组进行传送，小组可以是 8 位的 1 个字符或更长。发送方可以在任何时刻发送这些比特组，而接收方从不知道它们会在什么时候到达。一个常见的例子是计算机键盘与主机的通信。按下一个字母键、数字键或特殊字符键，就发送一个 8 位的 ASCII 代码。键盘可以在任何时刻发送代码，这取决于用户的输入速度，内部的硬件必须能够在任何时刻接收一个键入的字符。异步传输示意图如图 2-4 所示。

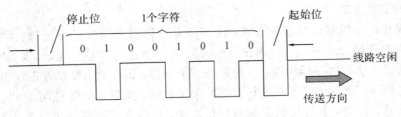

图 2-4　异步传输示意图

同步传输和异步传输的区别如下：

（1）异步传输是面向字符的传输，而同步传输是面向比特的传输。

（2）异步传输的单位是字符而同步传输的单位是帧。

（3）异步传输通过字符起始和停止码抓住再同步的机会，而同步传输则是在数据中抽取同步信息。

（4）异步传输对时序的要求较低，而同步传输往往通过特定的时钟线路协调时序。

（5）异步传输相对于同步传输效率较低。

2.3　传输介质及特性

网络传输介质是指在网络中传输信息的载体，常用的传输介质分为有线传输介质和无线传输介质两大类。不同的传输介质，其特性也各不相同，它们不同的特性对网络中数据通信质量和通信速度有较大影响。

2.3.1　有线传输介质

有线传输介质是指在两个通信设备之间实现的物理连接部分，它能将信号从一方传输到另一方，有线传输介质主要有双绞线、同轴电缆和光纤。双绞线和同轴电缆传输电信号，光纤传输光信号。

1. 双绞线

1）双绞线简介

双绞线（Twisted Pair，TP）是一种综合布线工程中最常用的传输介质，是由两根具有绝缘保护层的铜导线组成的。把两根绝缘的铜导线按一定密度互相绞在一起，每一根导线在传输中辐射出来的电波会被另一根导线上发出的电波抵消，有效降低信号干扰的程度。

双绞线一般由两根 22～26 号绝缘铜导线相互缠绕而成，"双绞线"的名字也是由此而来。实际中使用的是由多对双绞线一起包在一个绝缘电缆套管里构成的双绞线电缆。

双绞线既能用于传输模拟信号，也能用于传输数字信号，其带宽决定于铜线的直径和传输距离。但是许多情况下，几千米范围内的传输速率可以达到几兆比特每秒。由于其性能较好且价格便宜，双绞线得到广泛应用。

2）双绞线分类

（1）按照有无屏蔽层分类。

根据有无屏蔽层，双绞线分为屏蔽双绞线与非屏蔽双绞线。

屏蔽双绞线在双绞线与外层绝缘封套之间有一个金属屏蔽层。屏蔽双绞线分为 STP (Shielded Twisted Pair)和 FTP(Foil Twisted Pair)，STP 指每条线都有各自的屏蔽层，而 FTP 只在整个电缆有屏蔽装置，并且两端都正确接地时才起作用，所以要求整个系统中包括电缆、信息点、水晶头和配线架等，同时建筑物需要有良好的接地系统。屏蔽层可减少辐射，防止信息被窃听，也可阻止外部电磁干扰的进入，使屏蔽双绞线比同类的非屏蔽双绞线具有更高的传输速率。

非屏蔽双绞线是一种数据传输线，由四对不同颜色的传输线所组成，广泛用于以太网络和电话线中。非屏蔽双绞线电缆具有以下优点：① 无屏蔽外套，直径小，节省所占用的空间，成本低；② 重量轻，易弯曲，易安装；③ 将串扰减至最小或加以消除；④ 具有阻燃性；⑤ 具有独立性和灵活性，适用于结构化综合布线。因此，在综合布线系统中，非屏蔽双绞线得到广泛应用。

（2）按照频率和信噪比分类。

双绞线常见的有三类线、五类线、超五类线和六类线，前者线径细而后者线径粗，具体型号如下：

① 三类线（CAT3）：指在 ANSI 和 EIA/TIA568 标准中指定的电缆，该电缆的传输频率为 16 MHz，最高传输速率为 10 Mb/s，主要应用于语音、10 Mb/s 以太网（10Base - T）和 4 Mb/s 令牌环，最大网段长度为 100 m，采用 RJ 形式的连接器，已淡出市场。

② 五类线（CAT5）：增加了绕线密度，外套一种高质量的绝缘材料，线缆最高频率带宽为 100 MHz，最高传输率为 100 Mb/s，用于语音传输和最高传输速率为 100 Mb/s 的数据传输，主要用于 100Base - T 和 1000Base - T 网络，最大网段长为 100 m，采用 RJ 形式的连接器。这是最常用的以太网电缆。在双绞线电缆内，不同线对具有不同的绞距长度。通常，4 对双绞线绞距周期在 38.1 mm 长度内，按逆时针方向扭绞，一对线对的扭绞长度在 12.7 mm 以内。

③ 超五类线（CAT5e）：具有衰减小，串扰少的优点，并且具有更高的衰减串扰比（ACR）和信噪比（SNR）、更小的时延误差，性能得到很大提高。超五类线主要用于千兆位以太网（1000 Mb/s）。

④ 六类线（CAT6）：传输频率为 1～250 MHz，在 200 MHz 时综合衰减串扰比（PS - ACR）应该有较大的余量，它提供两倍于超五类的带宽。六类线的传输性能远远高于超五类标准，最适用于传输速率高于 1 Gb/s 的应用。六类与超五类的一个重要的不同点在于：改善了在串扰以及回波损耗方面的性能，对于新一代全双工的高速网络应用而言，优良的回波损耗性能是极重要的。六类标准中取消了基本链路模型，布线标准采用星型的拓扑结构，要求的布线距离为：永久链路的长度不能超过 90 m，信道长度不能超过 100 m。

3）序列标注

EIA/TIA568A 的线序定义依次为绿白、绿、橙白、蓝、蓝白、橙、棕白、棕，其标号如表 2 - 1 所示。

表 2 - 1　568A 线序

绿白	绿	橙白	蓝	蓝白	橙	棕白	棕
1	2	3	4	5	6	7	8

EIA/TIA568B的线序定义依次为橙白、橙、绿白、蓝、蓝白、绿、棕白、棕，其标号如表2-2所示。

表 2-2 568B 线序

橙白	橙	绿白	蓝	蓝白	绿	棕白	棕
1	2	3	4	5	6	7	8

根据568A和568B标准，RJ-45连接头（俗称水晶头）各触点在网络连接中，对传输信号来说所起的作用分别是：1、2用于发送，3、6用于接收，4、5、7、8是双向线；对与其相连接的双绞线来说，为降低相互干扰，标准要求1、2必须是绞缠的一对线，3、6也必须是绞缠的一对线，4、5相互绞缠，7、8相互绞缠。由此可见，实际上两个标准568A和568B没有本质的区别，只是连接RJ-45时8根双绞线的线序排列不同，在实际的网络工程施工中较多采用568B标准。

2. 同轴电缆

同轴电缆（Coaxial Cable）比双绞线的屏蔽性要更好，因此在更高速度上可以传输得更远。它以硬铜线为芯（导体），外包一层绝缘材料（绝缘层），这层绝缘材料再用密织的网状导体环绕构成屏蔽层，其外又覆盖一层保护性材料（保护套）。同轴电缆的这种结构使它具有更宽的带宽和极好的噪声抑制特性。1 km的同轴电缆可以达到1～2 Gb/s的数据传输速率。同轴电缆示意图如图2-5所示。

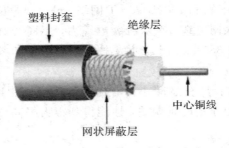

图 2-5 同轴电缆示意图

1) 分类方式

同轴电缆可分为两种基本类型，即基带（Baseband）同轴电缆和宽带（Broadband）同轴电缆。目前常用的是基带同轴电缆，其屏蔽线是用铜做成的网状的，特征阻抗为50 Ω（如RG-8、RG-58等）；宽带同轴电缆常用的电缆屏蔽层通常是用铝冲压成的，特征阻抗为75 Ω（如RG-59等）。

同轴电缆根据其直径大小可以分为粗同轴电缆与细同轴电缆。粗缆适用于大型的局部网络，它的标准距离长，可靠性高，由于安装时不需要切断电缆，因此可以根据需要灵活调整计算机的入网位置，但粗缆网络必须安装收发器电缆，安装难度大，所以总体造价高。相反，细缆安装则比较简单，造价低，但由于安装过程要切断电缆，两头须装上基本网络连接头（BNC），然后接在T型连接器两端，所以当接头多时容易产生隐患，这是目前运行中的以太网所发生的最常见故障之一。

无论是粗缆还是细缆均为总线型拓扑结构，即一根缆上接多部机器，这种拓扑适用于机器密集的环境，但是当一触点发生故障时，故障会串联影响到整根缆上的所有机器。同轴电缆故障的诊断和修复都很麻烦，因此，将逐步被非屏蔽双绞线或光缆取代。

2）品种介绍

同轴电缆分为细缆和粗缆两种。

（1）细缆。细缆的直径为 0.26 cm，最大传输距离为 185 m，使用时与 50 Ω 终端电阻、T 型连接器、BNC 接头与网卡相连，线材价格和连接头成本都比较便宜，而且不需要购置集线器等设备，十分适合架设终端设备较为集中的小型以太网络。缆线总长不要超过 185 m，否则信号将严重衰减。细缆的阻抗是 50 Ω。

（2）粗缆。粗缆的直径为 1.27 cm，最大传输距离达到 500 m。由于直径相当粗，因此它的弹性较差，不适合在室内狭窄的环境内架设，而且 RG－11 连接头的制作方式也相对要复杂许多，并不能直接与电脑连接，它需要通过一个转接器转成 AUI 接头，然后再接到电脑上。由于粗缆的强度较大，最大传输距离也比细缆长，因此粗缆的主要用途是扮演网络主干的角色，用来连接数个由细缆所结成的网络。粗缆的阻抗是 75 Ω。

3）优缺点

同轴电缆的优点是可以在相对长的无中继器的线路上支持高带宽通信，而其缺点也是显而易见的：一是体积大，细缆的直径就有 3/8 in(0.9525 cm)，要占用电缆管道的大量空间；二是不能承受缠结、压力和严重的弯曲，这些都会损坏电缆结构，阻止信号的传输；最后就是成本高，而所有这些缺点正是双绞线能克服的。因此，在现在的局域网环境中，同轴电缆基本已被基于双绞线的以太网物理层规范所取代。

3. 光纤

1）光纤简介

光纤是由纯石英玻璃制成的。纤芯外面包围着一层折射率比纤芯低的包层，包层外是塑料护套。光纤通常被扎成束，外面有外壳保护。光纤的传输速率可达 100 Gb/s。

2）光纤分类

（1）多模光纤。

多模光纤(Multi Mode Fiber)：中心玻璃芯较粗(芯径一般为 50 μm 或 62.5 μm)，可传多种模式的光。但其模间色散较大，这就限制了传输数字信号的频率，而且随距离的增加会更加严重。例如，600 MB/km 的光纤在 2 km 时只有 300 MB 的带宽。因此，多模光纤传输的距离就比较近，一般只有几千米。

（2）单模光纤。

单模光纤(Single Mode Fiber)：中心玻璃芯很细(芯径一般为 9 μm 或 10 μm)，只能传一种模式的光。因此，其模间色散很小，适用于远程通信，但还存在着材料色散和波导色散，这使单模光纤对光源的谱宽和稳定性有较高的要求，即谱宽要窄，稳定性要好。后来又发现在 1.31 μm 波长处，单模光纤的材料色散和波导色散一为正、一为负，大小也正好相等。这就是说在 1.31 μm 波长处，单模光纤的总色散为零。从光纤的损耗特性来看，1.31 μm 处正好是光纤的一个低损耗窗口。这样，1.31 μm 波长区就成了光纤通信的一个很理想的工作窗口，也是现在实用光纤通信系统的主要工作波段。$1.31~\mu m$ 常规单模光纤的主要参数是由 ITU - T 在 G652 建议中确定的，因此这种光纤又称 G652 光纤。

简单地说，单模光纤传输距离远，多模光纤传输距离近。

2.3.2 无线传输介质

无线传输的介质有无线电波、红外线、微波、卫星和激光。在局域网中，通常只使用无线电波和红外线作为传输介质。无线传输介质通常用于广域互联网的广域链路的连接。

无线传输的优点在于安装、移动以及变更都较容易，不会受到环境的限制。但信号在传输过程中容易受到干扰和被窃取，且初期的安装费用较高。

1. 微波

微波是频率在 $10^8 \sim 10^{10}$ Hz 之间的电磁波。在 100 MHz 以上，电磁波就可以沿直线传播，因此可以集中于一点。通过抛物线状天线把所有的能量集中于一小束，便可以防止他人窃取信号和减少其他信号对它的干扰，但是发射天线和接收天线必须精确地对准。由于微波沿直线传播，所以如果微波塔相距太远，地表就会挡住去路。因此，隔一段距离就需要一个中继站，微波塔越高，传的距离越远。微波通信被广泛用于长途电话通信、监察电话、电视传播和其他方面的应用。

2. 红外线

红外线(Infrared)是波长介于微波与可见光之间的电磁波。红外线可分为三部分：近红外线，波长在 $(0.75-1)\sim(2.5-3)\mu m$ 之间；中红外线，波长在 $(2.5-3)\sim(25-40)\mu m$ 之间；远红外线，波长在 $(25-40)\sim1500~\mu m$ 之间。无导向的红外线被广泛用于短距离通信。电视、录像机使用的遥控装置都利用了红外线装置。红外线有一个主要缺点：不能穿透坚实的物体。但正是由于这个原因，一间房屋里的红外系统不会对其他房间里的系统产生串扰，红外系统防窃听的安全性要比无线电系统好。

3. 激光

通过装在楼顶的激光装置可连接两栋建筑物里的 LAN。由于激光信号是单向传输，因此每栋楼房都得有自己的激光以及测光的装置。激光传输的缺点之一是不能穿透雨和浓雾，但是在晴天里可以工作得很好。

2.3.3 传输介质特性

不同的传输介质，其特性也各不相同。它们不同的特性对网络中数据通信质量和通信速度有较大影响，这些特性如下：

(1) 物理特性：说明传播介质的特征。

(2) 传输特性：包括信号形式、调制技术、传输速度及频带宽度等内容。

(3) 连通性：采用点到点连接还是多点连接。

(4) 地域范围：网上各点间的最大距离。

(5) 抗干扰性：防止噪声、电磁干扰对数据传输影响的能力。

(6) 相对价格：以元件、安装和维护的价格为基础。

2.4　数据交换技术

数据交换(Data Switching)是指在多个数据终端设备(DTE)之间,为任意两个终端设备建立数据通信临时互连通路的过程。数据交换可以分为电路交换、报文交换、分组交换。电路交换原理与电话交换原理基本相同。电路交换的缺点是电路的利用率低,双方在通信过程中的空闲时间,电路不能得到充分利用。

2.4.1　电路交换

当用户之间要传输数据时,交换中心在用户之间建立一条暂时的数据电路。电路接通后,用户双方便可传输数据,并一直占用到传输完毕拆除电路为止。电路交换引入的时延很小,而且交换机对数据不加处理,因而适合传输实时性强和批量大的数据。

电路交换可以保证在建立了物理通路后,该物理通路成为一条专用的线路。因此,传输信息不再有延迟。但由于计算机传送信息是间歇的,因此在占用物理通路的全部时间里只有很短的时间是真正用来传送信息的,这就造成了通信线路的浪费。另外,电路交换建立通路的呼叫过程对计算机通信也嫌太长。

2.4.2　报文交换

报文交换一般都是利用计算机实现的。发信端用户首先把要发送的数据编成报文,连同收信地址等辅助数据一起发往本地交换中心,在那里把它们完整地存储起来并作适当处理。当本地交换中心的输出口有空时,就将报文转发到下一个交换中心,最后由收信端的交换中心将报文传递到用户。

在交换中,报文从源点到目的地采用存储转发方式。报文交换的优点是:① 传输可靠性高,它可以有效地采用差错校验和重发技术;② 线路利用率高,它可以把多条低速电路集中成高速电路传输,并且可以使多个用户共享一个信道;③ 使用灵活,它可以进行代码变换、速率变换等预处理工作,因而它能在类型、速率、规程不同的终端之间传输数据。

但是,报文交换不适合于会话型和实时性要求较高的业务。一般报文交换要按传输数据的重要和紧迫程度,分成不同的优先等级加以传输。

2.4.3　分组交换

把数据分割成若干个长度较短(一般不超过 128 个字符)的分组,每个分组内除数据信息外还包括控制信息,它们在交换机内作为一个整体进行交换。每个分组在交换网内的传输路径可以不同。分组交换也采用存储转发技术,并进行差错检验、重发、返送响应等操作,最后收信端把接收的全部分组按顺序重新组合成数据。

与报文交换相比,分组交换的优点如下:

(1) 在报文交换中,总的传输时延是每个节点上接收与转发整个报文时延的总和,而在分组交换中,某个分组发送给一个节点后,就可以接着发送下一个分组,这样总的时延就减小。

(2) 每个节点所需要的缓存器容量减小,这有利于提高节点存储资源的利用率。

（3）传输有差错时，只要重发一个或若干个分组，不必重发整个报文，这样可以提高传输效率。

分组交换的缺点是每个分组要附加一些控制信息，这会使传输效率降低，尤以长报文为甚。一般分组交换提供虚电路和数据报两种基本业务。

2.5 多路复用技术

通常，信道提供的带宽往往比所要传输的信号带宽宽得多。如果一条信道只传输一种信号，就大大浪费了传输系统的传输效率和资源。为了使通信系统能最大限度地使用其所有的系统设施和传输介质，信道复用的概念被提出和应用。

多路复用是一种将若干条无关的信号按照一定的方法和规则合成一路复用信号，并在一条公用信道上进行数据传输，到达接收端再进行分离的技术。通过该技术，传输介质的利用率得到有效提高。常见的多路复用技术有频分多路复用、时分多路复用、码分多路复用和空分多路复用，下面进行详细介绍。

2.5.1 频分多路复用

频分多路复用 FDM(Frequency Division Multiple) 的基本原理是在一条频谱相对比较宽的通信线路上依据频率的不同设置多个相互隔离的信道，每路信号以不同的载波频率进行调制，而且各个载波频率是完全独立的，即各个信道所占用的频带不相互重叠，相邻信道之间用"警戒频带"隔离，那么每个信道就能独立地传输一路信号。其特点是信号被划分成若干通道（频道，波段），每个通道互不重叠，独立进行数据传递。每个载波信号形成一个不重叠、相互隔离（不连续）的频带。接收端通过带通滤波器来分离信号。

频分多路复用在无线电广播和电视领域中的应用较多。ADSL 也是一个典型的频分多路复用。ADSL 用频分多路复用的方法，在 PSTN 使用双绞线上划分出三个频段：0～4 kHz 用来传送传统的语音信号；20～50 kHz 用来传送计算机上载的数据信息；150～500 kHz 或 140～1100 kHz 用来传送从服务器上下载的数据信息。

波分多路复用 WDM(Wavelength Division Multiplexing) 技术是在光纤上进行信道复用的技术，一根光纤的带宽可达 25 000 GHz，而通常一路光信号的带宽只有几吉赫。波分多路复用的原理是整个波长频带被划分为若干个波长范围，每路信号占用一个波长范围来进行传输。实质上是在光信道上采用的一种频分多路复用的变种，即光的频分复用，只不过光复用采用的技术与设备不同于电复用，由于光波处于频谱的高频段，有很高的带宽，因而可以实现很多路的波分复用。

按照通道间隔的不同，WDM 可以细分为 CWDM (Coarse Wavelength Division Multiplexing，粗波分复用) 和 DWDM(Dense Wavelength Division Multiplexing，密集波分复用)。

CWDM 对波长的选择和信道间隔符合 G.694.2 建议，波长间隔 20 nm，工作波长范围由使用的光纤类型决定。如果采用常规光纤，则波长范围 1471～1611 nm，共 8 个工作波长（还包括 1310 nm 窗口）；如果采用无水峰光纤，则波长范围 1271～1611 nm，共 18 个工作波长。CWDM 的网络建设成本较低，适用于传输距离短、带宽高、接入点密集的网络。比如，大楼内或大楼之间的网络通信。

　　DWDM 载波通道间距较窄，信道间隔为 $1\sim10$ nm。因此，同一根光纤上能复用 $8\sim176$ 个波长（随着技术的不断发展，DWDM 可复用的波长数可能还会增加）。工作波长位于 1550 nm 窗口。

　　DWDM 调制激光采用冷却激光；CWDM 调制激光采用非冷却激光、无光放大器件，与 DWDM 技术相比，传输距离短、容量较小，成本较低。

2.5.2　时分多路复用

　　时分多路复用（Time Division Multiplexing，TDM）是指一种通过不同信道或时隙中的交叉位脉冲，同时在同一个通信媒体上传输多个数字化数据、语音和视频信号等的技术。时分多路复用将时间域分成周期循环的一些小段，每段时间长度是固定的，每个时段用来传输一个子信道。例如，子信道 1 的采样，可能是字节或者是数据块，使用时间段 1，子信道 2 使用时间段 2，等等。一个 TDM 的帧包含了一个子信道的一个时间段，当最后一个子信道传输完毕时，这样的过程将会再重复来传输新的帧，也就是下一个信号片段。具体说就是把时间分成一些均匀的时间片，通过同步（固定分配）或统计（动态分配）的方式，将各路信号的传输时间分配在不同的时间片上，以达到互相分开、互不干扰的目的。

2.5.3　码分多路复用

　　码分多路复用（Code Division Multiplexing）与 FDM 和 TDM 不同，它既共享信道的频率，也共享时间，是一种真正的动态复用技术。其原理是每比特时间被分成 m 个更短的时间槽，称为码片（Chip），通常情况下每比特有 64 或 128 个码片。每个站点（通道）被指定一个唯一的 m 位的代码或码片序列。当发送 1 时站点就发送码片序列，发送 0 时就发送码片序列的反码。当两个或多个站点同时发送时，各路数据在信道中被线性相加。为了从信道中分离出各路信号，要求各个站点的码片序列是相互正交的。即假如用 S 和 T 分别表示两个不同的码片序列，用 $!S$ 和 $!T$ 表示各自码片序列的反码，那么应该有 $S\cdot T=0$，$S\cdot!T=0$，$S\cdot S=1$，$S\cdot!S=-1$。当某个站点想要接收站点 X 发送的数据时，首先必须知道 X 的码片序列（设为 S）；假如从信道中收到的和矢量为 P，那么通过计算 $S\cdot P$ 的值就可以提取出 X 发送的数据：$S\cdot P=0$ 说明 X 没有发送数据；$S\cdot P=1$ 说明 X 发送了 1；$S\cdot P=-1$ 说明 X 发送了 0。

　　码分多路复用也是一种共享信道的方法，每个用户可在同一时间使用同样的频带进行通信，但使用的是基于码型的分割信道的方法，即每个用户分配一个地址码，各个码型互不重叠，通信各方之间不会相互干扰，且抗干扰能力强。

　　码分多路复用技术主要用于无线通信系统，特别是移动通信系统。它不仅可以提高通信的话音质量和数据传输的可靠性以及减少干扰对通信的影响，而且增大了通信系统的容量。笔记本电脑或个人数字助理（Personal Data Assistant，PDA）以及掌上电脑（Handed Personal Computer，HPC）等移动性计算机的联网通信就是使用了这种技术。

2.5.4　空分多路复用

　　空分复用 SDM（Space Division Multiplexing）让同一个频段在不同的空间内得到重复

利用。在移动通信中，能实现空间分割的基本技术就是采用自适应阵列天线，在不同的用户方向上形成不同的波束。

2.6 多址接入技术

多址接入技术广泛应用于无线通信，是指在通信网内处于不同位置的多个用户接入一个公共传输媒质，使多用户同时进行通信的技术。

多址接入技术在原理上和上一节的信号的多路复用技术是类似的，实质上都属于信号的划分，区别在于多址接入是在空中接口实现的，而多路复用是在各种处理器中实现的。

多址技术主要研究的问题是如何区分多个信道，使各个信道间互不干扰，目前常用的多址技术有频分多址、时分多址、码分多址、空分多址等技术，下面进行详细介绍。

2.6.1 频分多址

频分多址 FDMA（Frequency Division Multiple Access）也称为频分多址接入，是把总带宽分隔成多个正交的频道，每个用户占用一个频道。例如，把分配给无线蜂窝电话通信的频段分为 30 个信道，每一个信道都能够传输语音通话、数字服务和数字数据。在频分多址中，不同地址用户占用不同的频率，即采用不同的载波频率，通过滤波器选取信号并抑制无用干扰，各信道在时间上可同时使用。频分多址技术比较成熟，第一代蜂窝式移动电话系统采用的就是 FDMA 技术。模拟蜂窝式移动电话系统均使用频分多址技术。在采用 FDMA 技术的第一代蜂窝系统中，各频率信道除了要传送用户语音外，还要传送信令信息。一般情况下，要为信令信息的传送专门分配频率信道，该频率信道称为专用控制信道或专用信令信道。但在通话过程中进行信道切换时，是在业务信道中传送切换信令的。由于每个移动用户使用控制信道的时间相对于使用业务信道的时间要少得多，所以往往一对控制信道可供一个基站或多个基站内的所有移动用户共同使用。

2.6.2 时分多址

时分多址 TDMA（Time Division Multiple Access）也称为时分多址接入，该技术把时间分割成互不重叠的时段（帧），再将帧分割成互不重叠的时隙（信道），与用户具有一一对应关系，依据时隙区分来自不同地址的用户信号。在满足定时和同步的条件下，基站可以分别在各时隙中接收到各移动终端的信号而不混扰。同时，基站发向多个移动终端的信号都按顺序安排在预定的时隙中传输，各移动终端只要在指定的时隙内接收，就能在合路的信号中把发给它的信号区分并接收下来，从而完成多址连接。TDMA 较之 FDMA 具有通信质量高、保密较好、系统容量较大等优点，但它必须有精确定时和同步以保证移动终端和基站间正常通信，技术上比较复杂。

TDMA 时分多址可用于卫星通信中，把卫星转发器的工作时间分割成周期性、互不重叠的时隙，一个周期叫做一帧，一帧中每一个时隙叫做分帧。将每个分帧分配给各地球站使用。时分多址主要用来传输时分多路复用数字信号，一个典型的应用是脉码调制－时分复用－相移键控－时分多址接入（PCM－TDM－PSK－TDMA）。这里，各地球站首先将 PCM 数字信号按时分多路复用（TDM）方式形成多路信号，然后通过调制器产生数字相移键控信号，各地球站在定时同步系统控制下，只在自己的时隙内向卫星发射信号，而卫星转发器将这些从不同时隙传来的各地球站信号，按时间顺序排列起来。为了各站之间互不干扰，各时隙之间有一定的保护时隙。一般过程为：地球站接收机收到卫星转发器发来的各地球站的微波 TDMA 帧信号，在解调器中进行相干解调，并同时取出各站的前置码（它位于各分帧信号码的最前边），根据前置码可判别出来自各地球站发给本站的信号。解调后的信号送至时分多址分离和缓冲控制装置，在此设备中，先由前置码去控制分离装置选出发给本站的 PCM 信号，再经缓冲器和 PCM 译码器变为模拟信号，最后送给用户。

2.6.3　码分多址

码分多址 CDMA（Code Division Multiple Access）也称为码分多址接入，是在数字技术的分支——扩频通信技术上发展起来的一种崭新而成熟的无线通信技术。CDMA 技术的原理是基于扩频技术，将需传送的具有一定信号带宽信息的数据，用一个带宽远大于信号带宽的高速伪随机码进行调制，使原数据信号的带宽被扩展，再经载波调制并发送出去。接收端使用完全相同的伪随机码，与接收的带宽信号作相关处理，把宽带信号换成原信息数据的窄带信号即解扩，以实现信息通信。CDMA 通过独特的代码序列建立信道，可用于二代和三代无线通信中的任何一种协议。CDMA 作为一种多路方式，多路信号只占用一条信道，极大地提高了带宽利用率，应用于 800 MHz 和 1.9 GHz 的超高频（UHF）移动电话系统。CDMA 使用带扩频技术的模—数转换（ADC），输入音频首先数字化为二进制码元。传输信号频率按指定类型编码，因此只有频率响应编码一致的接收机才能拦截信号。由于有无数种频率顺序编码，因此很难出现重复，增强了保密性。CDMA 通道宽度名义上为 1.23 MHz，网络中使用软切换方案，尽量减少手机通话中信号的中断。数字和扩频技术的结合应用使得单位带宽信号数量比模拟方式下成倍增加，CDMA 与其他蜂窝技术兼容，实现全国漫游。最初仅用于美国蜂窝电话中的 CMDAOne 标准只提供单通道 14.4 kb/s 和八通道 115 kb/s 的传输速度。CDMA2000 和宽带 CDMA 速度已经成倍提高。

CDMA 通信系统中，不同用户传输信息所用的信号不是靠频率不同或时隙不同来区分，而是用各自不同的编码序列来区分，或者说，靠信号的不同波形来区分。如果从频域或时域来观察，则多个 CDMA 信号是互相重叠的。

接收机用相关器可以在多个 CDMA 信号中选出其中使用预定码型的信号。其他使用不同码型的信号因为和接收机本地产生的码型不同而不能被解调。它们的存在类似于在信道中引入了噪声和干扰，通常称之为多址干扰。

在 CDMA 蜂窝通信系统中，用户之间的信息传输是由基站进行转发和控制的。为了实现双工通信，正向传输和反向传输各使用一个频率，即通常所谓的频分双工。无论正向传输还是反向传输，除去传输业务信息外，还必须传送相应的控制信息。为了传送不同的信息，需要设置相应的信道。但是，CDMA 通信系统既不分频道又不分时隙，无论传送何种信息的信道都靠采用不同的码型来区分。类似的信道属于逻辑信道，这些逻辑信道无论从频域还是时域来看都是相互重叠的，或者说它们均占用相同的频段和时间。

2.6.4　空分多址

空分多址（Space Division Multiple Access，SDMA）也称为空分多址接入，是将空间分

割成不同的信道,利用空间来区分不同用户的多址技术。空分多址可实现频率的重复使用,充分利用频率资源。

空分多址对通信系统的性能改善是多方面的,可以降低共信道干扰和多径衰落,降低BER 和中断概率,扩大系统容量,提高频谱利用率,根据业务需要动态地形成小区。

(1)减少时延扩展和多径衰落。时延扩展是由多径传播引起的,使用 SDMA 后,通过在期望信号方向上形成定向波束,其他方向置零消除延时信息到达的信号。

(2)降低共信道干扰。SDMA 技术具有空间滤波器的作用,在基站的发射模式中,对期望的用户形成定向波束发射信号,在其他方向上造成的干扰就比较小。

(3)提高频谱利用率。通信系统的容量是指给定频谱资源时,系统可以处理的业务量,在蜂窝系统中,一般可以用给定频谱宽带时,每个小区能提供的最大信道数或用最大用户数来衡量。提高频谱利用率是指给定系统用给定频谱可以处理的业务量。研究表明,使用 SDAM 技术可以提高系统容量。

空分多址系统可使系统容量成倍增加,使得系统在有限的频谱内可以支持更多的用户,从而成倍地提高频谱使用效率。SDMA 在中国第三代通信系统 TD‐SCDMA(时分同步码分多址)中引入,是智能天线技术的集中体现。该方式是将空间进行划分,以取得到更多的地址,在相同时间间隙,在相同频率段内,在相同地址码情况下,根据信号在同一空间内传播路径不同来区分不同的用户。故在有限的频率资源范围内,可以更高效地传递信号,在相同的时间间隙内,可以多路传输信号,也可以达到更高效率的传输;当然,利用这种方式传递信号,在同一时刻,由于接收的信号是从不同的路径来的,可以大大降低信号间的相互干扰,从而达到了信号的高质量。

空分多址技术在移动通信技术中主要应用在智能天线方面,作为提高移动通信系统容量的重要手段,智能天线主要在基站使用,未来移动通信系统的工作频率更高,在半波长阵元间隔的条件下,天线尺寸可做得很小,使得移动用户端有可能也采用智能天线。

人们研究智能天线的最初动机是,在频谱资源日益拥挤的情况下考虑如何将自适应波束形成应用于蜂窝小区的基站(BS),以便能更有效地增加系统容量和提高频谱利用率。智能天线的基本思想是:天线以多个高增益窄波束动态地跟踪多个期望用户,接收模式下,来自窄波束之外的信号被抑制;发射模式下,能使期望用户接收的信号功率最大,同时使窄波束照射范围以外的非期望用户受到的干扰最小。智能天线是利用用户空间位置的不同来区分不同用户。智能天线引入空分多址,即在相同时隙、相同频率或相同地址码的情况下,仍然可以根据信号不同的中间传播路径而区分。SDMA 是一种信道增容方式,与其他多址方式完全兼容,从而可实现组合的多址方式,例如空分—码分多址(SD‐CDMA)。

智能天线与传统天线概念有本质的区别,其理论支撑是信号统计检测与估计理论、信号处理及最优控制理论,其技术基础是自适应天线和高分辨陈列信号处理。

SDMA 是多种利用来自无线通信系统中天线阵列的数据方法中较先进的一种方法。在基站中,SDMA 不断调整无线环境,为每位用户提供优质的上行链路和下行链路信号。在网络中,这种先进的基站性能可以用来增加基站覆盖范围,从而降低网络成本,提高系统容量,最终达到提高频率利用率的目的。SDMA 可以与任何空间调制方式或频段兼容,因此具有巨大的实用价值。

下面重点介绍在基站应用智能天线所带来的好处。

（1）形成多个波束。

最简单的情况是基站的智能天线形成多个波束覆盖整个小区。例如，一个小区可由 3 个宽度为 120°的波束覆盖，或由 6 个宽度为 60°的波束覆盖。每个波束可当作一个独立的小区对待，当移动台（MS）离开一个波束覆盖区到另一个波束覆盖区时，也要进行切换。

（2）形成自适应波束。

智能天线可用于定位每个 MS，并形成覆盖 MS 或 MS 群的波束，这样每个波束都可以看成一个同频小区。不断改变波束形状以便覆盖动态变化的业务量。当 MS 移动时，选用不同的波束覆盖不同的 MS 群，这对于控制 BS 发射功率有利。这个办法在 MS 结队移动或沿限定路线（如在高速公路上）移动时尤其有效。

（3）形成波束零点。

智能天线在其阵列方向图上形成对准同频 MS 的波束零点有助于减小收发两个方向上的同频干扰。

（4）构造动态小区。

波束自适应形成的概念可推广至小区形状的动态改变，即小区形状不再固定，利用智能天线构造基于业务需求的动态小区，这要求智能天线具备定位和跟踪 MS 的能力，从而自适应地调整系统参数以满足业务要求，这表明使用智能天线可以改变小区边界，从而能随着业务需求的变化为每个小区分配一定数量的信道，即实现信道的动态分配。

应用空分多址的优势是明显的：它可以提高天线增益，使得功率控制更加合理有效，显著地提升系统容量；此外，一方面可以削弱来自外界的干扰，另一方面还可以降低对其他电子系统的干扰。如前所述，SDMA 实现的关键是智能天线技术，这也正是当前应用 SDMA 的难点。特别是对于移动用户，由于移动无线信道的复杂性，使得智能天线中关于多用户信号的动态捕获、识别与跟踪以及信道的辨识等算法极为复杂，从而对 DSP（数字信号处理）提出了极高的要求，对于当前的技术水平还是个严峻的挑战。所以，虽然人们对于智能天线的研究已经取得了不少鼓舞人心的进展，但仍然由于存在上述一些尚难以克服的问题而未得到广泛应用。但可以预见，由于 SDMA 的诸多优势，SDMA 的推广是必然的。

2.7　差错控制技术

2.7.1　差错控制简介

差错控制是在数字通信中利用编码方法对传输中产生的差错进行控制，以提高传输正确性和有效性的技术。差错控制包括差错检测、前向纠错（FEC）和自动重传请求（ARQ）。

根据差错的性质不同，差错控制分为对随机误码的差错控制和对突发误码的差错控制。随机误码指信道误码较均匀地分布在不同的时间间隔上；而突发误码指信道误码集中在一个很短的时间段内。有时把几种差错控制方法混合使用，并且要求对随机误码和突发误码均有一定差错控制能力。

差错控制是一种保证接收的数据完整、准确的方法。因为实际电话线总是不完美的。数据在传输过程中可能变得紊乱或丢失。为了捕捉这些错误，发送端调制解调器对即将发送的数据执行一次数学运算，并将运算结果连同数据一起发送出去，接收数据的调制解调器对它接收到的数据执行同样的运算，并将两个结果进行比较。如果数据在传输过程中被破坏，则两个结果就不一致，接收数据的调制解调器就申请发送端重新发送数据。

2.7.2 差错控制方法

1. 前向纠错（FEC）

前向纠错也叫前向纠错编码（Forward Error Correction，FEC），是增加数据通信可信度的方法，是一种数据编码技术，传输中检错由接收方进行验证。在 FEC 方式中，接收端不但能发现差错，而且能确定二进制码元发生错误的位置，从而加以纠正。FEC 方式必须使用纠错码。发现错误无须通知发送方重发，区别于 ARQ 方式。

前向纠错是指信号在被传输之前预先对其按一定的格式进行处理，在接收端则按规定的算法进行解码以达到找出错码并纠错的目的。现代纠错码技术是由一些对通信系统感兴趣的数学家们和对数学有着深厚功底的工程师们在近 50 多年中发展起来的。1948 年，法国数学家香农发表了现代信息理论奠基性的文章《通信系统数学理论》。汉明（Hamming）于1949 年提出了可纠正单个随机差错的汉明码。普朗基（Prange）于 1957 年提出了循环码的概念。随后，Hoopueghem、Bose 和 Chaudhum 于 1960 年发现了 BCH 码。稍后，里得（Reed）和所罗门（Solomon）提出了 ReedSolomon（RS）编码，这实际上是一种改进了的 BCH码。现代通信采用的各种新技术，如 MMDS 多点对多点分配业务、LMDS 本地多点分配业务、蓝牙技术、高速 DH 等要求信道编码纠错能力更高、效率更高、运算速度更快，这就导致了各种动态编码方案的出现并在工程中得到广泛运用，信息理论仍是当前最活跃的研究领域之一。

FEC 在光纤通信中的应用研究起步较晚，从 1988 年 Grover 最早将 FEC 用于光纤通信开始，光纤通信中的 FEC 应用可分为三代。

（1）第一代 FEC：采用经典的硬判决码字，例如汉明码、BCH 码、RS 码等。最典型的代表码字为 RS（255，239），开销 6.69%，当输入 BER 为 1.4×10^{-4} 时输出 BER 为 1×10^{-13}，净编码增益为 5.8 dB。RS（255，239）已被推荐为大范围长距离通信系统的 ITU－T G.709标准，可以很好地匹配 STM－16 帧格式，获得了广泛应用。1996 年 RS（255，239）被成功用于跨太平洋、大西洋长达 7000 km 的远洋通信系统中，数据速率达到 5 Gb/s。

（2）第二代 FEC：在经典硬判决码字的基础上，采用级联的方式，并引入了交织、迭代、卷积的技术方法，大大提高了 FEC 方案的增益性能，可以支撑 10G 甚至 40G 系统的传输需求，许多方案性能均达到 8 dB 以上。ITU－T G.975.1 中推荐的 FEC 方案可以作为第二代 FEC 的代表。

现有 10G 系统多采用第二代硬判决 FEC，采用更大开销的硬判决 FEC 可以支撑现有系统的平滑升级。例如，10G 海缆传输系统目前采用 ITU－T G.975.1 推荐的开销为6.69% 的硬判决 FEC 方案，若采用 20% 开销的高性能硬判决 FEC，则较现有方案可提高1.5 dB 左右的编码增益，极大改善系统的性能。

（3）第三代 FEC：相干接收技术在光通信中的应用使软判决 FEC 的应用成为可能。采用更大开销（20% 或以上）的软判决 FEC 方案，如 Turbo 码、LDPC 码和 TPC 码，可以获得大于 10 dB 的编码增益，有效支撑 40G、100G 至 400G 的长距离传输需求。

2. 自动重传请求（ARQ）

自动重传请求（Automatic Repeat Request，ARQ）是 OSI 模型中运输层的错误纠正协议之一。它包括停止等待 ARQ 协议和连续 ARQ 协议，错误侦测（Error Detection）、正面确认（Positive Acknowledgment）、逾时重传（Retransmission after Timeout）与负面确认继以重传（Negative Acknowledgment and Retransmission）等机制。

如果在协议中，发送方在准备下一个数据项目之前先等待一个肯定的确认，则这样的协议称为 PAR（Positive Acknowledgement with Retransmission，支持重传的肯定确认协议）或者 ARQ。

自动重传请求通过接收方请求发送方重传出错的数据报文来恢复出错的报文，是通信中用于处理信道所带来差错的方法之一，有时也被称为后向纠错（Backward Error Correction，BEC）；另外一个方法是信道纠错编码。

传统自动重传请求分成为三种，即停等式（Stop and Wait）ARQ，回退 n 帧（Go-Back-n）ARQ 以及选择性重传（Selective Repeat）ARQ。后两种协议是滑动窗口技术与请求重传技术的结合，由于窗口尺寸开到足够大时，帧在线路上可以连续地流动，因此又称其为连续 ARQ 协议。三者的区别在于对出错的数据报文的处理机制不同。三种 ARQ 协议中，复杂性递增，效率也递增。

（1）停等式 ARQ：在停等式 ARQ 中，数据报文发送方每发送一帧之后就必须停下来等待接收方的确认返回，仅当接收方确认正确接收后再继续发送下一帧。该方法所需要的缓冲存储空间最小，缺点是信道效率很低。

（2）回退 n 帧 ARQ：发信侧不用等待收信侧的应答，持续发送多个帧，假如发现已发送的帧中有错误发生，那么从那个发生错误的帧开始及其之后所有的帧全部再重新发送。

这种协议复杂度低，但是不必要的帧会再重发，所以大幅度范围内使用的话效率不高。如果序列号有 k bit，那么这个 ARQ 的协议大小为 2^k-1。

（3）选择性重传 ARQ：发信侧不用等待收信侧的应答，持续发送多个帧，假如发现已发送的帧中有错误发生，那么发信侧将只重新发送那个发生错误的帧。

这种协议复杂度高，但是不需要发送没必要的帧，所以效率高。如果序列号有 k bit，那么这个 ARQ 的协议大小为 2^{k-1}。

在现代的无线通信中，ARQ 主要应用在无线链路层。比如，在 WCDMA 和 CDMA2000无线通信中都采用了选择性重传 ARQ 和混合 ARQ。

ARQ 的优点是比较简单，因而被广泛应用在分组交换网络中。

ARQ 的缺点：① 通信信道的利用率不高，也就是说，信道还远远没有被数据比特填满；② 需要接收方发送 ACK，这样就增加了网络的负担，也影响了传输速度。

3. 混合自动重传请求（HARQ）

混合自动重传请求（Hybrid Automatic Repeat Request，HARQ），是一种将前向纠错编码和自动重传请求相结合而形成的技术。

HARQ 的关键词是存储、请求重传、合并解调。接收方在解码失败的情况下，保存接收到的数据，并要求发送方重传数据，接收方将重传的数据和先前接收到的数据进行合并后再解码。这里面就有一定的分集增益，减少了重传次数，进而减少了时延。而传统的

ARQ技术简单地抛弃错误的数据，不做存储，也就不存在合并的过程，自然没有分集增益，往往需要过多地重传、过长时间地等待。

R99版本的ARQ中，数据包的重传工作由RNC完成；而HSDPA的HARQ技术则主要由Node B完成数据包的选择重传，由终端完成重传数据的合并，这就大大提高了重传的速度。

HARQ的基本原理为：在接收端使用FEC技术纠正所有错误中能够纠正的那一部分；通过错误检测判断不能纠正错误的数据包；丢弃不能纠错的数据包，向发射端请求重新发送相同的数据包。

LTE的HARQ技术主要有两种实现方式：

（1）软合并（Chase Combine，CC）。在单纯的HARQ机制中，接收到的错误数据包是直接被丢弃的。虽然这些错误数据包不能够独立地正确译码，但是它们依然包含有一定的信息。软合并就是利用这部分信息，将接收到的错误数据包保存在存储器中，与重传的数据包合并在一起进行译码，提高了传输效率。

（2）增量冗余（Incremental Redundancy，IR）。增量冗余技术是通过在第一次传输时发送信息比特和一部分冗余比特，而通过重传（Retransmission）发送额外的冗余比特。如果第一次传输没有成功解码，则可以通过重传更多冗余比特降低信道编码率，从而提高解码成功率。如果加上重传的冗余比特仍然无法正常解码，则进行再次重传。随着重传次数的增加，冗余比特不断积累，信道编码率不断降低，从而可以获得更好的解码效果。

根据重传内容的不同，在3GPP标准和建议中主要有三种混合自动重传请求机制，包括HARQ-Ⅰ、HARQ-Ⅱ和HARQ-Ⅲ。

1）HARQ-Ⅰ型

HARQ-Ⅰ即为传统HARQ方案，它仅在ARQ的基础上引入了纠错编码，即对发送数据包增加循环冗余校验（CRC）比特并进行FEC编码。接收端对接收的数据进行FEC译码和CRC校验，如果有错则放弃错误分组的数据，并向发送端反馈NACK信息请求重传与上一帧相同的数据包。一般来说，物理层设有最大重发次数的限制，防止由于信道长期处于恶劣的慢衰落而导致某个用户的数据包不断地重发，从而浪费信道资源。如果达到最大的重传次数时，接收端仍不能正确译码（在3G LTE系统中设置的最大重传次数为3），则确定该数据包传输错误并丢弃该包，然后通知发送端发送新的数据包。这种HARQ方案对错误数据包采取了简单的丢弃，而没有充分利用错误数据包中存在的有用信息。所以，HARQ-Ⅰ型的性能主要依赖于FEC的纠错能力。

2）HARQ-Ⅱ型

HARQ-Ⅱ也称为完全增量冗余方案。在这种方案下，信息比特经过编码后，将编码后的校验比特按照一定的周期打孔，根据码率兼容原则依次发送给接收端。接收端对已传的错误分组并不丢弃，而是与接收到的重传分组组合进行译码；其中重传数据并不是已传数据的简单复制，而是附加了冗余信息。接收端每次都进行组合译码，将之前接收的所有比特组合形成更低码率的码字，从而可以获得更大的编码增益，达到递增冗余的目的。每一次重传的冗余量是不同的，而且重传数据不能单独译码，通常只能与先前传的数据合并后才能被解码。

3）HARQ -Ⅲ型

HARQ -Ⅲ型是完全递增冗余重传机制的改进。对于每次发送的数据包采用互补删除方式，各个数据包既可以单独译码，也可以合成一个具有更大冗余信息的编码包进行合并译码。另外，根据重传的冗余版本不同，HARQ -Ⅲ又可进一步分为两种：一种是只具有一个冗余版本的 HARQ -Ⅲ，各次重传冗余版本均与第一次传输相同，即重传分组的格式和内容与第一次传输的相同，接收端的解码器根据接收到的信噪比（SNR）加权组合这些发送分组的拷贝，这样，可以获得时间分集增益。另一种是具有多个冗余版本的 HARQ -Ⅲ，各次重传的冗余版本不相同，编码后的冗余比特的删除方式是经过精心设计的，使得删除的码字是互补等效的。所以，合并后的码字能够覆盖 FEC 编码中的比特位，使译码信息变得更全面，更利于正确译码。

2.7.3　差错控制作用

差错控制已经成功地应用于卫星通信和数据通信。在卫星通信中一般用卷积码或级联码进行前向纠错，而在数据通信中一般用分组码进行反馈重传。此外，差错控制技术也广泛应用于计算机，其具体实现方法大致有两种：① 利用纠错码由硬件自动纠正产生的差错；② 利用检错码在发现差错后通过指令的重复执行或程序的部分返回以消除差错。

本 章 练 习 题

一、填空题

1. 双绞线适用于模拟和数字通信，是一种通用的传输介质，可分为_____双绞线和_____双绞线两类。

2. 数据通信过程中包含_____、_____和_____三种通信方式。

3. 数据交换机技术包含_____、_____和_____三种交换技术。

4. 多路复用技术包含_____、_____、_____和_____四种技术。

5. 同轴电缆分为_____和_____两种电缆。

6. 差错控制技术包含_____、_____和_____三种方法。

二、选择题

1. 宽带同轴电缆是_____Ω 电缆。

A. 50　　　　　　B. 65　　　　　　C. 70　　　　　　D. 75

2. 在下列几种传输介质中，抗电磁干扰最强的是_____。

A. UTP　　　　　B. STP　　　　　C. 同轴电缆　　　　　D. 光纤

3. 在下列几种传输介质中，相对价格最低的是_____。

A. UTP　　　　　B. STP　　　　　C. 同轴电缆　　　　　D. 光纤

4. 将一条物理信道按时间分成若干个时间片轮换给多个信号，这样利用每个信号在时间上交叉，可以在一条物理信道上传输多个数字信号，该技术称为_____。

A. 空分多路复用　　　B. 频分多路复用　　　C. 时分多路复用　　　D. 码分多址复用

三、简答题

1. 异步与同步传输技术有什么区别？

2. 请简要说明光纤分类及光纤接口种类的类型和区别。

3. 请分别阐述 FDM、TDM、WDM 及 CDM 等技术的概念及工作原理。

4. 电路交换、报文交换及分组交换各有什么特点？

本 章 小 结

本章主要介绍了数据通信的基础知识，包括常用的数据传输方式、介质、交换、差错控制等数据通信技术。

数据通信系统是通过数据电路将分布在远地的数据终端设备与计算机系统连接起来，实现数据传输、交换、存储和处理的系统。从计算机网络的角度看，数据通信系统是把数据源计算机所产生的数据迅速、可靠、准确地传输到计算机或专用外设。

传输介质是通信中实际传送信息的载体，有线介质将信号约束在一个物理导体之内，无线介质不能将信号约束在某个空间范围之内。

通信的目的就是为了实现信息的传递，实现通信必须要具备 3 个基本要素，即终端、传输、交换。在交换技术中，用来中转的节点称为交换节点，当网络的规模进一步扩大时，又由转接中心互联成网络。

第 3 章 计算机网络模型详解

【本章内容简介】

计算机网络体系结构是现代计算机网络的核心。本章系统地介绍了计算机网络体系的概念和内容，包括分层原理和各种通信协议、开放系统互连参考模型 OSI 和 TCP/IP 模型的各层功能及相关原理。

【本章重点难点】

重点掌握计算机网络体系结构的概念，OSI 模型、TCP/IP 模型的各层功能及工作原理。

3.1 计算机网络的体系结构

3.1.1 定义和形成

网络体系结构是指通信系统的整体设计，它为网络硬件、软件、协议、存取控制和拓扑提供标准。它广泛采用的是国际标准化组织（ISO）在 1979 年提出的开放系统互连（Open System Interconnection，OSI）的参考模型。

计算机网络是一个非常复杂的系统，需要解决的问题很多并且性质各不相同。所以，在 ARPANET 设计时，就提出了"分层"的思想，即将庞大而复杂的问题分为若干较小的易于处理的局部问题。

1974 年美国 IBM 公司按照分层的方法制定了系统网络体系结构（System Network Architecture，SNA）。现在 SNA 已成为世界上较广泛使用的一种网络体系结构。一开始，各个公司都有自己的网络体系结构，就使得各公司自己生产的各种设备容易互联成网，有助于该公司垄断自己的产品。但是，随着社会的发展，不同网络体系结构的用户迫切要求能互相交换信息。为了使不同体系结构的计算机网络都能互联，国际标准化组织 ISO 于 1977 年成立专门机构研究这个问题。1979 年 ISO 提出了"异种机联网标准"的框架结构，这就是著名的开放系统互连参考模型 OSI。OSI 得到了国际上的承认，成为其他各种计算机网络体系结构依照的标准，大大地推动了计算机网络的发展。20 世纪 70 年代末到 80 年代初，出现了利用人造通信卫星进行中继的国际通信网络。网络互联技术不断成熟和完善，局域网和网络互联开始商品化。

OSI 参考模型用物理层、数据链路层、网络层、传输层、会话层、表示层和应用层七个层次描述网络的结构，它的规范对所有的厂商是开放的，具有指导国际网络结构和开放系统走向的作用。它直接影响总线、接口和网络的性能。目前常见的网络体系结构有 FDDI、以太网、令牌环网和快速以太网等。从网络互联的角度看，网络体系结构的关键要素是协议和拓扑。

3.1.2 OSI 模型标准简介

开放系统 OSI 标准定制过程中所采用的方法是将整个庞大而复杂的问题划分为若干个容易处理的小问题，这就是分层的体系结构方法。在 OSI 中，采用了三级抽象，即体系结构、服务定义和协议规定说明。

OSI 参考模型定义了开放系统的层次结构、层次之间的相互关系及各层所包含的可能的服务。它是作为一个框架来协调和组织各层协议的制定，也是对网络内部结构最精练的概括与描述。

OSI 的服务定义详细说明了各层所提供的服务。某一层的服务就是该层及其下各层的一种能力，它通过接口提供给更高一层。各层所提供的服务与这些服务是怎么实现的无关。同时，各种服务定义还定义了层与层之间的接口和各层所使用的原语，但是不涉及接口是怎么实现的。

OSI 标准中的各种协议精确定义了应当发送什么样的控制信息，以及应当用什么样的过程来解释这个控制信息。协议的规程说明具有最严格的约束。

OSI 参考模型并没有提供一个可以实现的方法。ISO/OSI 参考模型只是描述了一些概念，用来协调进程间通信标准的制定。在 OSI 范围内，只有在各种协议是可以被实现的而各种产品只有和 OSI 的协议相一致才能互连。这也就是说，OSI 参考模型并不是一个标准，而只是一个在制定标准时所使用的概念性的框架。

3.2 OSI 七层模型详解

3.2.1 物理层

物理层(Physical Layer)是计算机网络 OSI 模型中最低的一层。物理层规定：为传输数据所需要的物理链路的创建、维持、拆除，而提供具有机械的、电子的、功能的和规范的特性。简单地说，物理层确保原始的数据可在各种物理媒体上传输。在传输方式上局域网大多是广播式，而广域网多为点对点式。在连接设备上局域网采用基于 OSI 参考模型中一、二层(物理层、数据链路层)的设备如集线器、交换机，而广域网采用路由器。在传输协议上，局域网不一定非要使用 TCP/IP 协议，而广域网则普遍采用的是该协议。

1. 主要功能

物理层的主要功能如下：

(1)为数据端设备提供传送数据的通路。数据通路可以是一个物理媒体，也可以是多个物理媒体连接而成。一次完整的数据传输，包括激活物理连接、传送数据、终止物理连接。所谓激活，就是不管有多少物理媒体参与，都要在通信的两个数据终端设备间连接起来，形成一条通路。

(2)传输数据。物理层要形成适合数据传输需要的实体，为数据传送服务。一是要保证数据能在其上正确通过，二是要提供足够的带宽(带宽是指每秒钟内能通过的比特数)，以减少信道上的拥塞。传输数据的方式能满足点到点，一点到多点，串行或并行，半双工或全双工，同步或异步传输的需要。

（3）完成物理层的一些管理工作。

2. 组成部分

数据终端设备 DTE（Data Terminal Equipment）简称终端，是指能够向通信子网发送和接收数据的设备。大、中、小型计算机（又称主机）无疑是通信网络中最强有力的数据终端设备。它不仅可以发送、接收数据，而且可以进行信息处理，包括差错控制、数据格式转换等。这些设备不但可以作为终端，还可以作为网络通信设备。

数据终端设备通常由输入设备、输出设备和输入输出控制器组成。其中，输入设备对输入的数据信息进行编码，以便进行信息处理；输出设备对处理过的结果信息进行译码输出；输入输出控制器则对输入、输出设备的动作进行控制，并根据物理层的接口特性（包括机械特性、电气特性、功能特性和规程特性）与线路终端接口设备（如调制解调器、多路复用器、前端处理器等）相连。

不同的输入、输出设备可以与不同类型的输入、输出控制器组合，从而构成各种各样的数据终端设备。

由于这类设备是一种人—机接口设备，通常由人进行操作，因此工作速率较低。我们最为熟悉的计算机、传真机、卡片输入机、磁卡阅读器等都可作为数据终端设备。

1）通用终端

通用终端仅具有输入、输出功能。常见的有：

（1）键盘、打印类终端。这是应用最悠久、最普及的终端设备。键盘是供输入信息用的，按键信号经编码器变成为二进制码，然后通过输入控制器送往计算机。目前键盘的品种规格很多，以个人计算机使用的标准键盘为例，就有简易型 82/83 键和全功能型 101/102 键两种键盘。

打印类终端的主要组成是打印装置。按其打印方式分为击打型和非击打型两种，前者是利用机械机构的动作，击打活字载体上的字符，使之与色带和纸张相撞印出字符，后者是指不用机械击打方式完成印字工作的打印机，分为热敏式打印机、静电式打印机、喷墨式打印机等。其中，喷墨式打印机由于在印字过程中不需要显影和定影，质量好，无噪声，因此得到广泛应用。

（2）显示类终端。显示类终端常配置相应的输入设备（如键盘、鼠标、图形板、光笔等）、显示器、存储器等，以扩展和增强显示终端的功能。用户可以借助输入设备将数据和指令告诉计算机，对其进行加工、处理或执行，经计算机处理或执行的结果（包括文字、图形、图像及视频信息）可通过显示类终端输出，供用户观察和监视。显示类终端的重要组成部分是显示器件，它分为 CRT 器件和平面显示器件两类。由于平面显示器件（如液晶显示、等离子体显示等）具有工作电压低、体积小、呈平面显示等特点，从而得到了普遍应用。

（3）识别类终端。上述两类终端尽管应用广泛，但其工作效率低，对操作员的素质要求较高。更为致命的弱点是需经计算机处理和控制的数据或命令必须事先编制成程序。为了进一步简化人—机对话过程，使输入、输出等操作更为简便灵活，从而出现了识别类终端。

目前，识别类终端有两种类型，一种是对字符、标记的识别；另一种是对语音的识别。前者是借助光学和光—电转换原理达到检测和识别字符、标记的目的，如条形码识别机就是它的一个应用实例。后者识别时，需先对语音信号进行分析，提取其中的特征信息，然后利用模式识别原理或方法，控制和实现语音的识别。

2）复合终端

复合终端是具有输入、输出和一定处理能力的数据终端设备。更确切地说，它是一种面向某种应用业务，可以按需配置输入、输出设备进行特定业务信息处理的终端设备。基于实际应用的复合终端种类较多，这里仅以常见的复合终端为例，来说明它的应用特性。

（1）远程批作业终端。它是一种专门配置在远地运行，并以联机处理方式向主机传输数据的终端设备，适用于批量作业处理的环境。这类终端除具有输入、输出控制功能外，还具有数据缓冲及可编程的功能。因而可在本地完成包括传输控制、差错校验、格式变换等通信任务。不能处理的任务则交给远端的主机去完成。

（2）事务处理终端。它是为适应某种特定应用环境而设计的一类终端设备。由于事务处理的对象较多，因此事务处理终端设备的种类也较多。常见的有销售终端、信贷终端、传真终端等。

销售终端主要应用于商业的零售场合。采用条形码识别技术的自动销售系统（POS，Point of Sale）就是一种典型的销售终端应用实例。它用条形码标识各商品，并作为 POS 机的输入数据。根据商品的条形码信息，从销售商品数据库存中检索出该商品对应的销售价格，据此结算出顾客购物应付的款额。POS 机是一种很有用的商品管理工具，它不仅可用于收付账管理，而且可用于账目管理、商品的库存管理等。

信贷终端是一种能阅读信用卡上磁性条形码的设备，用来验证该信用卡的有效性。此类终端本身一般没有数据处理能力，它是通过访问和检索主机中相关的数据库信息来确认信用卡的信任度的。

传真终端实质上是一种远程复制设备，它既可以将包含有文字和图像信息的文件发送到远方，也能接收来自远方的文件并再现。当传真终端作为计算机终端时，可以通过一组指令，将文件传送到多个用户或全部用户，或者应用数据压缩技术将文件存储起来，供用户检索使用。目前传真终端已被广泛用于办公自动化系统中。

3）智能终端

智能终端是一种内嵌有单片机或微处理机、具有可编程能力和数据处理及数据传输控制能力的终端设备，与非智能终端相比，具有可扩充性、灵活性及兼容性等特点。

智能终端按其处理能力的不同，可分为弱智能终端和智能终端两种。前者的功能是由制造厂家事先固化在只读存储器（Read Only Memory，ROM）或其他存储器件中，用户只能使用，不可改变。后者则不然，它可更改终端功能。由于它备有基本操作系统、语言编译程序及通信控制程序等系统软件，因此，用户可根据终端应用业务的需要或变化编制和设置各种应用软件，赋予终端新的功能。

数据通信设备 DCE（Data Communications Equipment）在 DTE 和传输线路之间提供信号变换和编码功能，并负责建立、保持和释放链路的连接，如 Modem。DCE 设备通常是与 DTE 对接，因此针脚的分配相反。其实对于标准的串行端口，通常从外观就能判断是 DTE 还是 DCE，DTE 是针头（俗称公头），DCE 是孔头（俗称母头），这样两种接口才能接在一起。DTE 和 DCE 示意图如图 3-1 所示。

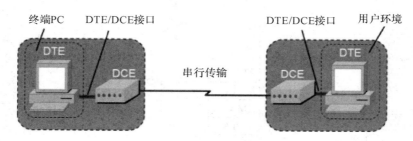

图 3-1　DTE 和 DCE 示意图

互连设备指将 DTE、DCE 连接起来的装置，如各种插头、插座。LAN 中的各种粗、细同轴电缆，T 型接、插头，接收器，发送器，中继器等都属物理层的媒体和连接器。

3. 接口特性

1）机械特性

机械特性也叫物理特性，指明通信实体间硬件连接接口的机械特点，如接口所用接线器的形状和尺寸、引线数目和排列、固定和锁定装置等。这很像平时常见的各种规格的电源插头，其尺寸都有严格的规定。

DTE 的连接器常用插针形式，其几何尺寸与 DCE 连接器相配合，插针芯数和排列方式与 DCE 连接器成镜像对称。

2）电气特性

电气特性规定了在物理连接上，导线的电气连接及有关电路的特性，一般包括：接收器和发送器电路特性的说明、信号的识别、最大传输速率的说明、与互连电缆相关的规则、发送器的输出阻抗、接收器的输入阻抗等电气参数。

3）功能特性

功能特性指明物理接口各条信号线的用途（用法），包括：接口线功能的规定方法，接口信号线的功能分类（分为数据信号线、控制信号线、定时信号线和接地线 4 类）。

4）规程特性

规程特性指明利用接口传输比特流的全过程及各项用于传输的事件发生的合法顺序，包括事件的执行顺序和数据传输方式，即在物理连接建立、维持和交换信息时，DTE/DCE 双方在各自电路上的动作序列。

3.2.2　数据链路层

数据链路层是 OSI 参考模型中的第二层，介于物理层和网络层之间。数据链路层在物理层提供的服务的基础上向网络层提供服务，其最基本的服务是将源自网络层的数据可靠地传输到相邻节点的目标机网络层。为达到这一目的，数据链路必须具备一系列相应的功能，主要有：如何将数据组合成数据块，在数据链路层中称这种数据块为帧（Frame），帧是数据链路层的传送单位；如何控制帧在物理信道上的传输，包括如何处理传输差错，如何调节发送速率以使发送方与接收方相匹配；以及在两个网络实体之间提供数据链路通路的建立、维持和释放的管理。帧传输示意图如图 3-2 所示。

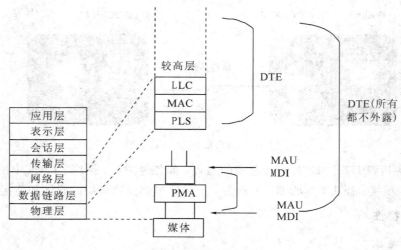

图 3-2 帧传输示意图

1．主要功能

数据链路层的最基本的功能是向该层用户提供透明的和可靠的数据传送基本服务。透明性是指该层上传输的数据的内容、格式及编码没有限制，也没有必要解释信息结构的意义；可靠的传输使用户免去对丢失信息、干扰信息及顺序不正确等的担心。在物理层中这些情况都可能发生，在数据链路层中必须用纠错码来检错与纠错。数据链路层是对物理层传输原始比特流的功能的加强，将物理层提供的可能出错的物理连接改造成为逻辑上无差错的数据链路，使之对网络层表现为一无差错的线路。

1）帧同步

为了使传输中发生差错后只将有错的有限数据进行重发，数据链路层将比特流以帧为单位传送。每个帧除了要传送的数据外，还包括校验码，以使接收方能发现传输中的差错。帧的组织结构必须设计成使接收方能够明确地从物理层收到的比特流中对其进行识别，也即能从比特流中区分出帧的起始与终止，这就是帧同步要解决的问题。由于网络传输中很难保证计时的正确和一致，所以不可采用依靠时间间隔关系来确定一帧的起始与终止的方法。

2）差错控制

一个实用的通信系统必须具备发现（即检测）这种差错的能力，并采取某种措施纠正之，使差错被控制在所能允许的尽可能小的范围内，这就是差错控制过程，也是数据链路层的主要功能之一。对差错编码（如奇偶校验码或循环冗余码 CRC）的检查，可以判定一帧在传输过程中是否发生了错误。一旦发现错误，一般可以采用反馈重发的方法来纠正。这就要求接收方收完一帧后，向发送方反馈一个接收是否正确的信息，使发送方作出是否需要重新发送的决定，也即发送方仅当收到接收方已正确接收的反馈信号后才能认为该帧已经正确发送完毕，否则需要重新发送直至正确为止。

3）流量控制

流量控制并不是数据链路层所特有的功能，许多高层协议中也提供流量控制功能，只不过流量控制的对象不同而已。比如，对于数据链路层来说，控制的是相邻两节点之间数据链路上的流量，而对于传输层来说，控制的则是从源到最终目的地之间端的流量。

4）链路管理

链路管理功能主要用于面向连接的服务。链路两端的节点要进行通信前，必须首先确认对方已处于就绪状态，并交换一些必要的信息以对帧序号初始化，然后才能建立连接，在传输过程中则要能维持该连接。如果出现差错，则需要重新初始化，重新自动建立连接。传输完毕后则要释放连接。数据链路层连接的建立、维持和释放就称为链路管理。

2. 子层分类

数据链路层包含逻辑链路层（Logical Link Control，LLC）和介质访问控制层（Media Access Control，MAC）两个子层。

1）逻辑链路层

数据链路层的 LLC 子层用于设备间单个连接的错误控制、流量控制。

与 MAC 层不同，LLC 层和物理媒介全无关系，起屏蔽局域网网络类型的作用。无论 MAC 子层连接的是符合 IEEE 802.3 标准的以太网还是符合 IEEE 802.5 标准的令牌环网都没关系，LLC 层有着独立的定义，它遵从 IEEE 802.2 标准。

2）介质访问控制层

介质访问控制是解决当局域网中共用信道的使用产生竞争时，如何分配信道的使用权问题。

MAC 子层主要功能是调度，把逻辑信道映射到传输信道，负责根据逻辑信道的瞬时源速率为各个传输信道选择适当的传输格式（Transport Format，TF）。

3. MAC 地址

MAC（Media/Medium Access Control）地址，意译为媒体访问控制，或称为物理地址、硬件地址，用来定义网络设备的位置。在 OSI 模型中，第三层网络层负责 IP 地址，第二层数据链路层则负责 MAC 地址。因此一个主机会有一个 MAC 地址，而每个网络位置会有一个专属于它的 IP 地址。MAC 地址是网卡决定的，是固定的。

MAC 地址用来表示互联网上每一个站点的标识符，采用十六进制数表示，共六个字节（48 位）。其中，前三个字节是由 IEEE 的注册管理机构 RA 负责给不同厂家分配的代码（高位 24 位），也称为"编制上唯一的标识符"（Organizationally Unique Identifier），后三个字节（低位 24 位）由各厂家自行指派给生产的适配器接口，称为扩展标识符。一个地址块可以生成 224 个不同的地址。MAC 地址实际上就是适配器地址或适配器标识符 EUI－48。

MAC 地址对应于 OSI 参考模型的第二层数据链路层，工作在数据链路层的交换机维护着计算机 MAC 地址和自身端口的数据库，交换机根据收到的数据帧中的"目的 MAC 地址"字段来转发数据帧。

网卡的物理地址通常是由网卡生产厂家烧入网卡的 EPROM（一种闪存芯片，通常可以通过程序擦写），它存储的是传输数据时真正发出数据的主机和接收数据的主机的地址。也就是说，在网络底层的物理传输过程中，是通过物理地址来识别主机的，它一定是全球唯一的。比如，著名的以太网卡，其物理地址是比特位的整数，如 44－45－53－54－00－00，以机器可读的方式存入主机接口中。以太网地址管理机构（IEEE）将以太网地址，也就是 48 比特的不同组合，分为若干独立的连续地址组，生产以太网网卡的厂家就购买其中一组，具体生产时,逐个将唯一地址赋予以太网卡。

形象地说,MAC 地址就如同身份证上的身份证号码,具有全球唯一性。

谈起 MAC 地址,不得不说一下 IP 地址(在后面会详细介绍)。IP 地址工作在 OSI 参考模型的第三层(网络层)。两者之间分工明确,默契合作,完成通信过程。IP 地址专注于网络层,将数据包从一个网络转发到另外一个网络;而 MAC 地址专注于数据链路层,将一个数据帧从一个节点传送到相同链路的另一个节点。

在一个稳定的网络中,IP 地址和 MAC 地址是成对出现的。如果一台计算机要和网络中另一台计算机通信,那么要配置这两台计算机的 IP 地址,MAC 地址是网卡出厂时设定的,这样配置的 IP 地址就和 MAC 地址形成了一种对应关系。在数据通信时,IP 地址负责表示计算机的网络层地址,网络层设备(如路由器)根据 IP 地址来进行操作;MAC 地址负责表示计算机的数据链路层地址,数据链路层设备(如交换机)根据 MAC 地址来进行操作。IP 和 MAC 地址这种映射关系由 ARP(Address Resolution Protocol,地址解析协议)协议完成。

IP 地址就如同一个职位,而 MAC 地址则好像是去应聘这个职位的人才,职位既可以聘用甲,也可以聘用乙,同样的道理,一个节点的 IP 地址对于网卡不做要求,基本上什么样的厂家都可以用,也就是说 IP 地址与 MAC 地址并不存在着绑定关系。如果一个网卡坏了,可以被更换,而无须取得一个新的 IP 地址。如果一个 IP 主机从一个网络移到另一个网络,可以给它一个新的 IP 地址,而无须换一个新的网卡。当然 MAC 地址仅仅只有这个功能还是不够的。无论是局域网还是广域网中的计算机之间的通信,最终都表现为将数据包从某种形式的链路上的初始节点出发,从一个节点传递到另一个节点,最终传送到目的节点。数据包在这些节点之间的移动都是由 ARP 负责将 IP 地址映射到 MAC 地址上来完成的。其实人类社会和网络也是类似的,试想在人际关系网络中,甲要捎口信给丁,就会通过乙和丙中转一下,最后由丙转告丁。这个口信就好比网络中的一个数据包。数据包在传送过程中会不断询问相邻节点的 MAC 地址,这个过程就好比人类社会的口信传送过程。这两个例子可以帮助人们进一步理解 MAC 地址的作用。

1) MAC 地址与 IP 地址的区别

IP 地址和 MAC 地址相同点是它们都具有唯一性,不同的特点主要有:

(1) 对于网络上的某一设备,如一台计算机或一台路由器,其 IP 地址是基于网络拓扑设计出的,同一台设备或计算机上,改动 IP 地址是很容易的(但必须唯一),而 MAC 则是生产厂商烧录好的,一般不能改动。人们可以根据需要给一台主机指定任意的 IP 地址,如可以给局域网上的某台计算机分配 IP 地址为 192.168.0.112,也可以将它改成 192.168.0.200。而任一网络设备(如网卡、路由器)一旦生产出来以后,其 MAC 地址不可由本地连接内的配置进行修改。如果一个计算机的网卡坏了,在更换网卡之后,该计算机的 MAC 地址就变了。

(2) 长度不同。IP 地址为 32 位,MAC 地址为 48 位。

(3) 分配依据不同。IP 地址的分配是基于网络拓扑,MAC 地址的分配是基于制造商。

(4) 寻址协议层不同。IP 地址应用于 OSI 第三层,即网络层,而 MAC 地址应用于 OSI 第二层,即数据链路层。数据链路层协议可以使数据从一个节点传递到相同链路的另一个节点上(通过 MAC 地址),而网络层协议可以使数据从一个网络传递到另一个网络上(ARP 根据目的 IP 地址,找到中间节点的 MAC 地址,通过中间节点传送,从而最终到达目的网络)。

2）获取方法

（1）在 Windows 2000/XP/Vista/7 中点击"开始"，点击"运行"，输入 cmd，进入后输入 ipconfig/all 即可（或者输入 ipconfig – all）。

（2）通过查看本地连接获取 MAC 地址：依次点击"本地连接"→"状态"→"常规"→"详细信息"，即可看到 MAC 地址（实际地址）。

（3）在 Linux/UNIX 中，在命令行输入 ipconfig 即可看到 MAC 地址。

3）修改方法

无论 Win 98、Win 7、Win 2000 还是 Win XP，都已经提供了修改 MAC 地址的功能，下面以 Win 8、Win 7 为例说明。

（1）在 Win 8 下修改。

① 右击桌面右下角的网络连接图标，点击"打开网络和共享中心"。

② 点击"更改适配器设置"，选择本地连接或以太网，右击，选择"属性"。

③ 点击"网络"下配置里面的"高级"。

④ 找到"网络地址"，填写 MAC 地址（物理地址/物理 IP）。

（2）在 Win 7 下修改。

① 点击桌面右下角电源与音量之间的网络连接按钮，在弹出的对话框最下端有"打开网络和共享中心"。

② 点击"更改适配器设置"选取要更改的网络连接，点击"属性"。

③ 在执行第②步后会弹出连接属性对话框，点击"配置"。

④ 点击"高级"，在属性中选择网络地址（Network Address），点击左面的"值"，输入所需的 MAC 地址后点击"确定"即可。

注意：在修改无线网卡地址的时候，Win 7 对地址做出一个限制。MAC 出厂地址 12 位可以是 0～9、A～F 中任何一个，但是在 Win 7 软件修改地址的时候，MAC 地址的第二位必须是 2、6、A 或者 E。

3.2.3　网络层

网络层是 OSI 参考模型中的第三层，介于传输层和数据链路层之间，它在数据链路层提供的两个相邻端点之间的数据帧的传送功能上，进一步管理网络中的数据通信，将数据设法从源端经过若干个中间节点传送到目的端，从而向运输层提供最基本的端到端的数据传送服务。网络层主要内容有：虚电路分组交换和数据报分组交换、路由选择算法、阻塞控制方法、X.25 协议、综合业务数据网（ISDN）、异步传输模式（ATM）及网际互联原理与实现。

网络层的目的是实现两个端系统之间的数据透明传送，具体功能包括寻址和路由选择、连接的建立、保持和终止等。它提供的服务使传输层不需要了解网络中的数据传输和交换技术。

1. IP 协议

IP（Internet Protocol）是网络之间互联的协议，也就是为计算机网络相互连接进行通信而设计的协议，是 TCP/IP 协议体系中两个重要的协议。与 IP 配套使用的还有 ARP、RARP、ICMP、IGMP 协议。IP 协议是将多个包交换网络连接起来，它在源地址和目的地址之间传送数据包，它还提供对数据大小的重新组装功能，以适应不同网络对包大小的要求。

在因特网中，它是能使连接到网上的所有计算机网络实现相互通信的一套规则，规定了计算机在因特网上进行通信时应当遵守的规则。任何厂家生产的计算机系统，只要遵守IP协议就可以与因特网互连互通。正是因为有了IP协议，因特网才得以迅速发展成为世界上最大的、开放的计算机通信网络。因此，IP协议也可以叫做"因特网协议"。

IP是当前热门的技术。与此相关联的一批新名词，如IP网络、IP交换、IP电话、IP传真等等，也相继出现。

IP是怎样实现网络互联的？各个厂家生产的网络系统和设备，如以太网、分组交换网等，它们相互之间不能互通，不能互通的主要原因是因为它们所传送数据的基本单元（技术上称之为"帧"）的格式不同。IP协议实际上是一套由软件程序组成的协议软件，它把各种不同"帧"统一转换成"IP数据报"格式，这种转换是因特网的一个最重要的特点，使所有各种计算机都能在因特网上实现互通，即具有"开放性"的特点。

数据报是分组交换的一种形式，就是把所传送的数据分段打成"包"，再传送出去。但是，与传统的"连接型"分组交换不同，它属于"无连接型"，是把打成的每个"包"（分组）都作为一个"独立的报文"传送出去，所以叫做"数据报"。这样，在开始通信之前就不需要先连接好一条电路，各个数据报不一定都通过同一条路径传输，所以叫做"无连接型"。这一特点非常重要，它大大提高了网络的坚固性和安全性。

每个数据报都有报头和报文这两个部分，报头中有目的地址等必要内容，使每个数据报不经过同样的路径都能准确地到达目的地。在目的地重新组合还原成原来发送的数据。这就要求IP具有分组打包和集合组装的功能。

在实际传送过程中，数据报还要能根据所经过网络规定的分组大小来改变数据报的长度，IP数据报的最大长度可达65 535个字节。

IP协议中还有一个非常重要的内容，那就是给因特网上的每台计算机和其他设备都规定了一个唯一的地址，叫做"IP地址"。由于有这种唯一的地址，才保证了用户在联网的计算机上操作时，能够高效而且方便地从千千万万台计算机中选出自己所需的对象来。

电信网正在与IP网走向融合，以IP为基础的新技术是热门的技术，如用IP网络传送话音的技术（即VoIP）、IP over ATM、IP over SDH、IP over WDM等等，都是IP技术的研究重点。

2. IPv4地址

1）IP地址分类

TCP/IP网络使用32位长度的地址以标识一台计算机和同它相连的网络，它的格式为：IP地址＝网络层地址＋主机地址。IP地址是通过它的格式分类的，它有四种格式：A类、B类、C类、D类。每一类地址范围如下。

A类：1.0.0.0～126.255.255.255。

B类：128.0.0.0～191.255.255.255。

C类：192.0.0.0～223.255.255.255。

D类：224.0.0.0～239.255.255.255。

各类IP地址示意图如图3-3所示。

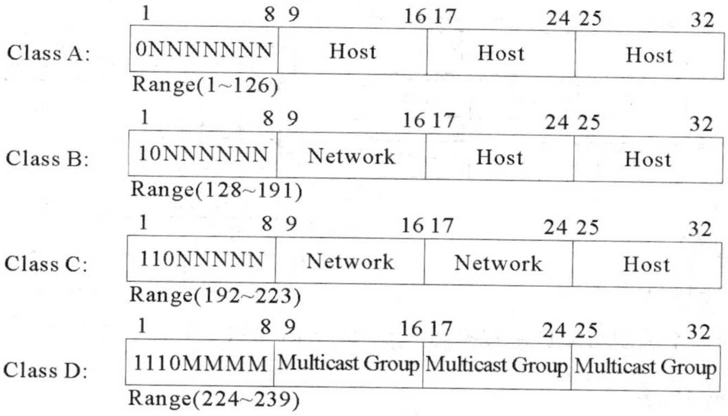

图 3-3　各类 IP 地址示意图

2）特殊的 IP 地址

网络号为全 0 是指本网络地址，不能用于正常的 IP 地址规划中；网络号和主机号均为全 1 是对本网络进行广播（路由器不转发）；A 类网络地址 127 是一个保留地址，用于本地软件环回测试之用；主机号为全 1 是指对本网络号的所有主机进行广播。具体见表 3-1。

表 3-1　特殊的 IP 地址

地　　址	用　　途
全 0 网络地址	只在系统启动时有效，用于启动时临时通信
网络 127.0.0.0	用于本地软件环回测试，又称回送地址
全 0 主机地址	用于指定网络本身，称之为网络地址或者网络号
全 1 主机地址	用于广播，也称定向广播，需要指定目标网络
0.0.0.0	RIP 协议中用它指定默认路由，路由表中信宿的网络号为 0.0.0.0
255.255.255.255	用于本地广播，也称有限广播，无须知道本地网络地址

3）私网地址范围

A 类：10.0.0.0～10.255.255.255；

B 类：172.16.0.0～172.31.255.255；

C 类：192.168.0.0～192.168.255.255。

4）二进制与十进制的转换

二进制表示方法：11111111 或 00000000，8 个 1 从高到低分别表示如下：

$$11111111 = 2^7 + 2^6 + 2^5 + 2^4 + 2^3 + 2^2 + 2^1 + 2^0 = 255$$

十进制与二进制转换图如图 3-4 所示。

以 IP 地址 172.16.122.204 为例，具体如图 3-5 所示。

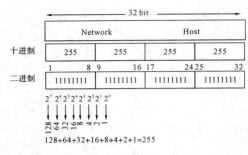

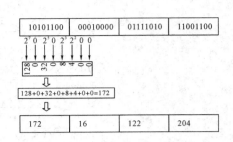

图 3-4 十进制与二进制转换图   图 3-5 172.16.122.204 二进制示意图

5）主机地址的计算

根据 IP 地址的分类，确定在项目过程中要对哪一类的 IP 地址进行规划，在规划好 IP 地址分类之后，还需要对该类 IP 地址的可用主机数进行计算，计算公式如下：

$$主机地址数 = 2^N - 2$$

以 B 类地址为例，具体如图 3-6 所示。

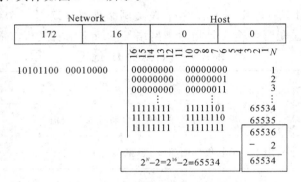

图 3-6 B 类地址

6）子网掩码详解

子网掩码（Subnet Mask）是每个使用互联网的人必须要掌握的基础知识，只有掌握它，才能够真正理解 TCP/IP 协议的设置。

子网掩码是屏蔽一个 IP 地址的网络部分的"全 1"比特模式。对于 A 类地址来说，默认的子网掩码是 255.0.0.0；对于 B 类地址来说，默认的子网掩码是 255.255.0.0；对于 C 类地址来说，默认的子网掩码是 255.255.255.0。各类 IP 子网掩码示意图如图 3-7 所示。

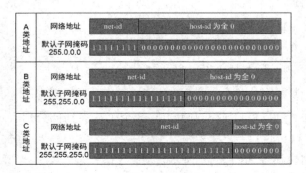

图 3-7 各类 IP 子网掩码示意图

7）变长子网掩码

变长子网掩码（Variable-Length Subnet Mask，VLSM）是与定长子网掩码（Fixed-Length Subnet Mask）相对应的一种子网划分方式。根据不同网段中的主机个数使用不同长度的子网掩码，这种设计方式被称为变长子网掩码设计。

变长子网掩码专用于一些特定情况下，如为了最大限度地节省地址，会在不同的网络中使用不同的掩码长度，即变长子网掩码。

使用无类路由协议能够支持 VLSM 网络设计，在网络规划中，这是一个优点，因为可以为每条链路分配合适数量的 IP 地址。在给定的链路上，通过分配最小数量的 IP 地址，就可以节省 IP 地址。例如，对于点对点链路，可以使用/30 的子网掩码，这样一个子网共有四个 IP 地址，除了主机位地址全为 0 的网络地址以及主机位全为 1 的广播地址外，两个主机地址正好满足仅需要两个可用的 IP 地址的场景需求，而在以太网网段上，/27 的子网掩码可以容纳 30 台主机，如果用户正使用有类路由协议，就必须对所有链路使用/27 的掩码。在点到点链路上，这将不可避免地浪费 28 个主机地址（/27 的增量为 32，减去网络地址与广播地址，共 30 个可用的主机地址）。

VLSM 网络设计原则如下：① 如果可能，首先从大一些的子网开始；② 写出要分配的地址范围，以保证不会使子网重叠；③ 要确信网络从增量边界开始（128、64、32 等）。

3. IPv6 地址

IPv6 是 Internet Protocol Version 6 的缩写，其中 Internet Protocol 译为"互联网协议"。IPv6 是 IETF（Internet Engineering Task Force，互联网工程任务组）设计的用于替代现行版本 IP 协议（IPv4）的下一代 IP 协议。

IPv4 最大的问题在于网络地址资源有限，严重制约了互联网的应用和发展。IPv6 的使用不仅能解决网络地址资源数量的问题，而且也解决了多种接入设备连入互联网的障碍。

1992 年年初，一些关于互联网地址系统的建议在 IETF 上提出，并于 1992 年年底形成白皮书。1993 年 9 月，IETF 建立了一个临时的 ad－hoc 下一代 IP（IPng）领域来专门解决下一代 IP 的问题。这个新领域由 Allison Mankin 和 Scott Bradner 领导，成员由 15 名具有不同工作背景的工程师组成。IETF 于 1994 年 7 月 25 日采纳了 IPng 模型，并形成几个 IPng 工作组。从 1996 年开始，一系列用于定义 IPv6 的 RFC 发表出来，最初的版本为 RFC1883。由于 IPv4 和 IPv6 地址格式等不相同，因此在很长一段时间里，互联网中出现 IPv4 和 IPv6 长期共存的局面。在 IPv4 和 IPv6 共存的网络中，对于仅有 IPv4 地址，或仅有 IPv6 地址的端系统，两者无法直接通信，此时可依靠中间网关或者使用其他过渡机制实现通信。

2003 年 1 月 22 日，IETF 发布了 IPv6 测试性网络，即 6bone 网络。它是 IETF 用于测试 IPv6 网络而进行的一项 IPng 工程项目，该工程的目的是测试如何将 IPv4 网络向 IPv6 网络迁移。作为 IPv6 问题测试的平台，6bone 网络包括协议的实现、IPv4 向 IPv6 迁移等功能。6bone 操作建立在 IPv6 试验地址分配基础上，并采用 3FFE::/16 的 IPv6 前缀，为 IPv6 产品及网络的测试和试商用部署提供测试环境。6bone 网络被设计成为一个类似于全球性层次化的 IPv6 网络，同实际的互联网类似，它包括伪顶级转接提供商、伪次级转接提供商和伪站点级组织机构。由伪顶级提供商负责连接全球范围的组织机构，伪顶级提供商之间通过 IPv6 的 BGP－4 扩展来尽力通信，伪次级提供商也通过 BGP－4 连接到伪区域性顶级提供商，伪站点级组织机构连接到伪次级提供商。伪站点级组织机构可以通过默认路由或 BGP - 4 连接到其伪提供商。6bone 最初开始于虚拟网络，它使用 IPv6 - over - IPv4 隧道过渡技术。因此，它是一个基于 IPv4 互联网且支持 IPv6 传输的网络，后来逐渐建立了纯 IPv6 链接。

从 2011 年开始，主要用在个人计算机和服务器系统上的操作系统基本上都支持高质量 IPv6 配置产品。例如，Microsoft Windows 从 Windows 2000 起就开始支持 IPv6，到 Windows XP 时已经进入了产品完备阶段。而 Windows Vista 及以后的版本，如 Windows 7、Windows 8 等操作系统都已经完全支持 IPv6，并对其进行了改进以提高支持度。Mac OS X Panther(10.3)、Linux 2.6、FreeBSD 和 Solaris 同样支持 IPv6 的成熟产品。一些应用基于 IPv6 实现，如 BitTorrent 点到点文件传输协议等，避免了使用 NAT 的 IPv4 私有网络无法正常使用的普遍问题。

2012 年 6 月 6 日，国际互联网协会举行了世界 IPv6 启动纪念日，这一天，全球 IPv6 网络正式启动。多家知名网站，如 Google、Facebook 和 Yahoo 等，于当天全球标准时间 0 点(北京时间 8 点整)开始永久性支持 IPv6 访问。

1）表示方法

IPv6 的地址长度为 128 位，是 IPv4 地址长度的 4 倍。于是 IPv4 点分十进制格式不再适用，采用十六进制表示。IPv6 有 3 种表示方法。

（1）冒分十六进制表示法：格式为 X:X:X:X:X:X:X:X，其中每个 X 表示地址中的 16 位，以十六进制表示。例如：

ABCD:EF01:2345:6789:ABCD:EF01:2345:6789

这种表示法中，每个 X 的前导 0 是可以省略的，例如：

2001:0DB8:0000:0023:0008:0800:200C:417→ 2001:DB8:0:23:8:800:200C:417

（2）0 位压缩表示法：在某些情况下，一个 IPv6 地址中间可能包含很长的一段 0，可以把连续的一段 0 压缩为"::"。但为保证地址解析的唯一性，地址中"::"只能出现一次，例如：

FF01:0:0:0:0:0:0:1101 → FF01::1101

0:0:0:0:0:0:0:1 → ::1

0:0:0:0:0:0:0:0 → ::

（3）内嵌 IPv4 地址表示法：为了实现 IPv4、IPv6 互通，IPv4 地址会嵌入 IPv6 地址中，此时地址常表示为：X:X:X:X:X:X:d.d.d.d，前 96 位采用冒分十六进制表示，而最后 32 位地址则使用 IPv4 的点分十进制表示，例如::192.168.0.1 与::FFFF:192.168.0.1 就是两个典型的例子，注意在前 96 位中，压缩 0 位的方法依旧适用。

2）报文内容

IPv6 报文的整体结构分为 IPv6 报头、扩展报头和上层协议数据 3 部分。IPv6 报头是必选报文头部，长度固定为 40 bit，包含该报文的基本信息；扩展报头是可选报头，可能存在 0 个、1 个或多个，IPv6 协议通过扩展报头实现各种丰富的功能；上层协议数据是该 IPv6 报文携带的上层数据，可能是 ICMPv6 报文、TCP 报文、UDP 报文或其他可能报文。

IPv6 的报文头部结构如图 3-8 所示，内容解释如表 3-2 所示。

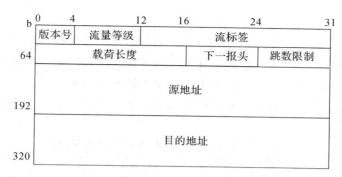

图 3-8　IPv6 的报文头部结构

表 3-2　IPv6 报文头部内容解释

报头	解　释
版本号	表示协议版本，值为 6
流量等级	主要用于 QoS
流标签	用来标识同一个流里面的报文
载荷长度	表明该 IPv6 包头部后包含的字节数，包含扩展头部
下一报头	该字段用来指明报头后接的报文头部的类型，若存在扩展头，表示第一个扩展头的类型，否则表示其上层协议的类型，它是 IPv6 各种功能的核心实现方法
跳数限制	该字段类似于 IPv4 中的 TTL，每次转发跳数减一，该字段达到 0 时包将会被丢弃
源地址	标识该报文的来源地址
目的地址	标识该报文的目的地址

IPv6 报文中不再有"选项"字段，而是通过"下一报头"字段配合 IPv6 扩展头来实现选项的功能。使用扩展头时，将在 IPv6 报文下一报头字段表明首个扩展头的类型，再根据该类型对扩展头进行读取与处理。每个扩展头同样包含下一报头字段，若接下来有其他扩展头，即在该字段中继续标明接下来的扩展头的类型，从而达到添加连续多个扩展头的目的。在最后一个扩展头的下一报头字段中，则标明该报文上层协议的类型，用以读取上层协议数据。IPv6 拓展头示意图如图 3-9 所示。

IPv6报头 下一报头=TCP	TCP头+TCP数据

（a）0个扩展头

IPv6报头 下一报头=路由头	路由扩展头 下一报头=TCP	TCP头+TCP数据

（b）1个扩展头

IPv6报头 下一报头=路由头	路由扩展头 下一报头=分片	分片扩展头 下一报头=TCP	TCP头+TCP数据

（c）多个扩展头

图 3-9　IPv6 拓展头示意图

3）地址类型

IPv6 协议主要定义了三种地址类型：单播地址（Unicast Address）、组播地址（Multicast Address）和任播地址（Anycast Address）。与 IPv4 地址相比，新增了"任播地址"类型，取消了原来 IPv4 地址中的广播地址，因为在 IPv6 中的广播功能是通过组播来完成的。

IPv6 地址类型是由地址前缀部分来确定，主要地址类型与地址前缀的对应关系如表 3-3 所示。

表 3-3　IPv6 主要地址类型与地址前缀

地址类型		地址前缀（二进制）	IPv6 前缀标识
单播地址	未指定地址	00…0(128 bit)	::/128
	环回地址	00…1(128 bit)	::1/128
	链路本地地址	1111111010	FE80::/10
	站点本地地址	1111111011	FEC0::/10
	全球单播地址	其他形式	—
组播地址		11111111	FF00::/8
任播地址		从单播地址空间中进行分配，使用单播地址的格式	

（1）单播地址。

IPv6 单播地址与 IPv4 单播地址一样，都只标识了一个接口。为了适应负载平衡系统，RFC3513 允许多个接口使用同一个地址，只要这些接口作为主机上实现的 IPv6 的单个接口出现。单播地址包括五个类型：全局单播地址、链路本地地址、站点本地地址、兼容性地址、特殊地址。

全局单播地址：等同于 IPv4 中的公网地址，可以在 IPv6 Internet 上进行全局路由和访问。这种地址类型允许路由前缀的聚合，从而限制了全球路由表项的数量。

链路本地地址和站点本地地址都属于本地单播地址，在 IPv6 中，本地单播地址就是指本地网络使用的单播地址，也就是 IPv4 地址中局域网专用地址。每个接口上至少要有一个链路本地单播地址，另外还可分配任何类型（单播、任播和组播）或范围的 IPv6 地址。

链路本地地址：仅用于单个链路（这里的"链路"相当于 IPv4 中的子网），不能在不同子网中路由。节点使用链路本地地址与同一个链路上的相邻节点进行通信。例如，在没有路由器的单链路 IPv6 网络上，主机使用链路本地地址与该链路上的其他主机进行通信。

站点本地地址：相当于 IPv4 中的局域网专用地址，仅可在本地局域网中使用。例如，没有与 IPv6 Internet 的直接路由连接的专用 Intranet 可以使用不会与全局地址冲突的站点本地地址。站点本地地址可以与全局单播地址配合使用，也就是在一个接口上可以同时配置站点本地地址和全局单播地址。但使用站点本地地址作为源或目的地址的数据报文不会被转发到本站（相当于一个私有网络）外的其他站点。

兼容性地址：在 IPv6 的转换机制中还包括了一种通过 IPv4 路由接口以隧道方式动态传递 IPv6 包的技术。这样的 IPv6 节点会被分配一个在低 32 位中带有全球 IPv4 单播地址的 IPv6 全局单播地址。另有一种嵌入 IPv4 的 IPv6 地址，用于局域网内部，这类地址用于把 IPv4 节点当作 IPv6 节点。此外，还有一种称为"6to4"的 IPv6 地址，用于在两个通过

Internet同时运行 IPv4 和 IPv6 的节点之间进行通信。

　　特殊地址：包括未指定地址和环回地址。未指定地址（0:0:0:0:0:0:0:0 或::）仅用于表示某个地址不存在。它等价于 IPv4 未指定地址 0.0.0.0。未指定地址通常被用做尝试验证暂定地址唯一性数据包的源地址，并且永远不会指派给某个接口或被用做目标地址。环回地址（0:0:0:0:0:0:0:1 或::1）用于标识环回接口，允许节点将数据包发送给自己。它等价于 IPv4 环回地址 127.0.0.1。发送到环回地址的数据包永远不会发送给某个链接，也永远不会通过 IPv6 路由器转发。

　　（2）组播地址。

　　IPv6 组播地址用于一点对多点的通信，由源节点发送数据报文到一组计算机中的每一台计算机，组播又称为多播。IPv6 将广播看成组播的一个特例。IPv6 组播地址可识别多个接口，对应于一组接口的地址（通常分属不同节点）。发送到组播地址的数据包被送到由该地址标识的每个接口。使用适当的组播路由拓扑，将向组播地址发送的数据包发送给该地址识别的所有接口。任意位置的 IPv6 节点可以侦听任意 IPv6 组播地址上的组播通信。IPv6 节点可以同时侦听多个组播地址，也可以随时加入或离开组播组。

　　IPv6 组播地址的最明显特征就是最高的 8 位固定为 11111111 作为类型前缀。IPv6 地址很容易区分组播地址，因为它总是以 FF 开始的。IPv6 组播地址的标志字段（4 位），最高位必须为 0，次高位 R 表示是否为内嵌套的多播地址，次低位 P 表示是否为基于单播网络前缀的多播地址，最低位 T 是组播地址的状态标志位，$T=0$ 表示当前的组播地址是永久的，而 $T=1$ 表示当前的组播地址是暂时的，暂时的组播地址只是临时使用，如参加远程会议的系统就可以使用。IPv6 组播地址的范围字段（4 位）表示组播的发送范围。IPv6 组播地址结构图如图 3-10 所示。

8位	4位	4位	112位
11111111	标志	作用域	组ID

图 3-10　IPv6 组播地址结构图

IPv6 组播地址的范围字段值的含义如表 3-4 所示。

表 3-4　IPv6 组播地址范围字段值含义

范围字段值	含义	范围字段值	含义
0	保留	8	本地机构范围
1	本地节点范围	E	全球范围
2	本地链路范围	F	保留
5	本地站点范围		

　　（3）任播地址。

　　一个 IPv6 任播地址与组播地址一样也可以识别多个接口，对应一组接口的地址。大多数情况下，这些接口属于不同的节点。但是，与组播地址不同的是，发送到任播地址的数据包被送到由该地址标识的其中一个接口。

　　通过合适的路由拓扑，目的地址为任播地址的数据包将被发送到单个接口（该地址识别的最近接口，最近接口定义的根据是因为路由距离最近），而组播地址用于一对多通信，发送到多个接口。一个任播地址不能用作 IPv6 数据包的源地址；也不能分配给 IPv6 主机，仅可以分配给 IPv6 路由器。

4）IPv6 地址配置协议

IPv6 使用两种地址自动配置协议，分别为无状态地址自动配置协议（SLAAC）和 IPv6 动态主机配置协议（DHCPv6）。SLAAC 不需要服务器对地址进行管理，主机直接根据网络中的路由器通告信息与本机 MAC 地址结合计算出本机 IPv6 地址，实现地址自动配置；DHCPv6 由 DHCPv6 服务器管理地址池，用户主机从服务器请求并获取 IPv6 地址及其他信息，达到地址自动配置的目的。无状态地址自动配置的核心是不需要额外的服务器管理地址状态，主机可自行计算地址进行地址自动配置，包括 4 个基本步骤：

（1）链路本地地址配置。主机计算本地地址。

（2）重复地址检测，确定当前地址唯一。

（3）全局前缀获取，主机计算全局地址。

（4）前缀重新编址，主机改变全局地址。

5）IPv6 动态主机配置协议

IPv6 动态主机配置协议 DHCPv6 是由 IPv4 场景下的 DHCP 发展而来。客户端通过向 DHCP 服务器发出申请来获取本机 IP 地址并进行自动配置，DHCP 服务器负责管理并维护地址池以及地址与客户端的映射信息。

DHCPv6 在 DHCP 的基础上进行了一定的改进与扩充。其中包含 3 种角色：DHCPv6 客户端用于动态获取 IPv6 地址、IPv6 前缀或其他网络配置参数；DHCPv6 服务器负责为 DHCPv6 客户端分配 IPv6 地址、IPv6 前缀和其他配置参数；DHCPv6 中继是一个转发设备。通常情况下，DHCPv6 客户端可以通过本地链路范围内组播地址与 DHCPv6 服务器进行通信。若服务器和客户端不在同一链路范围内，则需要 DHCPv6 中继进行转发。DHCPv6 中继的存在使得在每一个链路范围内都部署 DHCPv6 服务器不是必要的，节省成本，并便于集中管理。

IPv4 初期对 IP 地址规划得不合理，使得网络变得非常复杂，路由表条目繁多。尽管通过划分子网以及路由聚集一定程度上缓解了这个问题，但这个问题依旧存在。因此 IPv6 设计之初就把地址从用户拥有改成运营商拥有，并在此基础上，路由策略发生了一些变化，加之 IPv6 地址长度发生了变化，因此路由协议发生了相应的改变。

与 IPv4 相同，IPv6 路由协议同样分成内部网关协议（IGP）与外部网关协议（EGP），其中 IGP 包括由 RIP 变化而来的 RIPng，由 OSPF 变化而来的 OSPFv3，以及 IS-IS 协议变化而来的 IS-ISv6。EGP 则主要是由 BGP 变化而来的 BGP4＋。

6）过渡技术

IPv6 不可能立刻替代 IPv4，因此在相当一段时间内 IPv4 和 IPv6 会共存在一个环境中。要提供平稳的转换过程，使得对现有的使用者影响最小，就需要有良好的转换机制。这个议题是 IETF NGtrans 工作小组的主要目标，有许多转换机制被提出，部分已被用于 6Bone 上。IETF 推荐了双协议栈、隧道技术以及网络地址转换等转换机制。

（1）IPv6/IPv4 双协议栈技术。

双栈机制就是使 IPv6 网络节点具有一个 IPv4 栈和一个 IPv6 栈，同时支持 IPv4 和

IPv6 协议。IPv6 和 IPv4 是功能相近的网络层协议,两者都应用于相同的物理平台,并承载相同的传输层协议 TCP 或 UDP,如果一台主机同时支持 IPv6 和 IPv4 协议,那么该主机就可以和仅支持 IPv4 或 IPv6 协议的主机通信。

(2) 隧道技术。

隧道机制就是必要时将 IPv6 数据包作为数据封装在 IPv4 数据包里,使 IPv6 数据包能在已有的 IPv4 基础设施(主要是指 IPv4 路由器)上传输的机制。随着 IPv6 的发展,出现了一些运行 IPv4 协议的骨干网络隔离开的局部 IPv6 网络,为了实现这些 IPv6 网络之间的通信,必须采用隧道技术。隧道对于源站点和目的站点是透明的,在隧道的入口处,路由器将 IPv6 的数据分组封装在 IPv4 中,该 IPv4 分组的源地址和目的地址分别是隧道入口和出口的 IPv4 地址,在隧道出口处,再将 IPv6 分组取出转发给目的站点。隧道技术的优点在于隧道的透明性,IPv6 主机之间的通信可以忽略隧道的存在,隧道只起到物理通道的作用。隧道技术在 IPv4 向 IPv6 演进的初期应用非常广泛。但是,隧道技术不能实现 IPv4 主机和 IPv6 主机之间的通信。

(3) 网络地址转换技术。

网络地址转换(Network Address Translator,NAT)技术是将 IPv4 地址和 IPv6 地址分别看做内部地址和全局地址,或者相反。例如,内部的 IPv4 主机要和外部的 IPv6 主机通信时,在 NAT 服务器中将 IPv4 地址(相当于内部地址)变换成 IPv6 地址(相当于全局地址),服务器维护一个 IPv4 与 IPv6 地址的映射表。反之,当内部的 IPv6 主机和外部的 IPv4 主机进行通信时,则 IPv6 主机映射成内部地址,IPv4 主机映射成全局地址。NAT 技术可以解决 IPv4 主机和 IPv6 主机之间的互通问题。

与 IPv4 相比,IPv6 具有以下几个优势:

① 具有更大的地址空间。IPv4 中规定 IP 地址长度为 32,最大地址个数为 2^{32};而 IPv6 中 IP 地址的长度为 128,即最大地址个数为 2^{128}。与 32 位地址空间相比,其地址空间增加了 $2^{128}-2^{32}$ 个。

② 使用更小的路由表。IPv6 的地址分配一开始就遵循聚类(Aggregation)的原则,这使得路由器能在路由表中用一条记录(Entry)表示一片子网,大大减小了路由器中路由表的长度,提高了路由器转发数据包的速度。

② 增加了增强的组播(Multicast)支持以及对流的控制(Flow Control)。这使得网络上的多媒体应用有了长足发展的机会,为服务质量(Quality of Service,QoS)控制提供了良好的网络平台。

④ 加入了对自动配置(Auto Configuration)的支持。这是对 DHCP 协议的改进和扩展,使得网络(尤其是局域网)的管理更加方便和快捷。

⑤ 具有更高的安全性。在使用 IPv6 网络中用户可以对网络层的数据进行加密并对 IP 报文进行校验,在 IPv6 中的加密与鉴别选项提供了分组的保密性与完整性,极大地增强了网络的安全性。

⑥ 允许扩充。如果新的技术或应用需要时,IPv6 允许协议进行扩充。

⑦ 使用更好的头部格式。IPv6 使用新的头部格式,其选项与基本头部分开,如果需要,可将选项插入到基本头部与上层数据之间。这就简化和加速了路由选择过程,因为大多数的选项不需要由路由选择。

⑧ 具有新的选项。IPv6 有一些新的选项来实现附加的功能。

4. 地址解析协议

1）地址解析协议的定义

地址解析协议，即 ARP（Address Resolution Protocol），是根据 IP 地址获取物理地址的一个 TCP/IP 协议。主机发送信息时将包含目标 IP 地址的 ARP 请求广播到网络上的所有主机，并接收返回消息，以此确定目标的物理地址；收到返回消息后将该 IP 地址和物理地址存入本机 ARP 缓存中并保留一定时间，下次请求时直接查询 ARP 缓存以节约资源。地址解析协议是建立在网络中各个主机互相信任的基础上的，网络上的主机可以自主发送 ARP 应答消息，其他主机收到应答报文时不会检测该报文的真实性就会将其记入本机 ARP 缓存；由此攻击者就可以向某一主机发送伪 ARP 应答报文，使其发送的信息无法到达预期的主机或到达错误的主机，这就构成了一个 ARP 欺骗。ARP 命令可用于查询本机 ARP 缓存中 IP 地址和 MAC 地址的对应关系、添加或删除静态对应关系等。相关协议有 RARP、代理 ARP。NDP 用于在 IPv6 中代替地址解析协议。

2）ARP 欺骗

地址解析协议是建立在网络中各个主机互相信任的基础上的，它的诞生使得网络能够更加高效地运行，但其本身也存在缺陷：ARP 地址转换表是依赖于计算机中高速缓冲存储器动态更新的，而高速缓冲存储器的更新是受到更新周期的限制的，只保存最近使用的地址的映射关系表项，这使得攻击者有了可乘之机，可以在高速缓冲存储器更新表项之前修改地址转换表，实现攻击。ARP 请求为广播形式发送的，网络上的主机可以自主发送 ARP 应答消息，并且当其他主机收到应答报文时不会检测该报文的真实性就将其记录在本地的 MAC 地址转换表，这样攻击者就可以向目标主机发送伪 ARP 应答报文，从而篡改本地的 MAC 地址表。ARP 欺骗可以导致目标计算机与网关通信失败，更会导致通信重定向，所有的数据都会通过攻击者的机器，因此存在极大的安全隐患。

3）ARP 命令应用

（1）arp-a 或 arp - g：用于查看缓存中的所有项目。-a 和-g 参数的结果是一样的，多年来-g 一直是 UNIX 平台上用来显示 ARP 缓存中所有项目的选项，而 Windows 用的是 arp-a（-a 可被视为 all，即全部的意思），但它也可以接受比较传统的-g 选项。

（2）arp-a Ip：如果有多个网卡，那么使用 arp-a 加上接口的 IP 地址，就可以只显示与该接口相关的 ARP 缓存项目。

（3）arp-s Ip 物理地址：可以向 ARP 缓存中人工输入一个静态项目。该项目在计算机引导过程中将保持有效状态，或者在出现错误时，人工配置的物理地址将自动更新该项目。

（4）arp-d Ip：使用该命令能够人工删除一个静态项目。

5. 反向地址转换协议

反向地址转换协议（RARP）就是将局域网中某个主机的物理地址转换为 IP 地址，比如局域网中有一台主机只知道物理地址而不知道 IP 地址，那么可以通过 RARP 协议发出征求自身 IP 地址的广播请求，然后由 RARP 服务器负责回答。RARP 协议广泛用于获取无盘工作站的 IP 地址。

反向地址转换协议允许局域网的物理机器从网关服务器的 ARP 表或者缓存上请求其 IP 地址。网络管理员在局域网网关路由器里创建一个表以映射物理地址（MAC）和与其对应的 IP 地址。当设置一台新的机器时，其 RARP 客户机程序需要向路由器上的 RARP 服务器请求相应的 IP 地址。假设在路由表中已经设置了一个记录，RARP 服务器将会返回 IP 地址给机器，此机器就会存储起来以便日后使用。

RARP 工作原理如下：

（1）给主机发送一个本地的 RARP 广播，在此广播包中，声明自己的 MAC 地址并且请求任何收到此请求的 RARP 服务器分配一个 IP 地址。

（2）本地网段上的 RARP 服务器收到此请求后，检查其 RARP 列表，查找该 MAC 地址对应的 IP 地址。

（3）如果存在，RARP 服务器就给源主机发送一个响应数据包并将此 IP 地址提供给对方主机使用。

（4）如果不存在，RARP 服务器对此不做任何的响应。

（5）源主机如果收到从 RARP 服务器的响应信息，就利用得到的 IP 地址进行通信；如果一直没有收到 RARP 服务器的响应信息，则表示初始化失败。

6. Internet 控制报文协议

ICMP(Internet Control Message Protocol)是 Internet 控制报文协议。它是 TCP/IP 协议簇的一个子协议，用于在 IP 主机、路由器之间传递控制消息。控制消息是指网络通不通、主机是否可达、路由是否可用等网络本身的消息。这些控制消息虽然并不传输用户数据，但是对于用户数据的传递起着重要的作用。

ICMP 协议是一种面向无连接的协议，用于传输出错报告控制信息。它是一个非常重要的协议，对于网络安全具有极其重要的意义。当遇到 IP 数据无法访问目标、IP 路由器无法按当前的传输速率转发数据包等情况时，会自动发送 ICMP 消息。ICMP 报文在 IP 帧结构的首部协议类型字段的值为 1。

ICMP 包有一个 8 字节长的包头，其中前 4 个字节是固定的格式，包含 8 位类型字段、8 位代码字段和 16 位的校验和；后 4 个字节根据 ICMP 包的类型而取不同的值。

ICMP 报文主要类型如表 3-5 所示。

表 3-5　ICMP 报文主要类型

报文类型	类型值	ICMP 报文类型
差错报告报文	3	目的站不可达
	4	源站抑制
	5	改变路由（重定向）
	11	超时
	12	参数出错
询问报文	0/8	回送（Echo）应答/回送请求
	13/14	时间戳请求/时间戳应答
	17/18	地址掩码请求/地址掩码应答
	9/10	路由器通告/路由器询问

ICMP 提供一致易懂的出错报告信息。发送的出错报文返回到发送原数据的设备，因为只有发送设备才是出错报文的逻辑接收者。发送设备随后可根据 ICMP 报文确定发生错误的类型，并确定如何才能更好地重发失败的数据包。但是 ICMP 唯一的功能是报告问题而不是纠正错误，纠正错误的任务由发送方完成。

在网络中经常会使用到 ICMP 协议，比如经常使用的用于检查网络通不通的 Ping 命令（Linux 和 Windows 中均有），这个"Ping"的过程实际上就是 ICMP 协议工作的过程。还有其他的网络命令如跟踪路由的 Tracert 命令也是基于 ICMP 协议的。

从技术角度来说，ICMP 是一个"错误侦测与回报机制"，其目的就是让人们能够检测网络的连线状况，也能确保连线的准确性，其功能主要有：① 侦测远端主机是否存在；② 建立及维护路由资料；③ 重导资料传送路径（ICMP 重定向）；④ 资料流量控制。

ICMP 的主要特点如下：

（1）ICMP 是网络层协议，ICMP 报文不能直接传送给数据链路层，而要封装成 IP 数据报，再下传给数据链路层。

（2）ICMP 报文只是用来解决运行 IP 协议可能出现的不可靠问题，不能独立于 IP 协议单独存在。

（3）ICMP 只报告差错，不能纠错，差错处理需要更高层协议处理，如果 IP 数据不能传输，那么 ICMP 报文也无法传输。

7. Internet 组管理协议

Internet 组管理协议（Internet Group Manage Protocol，IGMP）提供 Internet 网际多点传送的功能，即将一个 IP 包拷贝给多个 Host，Windows 系列采用了这个协议，因为此项技术尚不成熟，因此被一些人用来攻击 Windows 系统。

IGMP 的工作过程如下：

（1）当主机加入一个新的工作组时，它发送一个 igmp host membership report 的报文给全部主机组，宣布此成员关系。本地多点广播路由器接收到这个报文后，向 Internet 上的其他多路广播路由器传播这个关系信息，建立必要的路由。与此同时，在主机的网络接口上将 IP 主机组地址映射为 MAC 地址，并重新设置地址过滤器。

（2）为了处理动态的成员关系，本地多路广播路由器周期性地轮询本地网络上的主机，以便确定在各个主机组有哪些主机，这个轮询过程是通过发送 igmp host membership query 报文来实现的，这个报文发送给全部主机组，且报文的 TTL 域设为 1，以确保报文不会传送到 LAN 以外。收到报文的主机组成员会发送响应报文。如果所有的主机组成员同时响应的话，就可能造成网络阻塞。IGMP 协议采用了随机延时的方法来避免这个情况。这样就保证了在同一时刻每个主机组中只有一个成员在发送响应报文。

3.2.4 传输层

传输层（Transport Layer）是 OSI 协议的第四层，实现端到端的数据传输。该层是两台计算机经过网络进行数据通信时，第一个端到端的层次，具有缓冲作用。当网络层服务质量不能满足要求时，它将服务加以提高，以满足高层的要求；当网络层服务质量较好时，它只需很少的工作。传输层还可进行复用，即在一个网络连接上创建多个逻辑连接。

传输层是 OSI 中最重要，最关键的一层，是唯一负责总体的数据传输和数据控制的一层。传输层提供端到端的交换数据的机制。传输层对会话层等高三层提供可靠的传输服务，对网络层提供可靠的目的地站点信息。

有一个既存事实，即世界上各种通信子网在性能上存在着很大差异。例如，电话交换网、分组交换网、公用数据交换网、局域网等通信子网都可互联，但它们提供的吞吐量、传输速率、数据延迟通信费用各不相同。对于会话层来说，却要求有一性能恒定的接口。传输层就承担了这一功能。它采用分流/合流、复用/解复用技术来调节上述通信子网的差异。此外，传输层还要具备差错恢复、流量控制等功能，以此对会话层屏蔽通信子网在这些方面的细节与差异。传输层面对的数据对象已不是网络地址和主机地址，而是和会话层的界面端口。

上述功能的最终目的是为会话提供可靠的、无误的数据传输。传输层的服务一般要经历传输连接建立阶段、数据传送阶段、传输连接释放阶段 3 个阶段才算完成一个完整的服务过程。而在数据传送阶段又分为一般数据传送和加速数据传送两种。传输层服务分成 5 种类型，基本可以满足对传送质量、传送速度、传送费用的各种不同需要。

传输层提供了主机应用程序进程之间的端到端的服务，基本功能如下：分割与重组数据、按端口号寻址、连接管理、差错控制和流量控制、纠错。

传输层既是 OSI 层模型中负责数据通信的最高层，又是面向网络通信的低三层和面向信息处理的高三层之间的中间层。该层弥补高层所要求的服务和网络层所提供的服务之间的差距，并向高层用户屏蔽通信子网的细节，使高层用户看到的只是在两个传输实体间的一条端到端的、可由用户控制和设定的、可靠的数据通路。

传输层提供的服务可分为传输连接服务和数据传输服务。

传输连接服务：通常情况下，对会话层要求的每个传输连接，传输层都要在网络层上建立相应的连接。

数据传输服务：强调提供面向连接的可靠服务，并提供流量控制、差错控制和序列控制，以实现两个终端系统间传输的报文无差错、无丢失、无重复、无乱序。

3.2.5　会话层

会话层（Session）是建立在传输层之上，利用传输层提供的服务，使应用建立和维持会话，并能使会话获得同步。会话层使用校验点可使通信会话在通信失效时从校验点继续恢复通信。这种能力对于传送大的文件极为重要。

会话层的主要功能如下：① 为会话实体间建立连接；② 将会话地址映射为运输地址；③ 选择需要的运输服务质量参数（QoS）；④ 对会话参数进行协商；⑤ 识别各个会话连接；⑥ 传送有限的透明用户数据。

会话层允许不同机器上的用户之间建立会话关系。会话层循序进行类似传输层的普通数据的传送，在某些场合还提供了一些有用的增强型服务。允许用户利用一次会话在远端的分时系统上登录，或者在两台机器间传递文件。会话层提供的服务之一是管理对话控制。会话层允许信息同时双向传输，或任一时刻只能单向传输。如果属于后者，类似于物理信道上的半双工模式，会话层将记录此时该轮到哪一方。一种与对话控制有关的服务是令牌管理（Token Management）。有些协议会保证双方不能同时进行同样的操作，这一点很重要。为了管理这些活动，会话层提供了令牌，令牌可以在会话双方之间移动，只有持有令牌的一方可以执行某种关键性操作。另一种会话层服务是同步。如果在平均每小时出现一次大故障的网络上，两台机器简要进行一次两小时的文件传输，试想会出现什么样的情况呢？每一次传输中途失败后，都不得不重新传送这个文件。当网络再次出现大故障时，可能又会半途而废。为解决这个问题，会话层提供了一种方法，即在数据中插入同步点。每次网络出现故障后，仅仅重传最后一个同步点以后的数据（这个其实就是断点下载的原理）。

由于会话层传输数据的特点，在发生会话时可能会出现会话劫持。会话劫持发生在攻击者试图接管两台计算机间所建立的 TCP 会话的时候。会话劫持的基本步骤包括：寻找会话、猜测序号、迫使用户掉线、接管会话。会话劫持的目的是窃取有效系统的一个授权连接。如果黑客成功了，那么他就可以执行本地命令。如果他劫持了一个特权账户，那么黑客就拥有了与特权用户一样的访问权限。会话劫持之所以会如此的危险是因为它允许控制现有的账号，这使得攻击就几乎没有痕迹。两种可用于会话劫持的工具是 Ettercap 和 Hunt。

有两种主要的机制可以解决劫持的问题：阻止和检测。阻止的方法包括限制到达的连接数，以及配置网络拒绝来自因特网但却宣称来自于本地地址的数据包。

加密也会有所帮助。如果用户必须允许来自外部的可信任主机的连接，那么要使用 Kerberos 或 IPsec 进行加密。FTP 和 Telnet 是相当脆弱的，我们需要使用更安全的协议。SecureShell(SSH)是一个很好的选择。SSH 在本地和远程主机上建立一个加密的通道。使用 IDS 或 IPS 系统可以改进检测。使用交换机、诸如 SSH 的安全协议，以及更加随机的初始序列号都将增加会话劫持的难度。

3.2.6 表示层

表示层位于 OSI 分层结构的第六层，它的主要作用之一是为异种机通信提供一种公共语言，以便能进行互操作。这种类型的服务之所以需要，是因为不同的计算机体系结构使用的数据表示法不同。与第五层提供透明的数据运输不同，表示层是处理所有与数据表示及运输有关的问题，包括转换、加密和压缩。每台计算机可能有它自己的表示数据的内部方法，例如，ASCII 码与 EBCDIC 码，所以需要表示层协定来保证不同的计算机可以彼此理解。

表示层的功能如下：

(1) 网络的安全和保密管理；文本的压缩与打包。

(2) 语法转换：将抽象语法转换成传送语法，并在对方实现相反的转换（即将传送语法转换成抽象语法）。涉及的内容有代码转换、字符转换、数据格式的修改以及对数据结构操作的适应、数据压缩、加密等。

(3) 语法协商：根据应用层的要求协商选用合适的上下文，即确定传送语法并传送。

(4) 连接管理：包括利用会话层服务建立表示连接，管理在这个连接之上的数据运输和同步控制（利用会话层相应的服务），以及正常地或异常地终止这个连接。

会话层以下 5 层完成了端到端的数据传送，并且是可靠、无差错的传送。但是数据传送只是手段而不是目的，最终是要实现对数据的使用。由于各种系统对数据的定义并不完全相同（例如键盘上某些键的含义在许多系统中都有差异），这自然给利用其他系统的数据造成了障碍。表示层和应用层就担负了消除这种障碍的任务。

对于用户数据来说，可以从两个侧面来分析，一个是数据的含义（称为语义），另一个是数据的表示形式(称为语法)。像文字、图形、声音、文种、压缩、加密等都属于语法范畴。表示层设计了 3 类 15 种功能单位,其中上下文管理功能单位就是沟通用户间的数据编码规则,以便双方有一致的数据形式,能够互相认识。

OSI 表示层为服务、协议、文本通信符制定了 DP8822、DP8823、DIS6937/2 等一系列标准。表示层如同应用程序和网络之间的翻译官,主要解决用户信息的语法表示问题,即提供格式化的表示和转换数据服务。数据的压缩、解压、加密、解密都在该层完成。

在表示层,数据将按照网络能理解的方案进行格式化;这种格式化也因所使用网络的类型不同而不同。表示层管理数据的解密与加密,如系统口令的处理。如果在 Internet 上查询银行账户,使用的即是一种安全连接。账户数据在发送前被加密,在网络的另一端,表示层将对接收到的数据解密。除此之外,表示层协议还对图片和文件格式信息进行解码和编码。

加密分为链路加密和端到端的加密。对于表示层,参与的加密属于端到端的加密,指信息由发送端自动加密,并进入 TCP/IP 数据包封装,然后作为不可阅读和不可识别的数据进入互联网。到达目的地后,再自动充足解密,成为可读数据。端到端加密面向网络高层主体,不对下层协议进行信息加密,协议信息以明文进行传送,用户数据在中央节点不需解密。

3.2.7　应用层

应用层(Application Layer)为用于通信的应用程序和用于消息传输的底层网络提供接口。网络应用是计算机网络存在的原因,而应用层正是应用层协议得以存在和网络应用得以实现的地方。应用层直接和应用程序对接并提供常见的网络应用服务。应用层也向表示层发出请求。

应用层是开放系统的最高层,是直接为应用进程提供服务的。其作用是在实现多个系统应用进程相互通信的同时,完成一系列业务处理所需的服务。其服务元素分为两类:公共应用服务元素 CASE 和特定应用服务元素 SASE。

CASE 提供最基本的服务,它成为应用层中任何用户和任何服务元素的用户,主要为应用进程通信、分布系统实现提供基本的控制机制;SASE 则要满足一些特定服务,如文卷传送、访问管理、作业传送、银行事务、订单输入等。这些将涉及虚拟终端、作业传送与操作、文卷传送及访问管理、远程数据库访问、图形核心系统、开放系统互连管理等。

应用层属于应用的概念和协议发展得很快,使用面又很广泛,这给应用功能的标准化带来了复杂性和困难性。比起其他层来说,应用层需要的标准最多,但也是最不成熟的一层。但随着应用层的发展,各种特定应用服务的增多,应用服务的标准化开展了许多研究工作,ISO 已制定了一些国际标准(IS)和国际标准草案(DIS)。

文件运输与远程文件访问是任何计算机网络最常用的两种应用。文件运输与远程访问所使用的技术是类似的,都可以假定文件位于文件服务器机器上,而用户是在顾客机器上并想读、写而整个或部分地运输这些文件。支持大多数现代文件服务器的关键技术是虚拟文件存储器,这是一个抽象的文件服务器。虚拟文件存储给顾客提供一个标准化的接口和一套可执行的标准化操作。隐去了实际文件服务器的不同内部接口,使顾客只看到虚拟文件存储器的标准接口,访问和运输远地文件的应用程序,有可能不必知道各种各样不兼容的文件服务器的所有细节。

3.3 TCP/IP 参考模型

OSI 七层参考模型在网络技术发展中起到了非常重要的指导作用，促进了计算机网络的发展和标准化。但由于该模型较为庞大和复杂，OSI 模型并没有得到真正的广泛应用。相比之下，TCP/IP 参考模型由于获得真正的广泛应用，被称为是事实上的国际标准。

TCP/IP 即传输控制协议/网际协议，是于 1977 年至 1979 年间形成的协议规范，是美国国防部高级计划研究局(DARPA)为实现其广域网 ARPAnet 而开发的网络体系结构和协议标准。TCP/IP 是一组通信协议的总称，其中 TCP 和 IP 是其中最重要的两个协议，现在提到 TCP/IP 经常指包含这两个协议在内的整个 TCP/IP 协议簇。

TCP/IP 参考模型包含 4 层，包括网络接口层、网络层、传输层和应用层。其中的部分概念和 OSI 参考模型是类似的，下面进行详细的介绍。

3.3.1 网络接口层

网络接口层与 OSI 参考模型中的物理层和数据链路层相对应。它负责监视数据在主机和网络之间的交换。事实上，TCP/IP 本身并未定义该层的协议，而由参与互联的各网络使用自己的物理层和数据链路层协议，然后与 TCP/IP 的网络接入层进行连接。地址解析协议(ARP)工作在此层，即 OSI 参考模型的数据链路层。

3.3.2 网络层

网络层对应于 OSI 参考模型的网络层，主要解决主机到主机的通信问题。它所包含的协议涉及数据包在整个网络上的逻辑传输。网络层注重重新赋予主机一个 IP 地址来完成对主机的寻址，它还负责数据包在多种网络中的路由。该层有三个主要协议：网际协议(IP)、互联网组管理协议(IGMP)和互联网控制报文协议(ICMP)。

IP 协议是网际互联层最重要的协议，它提供的是一个可靠、无连接的数据报传递服务。

3.3.3 传输层

传输层也称为运输层。传输层只存在于端开放系统中，介于网络层和应用层之间的一层，是很重要的一层。因为它是源端到目的端对数据传送进行控制从低到高的最后一层。

传输层对应于 OSI 参考模型的传输层，为应用层实体提供端到端的通信功能，保证了数据包的顺序传送及数据的完整性。该层定义了两个主要的协议：传输控制协议(TCP)和用户数据报协议(UDP)，下面进行详细介绍。

1. 传输控制协议

TCP(Transmission Control Protocol)是一种面向连接的、可靠的、基于字节流的传输层通信协议，由 IETF 的 RFC 793 定义。在简化的计算机网络 OSI 模型中，它完成第四层传输层所指定的功能，用户数据报协议是同一层内另一个重要的传输协议。在因特网协议簇(Internet Protocol Suite)中，TCP 层是位于 IP 层之上，应用层之下的中间层。不同主机的应用层之间经常需要可靠的、像管道一样的连接，但是 IP 层不提供这样的流机制，而是提供不可靠的包交换。TCP 协议结构图如图 3-11 所示。

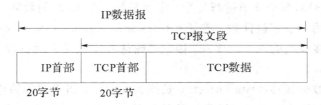

图 3-11　TCP 协议结构图

TCP 是一种基于连接、面向字节流的协议，它通过以下过程来保证端到端数据通信的可靠性：

（1）TCP 实体把应用程序划分为合适的数据块，加上 TCP 报文头，生成数据段。

（2）当 TCP 实体发出数据段后，立即启动计时器，如果源设备在计时器清零后仍然没有收到目的设备的确认报文，则重发数据段。

（3）当对端 TCP 实体收到数据后，发回一个确认。

（4）TCP 包含一个端到端的校验和字段，检测数据传输过程的任何变化。如果目的设备收到的数据校验和计算结果有误，TCP 将丢弃数据段，源设备在前面所述的计时器清零后重发数据段。

（5）由于 TCP 数据承载在 IP 数据包内，而 IP 提供了无连接的、不可靠的服务，数据包有可能会失序。TCP 提供了重新排序机制，目的设备将收到的数据重新排序，交给应用程序。TCP 报文格式图如图 3-12 所示。

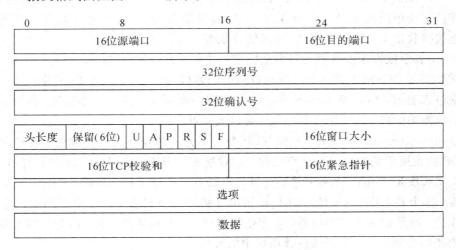

图 3-12　TCP 报文格式

TCP 协议为终端设备提供了面向连接的、可靠的网络服务。TCP 协议为了保证数据传输的可靠性，相对于 UDP 报文，TCP 报文头部有更多的字段选项。

每个 TCP 报文头部都包含源端口号（Source Port）和目的端口号（Destination Port），用于标识和区分源端设备和目的端设备的应用进程。在 TCP/IP 协议栈中，源端口号和目的端口号分别与源 IP 地址和目的 IP 地址组成套接字（Socket），唯一地确定一条 TCP 连接。

序列号（Sequence Number）字段用来标识 TCP 源端设备向目的端设备发送的字节流，

它表示在这个报文段中的第一个数据字节。如果将字节流看做在两个应用程序间的单向流动，则 TCP 用序列号对每个字节进行计数。序列号是一个 32 位的数字。

既然每个传输的字节都被计数，确认号（Acknowledgement Number，32 位）包含发送确认的一端所期望接收到的下一个序号。因此，确认号应该是上次已成功收到的数据字节序列号加 1。

头长度也称为数据偏移（Data Offset），长度为 4 比特，指出首部的长度（单位为 4 字节或 32 比特），即数据部分离本报文段开始的偏移量。这是因为首部中的选项字段是可变长的，使得整个首部也是可变长的，因此设置数据偏移字段是必要的。TCP 头最大长度为 $(2^4-1)\times4$ 字节＝60 字节。

URG 紧急指针（Urgent Pointer）表示本报文的紧急程度。URG 标志设置为 1 时，紧急指针才有效，紧急方式是向对方发送紧急数据的一种方式，表示数据要优先处理。URG＝1，表示紧急指针指向包内数据段的某个字节（数据从第一字节到指针所指向字节就是紧急数据）不进入缓冲区。

TCP 报文格式中的控制位由 6 个标志比特构成，其中一个就是 ACK，ACK 为 1 表示确认号有效，为 0 表示报文中不包含确认信息，忽略确认号字段。

PSH＝1 表示请求接收端 TCP 将本报文段立即送往其应用层，而不是将其缓存起来直到整个缓存区满了后再向上交付。

RST＝1 表示 TCP 连接中出现了严重错误，必须立即释放传输连接，而后重建。该位还可以用来拒绝一个非法的报文段或拒绝一个连接请求。

当 SYN＝1 而且 ACK＝0 时，表示这是一个连接请求报文段。若对方同意建立连接，则在应答报文段中应使 SYN＝1 和 ACK＝1。SYN 被置位，表示该报文段是一个连接请求报文或连接接收报文，然后再用 ACK 来区分是哪一种报文。

FIN＝1 表示欲发送的数据已经发送完毕，并要求释放传输连接。

TCP 的流量控制由连接的每一端通过声明的窗口大小（Windows Size）来提供。窗口大小用数据包来表示，例如 Windows Size＝3，表示一次可以发送三个数据包。窗口大小起始于确认字段指明的值，是一个 1 位字段。窗口大小可以调节。

校验和（Checksum）字段用于校验 TCP 报头部分和数据部分的正确性。发送方使用类似于 UDP 协议所用的检验和与计算过程。它对报文段引入了伪首部，添加了若干个 0，使得整个报文长度是 16 的整数倍，然后计算带有伪首部的整个报文段的检验和。如果有了差错要重传。这个和 UDP 不一样，UDP 检测出差错以后直接丢弃，在单个局域网中传输是可以接收的，但是如果通过路由器，会产生很多错误，导致传输失败。因为在路由器中也存在软件和硬件的差错，以至于修改数据报中的数据。

最常见的可选字段是 MSS（Maximum Segment Size，最大报文大小）。MSS 指明本端所能够接收的最大长度的报文段。当一个 TCP 连接建立时，连接的双方都要通告各自的 MSS 协商可以传输的最大报文长度。常见的 MSS 有 1024 字节（以太网可达 1460 字节）。

TCP 协议提供的是一种可靠的、通过"三次握手"来连接的数据传输服务；而 UDP 协议提供的则是不保证可靠的（并不是不可靠）、无连接的数据传输服务。

TCP 功能特点：分割上层应用程序；建立端到端的连接；将数据段从一台主机传到另一台主机；保证数据传送的可靠性。

　　TCP 是因特网中的传输层协议，使用三次握手协议建立连接。当主动方发出 SYN 连接请求时，等待对方回答 SYN＋ACK，并最终对对方的 SYN 执行 ACK 确认。这种建立连接的方法可以防止产生错误的连接，TCP 使用的流量控制协议是可变大小的滑动窗口协议。

　　TCP 三次握手的过程如下：

　　（1）客户端发送 SYN(SEQ＝x)报文给服务器端，进入 SYN_SEND 状态。

　　（2）服务器端收到 SYN 报文，回应一个 SYN（SEQ＝$y-$ACK(ACK＝$x+1$)）报文，进入 SYN_RECV 状态。

　　（3）客户端收到服务器端的 SYN 报文，回应一个 ACK(ACK＝$y+1$)报文，进入 Established状态。

　　三次握手完成，TCP 客户端和服务器端成功地建立连接，可以开始传输数据了。三次握手示意图如图 3-13 所示。

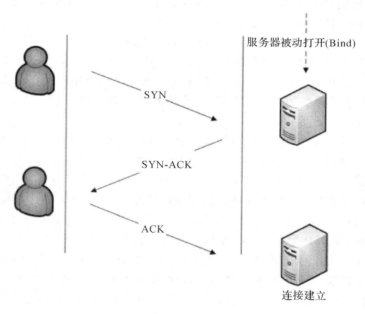

图 3-13　三次握手示意图

2. 用户数据报协议

　　UDP 协议全称是用户数据报协议，在网络中它与 TCP 协议一样用于处理数据包，是一种无连接的协议。UDP 协议在传输层，处于 IP 协议的上一层。UDP 有不提供数据包分组、组装和不能对数据包进行排序的缺点，也就是说当报文发送之后是无法得知其是否安全完整到达的。UDP 用来支持那些需要在计算机之间传输数据的网络应用。包括网络视频会议系统在内的众多的客户/服务器模式的网络应用都需要使用 UDP 协议。

　　UDP 有以下几个特点：一是不可靠，面向无连接；二是高效；三是适用于传输对实时性要求较高的应用(如语音，视频)或高可靠稳定的网络传输。TCP 与 UDP 对比示意图如表 3-6 所示。

表 3 - 6　TCP 与 UDP 对比

特　点	TCP	UDP
是否面向连接	面向连接	无连接
是否提供可靠性	可靠传输	不提供可靠性
是否提供流量控制	流量控制	不提供流量控制
传输速度	慢	快
协议开销	大	小

3.3.4　应用层

应用层(Application Layer)对应于 OSI 参考模型的高层,为用户提供所需要的各种服务,应用层包含所有的高层协议,包括:虚拟终端协议(TELNET, Telecommunications Network)、文件传输协议(FTP, File Transfer Protocol)、简单邮件传输协议(SMTP, SimpleMail Transfer Protocol)、域名服务(DNS, Domain Name Service)、网上新闻传输协议(NNTP, Net News Transfer Protocol)和超文本传输协议(HTTP, Hypertext Transfer Protocol)等。TELNET 允许一台机器上的用户登录到远程机器上,并进行工作;FTP 提供有效地将文件从一台机器上移到另一台机器上的方法;SMTP 用于电子邮件的收发;DNS 用于把主机名映射到网络地址;NNTP 用于新闻的发布、检索和获取;HTTP 用于在 WWW 上获取主页。

TCP/IP 协议簇 TCP/IP 是一组不同层次上的多个协议的组合。在应用层包含了不同的应用进程,如:Telnet 远程登录(为远程客户提供登录到服务器主机上的服务)、FTP 文件传输协议、SMTP 简单邮件传输协议等。在传输层,主要包含 TCP 和 UDP 两个协议,其中 UDP 不能保证数据报能安全无误地达到最终目的地。利用 UDP 的应用层协议有 TFTP 和 SNMP。利用 TCP 的应用层协议有 TELNET、FTP 等。IP 是网络层的协议,它同时被 TCP 和 UDP 使用。ICMP 是 IP 协议的附属协议,主要被用来与其他主机或路由器交换错误报文和其他重要信息。尽管 ICMP 主要被 IP 使用,但应用程序也有可能访问它,例如我们在后面介绍的两个诊断工具 Ping 和 Traceroute,都使用了 ICMP。ARP 和 RARP 是某些网络接口(如以太网和令牌环网)使用的特殊协议,用来转换 IP 层和网络接口层使用的地址。

一个协议组件,比如 TCP/IP,是一组不同层次上的多个协议的组合。应用层协议与端口号示意图如图 3 - 14 所示。

图 3 - 14　应用层协议与端口号

下面对一些常见的应用层协议进行介绍。

1. 电子邮件协议

常用的电子邮件协议有 SMTP、POP3、IMAP,它们都隶属于 TCP/IP 协议簇,默认状态下,分别通过 TCP 端口 25、110 和 143 建立连接。下面分别对其进行简单介绍。

1) SMTP 协议

SMTP 的全称是"Simple Mail Transfer Protocol",即简单邮件传输协议。它是一组用于从源地址到目的地址传输邮件的规范,通过它来控制邮件的中转方式。SMTP 协议属于 TCP/IP 协议簇,它帮助每台计算机在发送或中转信件时找到下一个目的地。SMTP 服务器就是遵循 SMTP 协议的发送邮件服务器。SMTP 认证,简单地说就是要求必须在提供了账户名和密码之后才可以登录 SMTP 服务器,这就使得那些垃圾邮件的散播者无可乘之机。增加 SMTP 认证的目的是为了使用户避免受到垃圾邮件的侵扰。SMTP 已是事实上的 E-mail 传输的标准。

2) POP 协议

POP 邮局协议负责从邮件服务器中检索电子邮件。它要求邮件服务器完成下面几种任务之一:从邮件服务器中检索邮件并从服务器中删除这个邮件;从邮件服务器中检索邮件但不删除它;不检索邮件,只是询问是否有新邮件到达。POP 协议支持多用户互联网邮件扩展,后者允许用户在电子邮件上附带二进制文件,如文字处理文件和电子表格文件等,实际上这样就可以传输任何格式的文件了,包括图片和声音文件等。在用户阅读邮件时,POP 命令所有的邮件信息立即下载到用户的计算机上,不在服务器上保留。

POP3(Post Office Protocol 3)即邮局协议的第 3 个版本,是因特网电子邮件的第一个离线协议标准。

3) IMAP 协议

互联网信息访问协议(IMAP)是一种优于 POP 的新协议。和 POP 一样,IMAP 也能下载邮件、从服务器中删除邮件或询问是否有新邮件,但 IMAP 克服了 POP 的一些缺点。例如,它可以决定客户机请求邮件服务器提交所收到邮件的方式,请求邮件服务器只下载所选中的邮件而不是全部邮件。客户机可先阅读邮件信息的标题和发送者的名字再决定是否下载这个邮件。通过用户的客户机电子邮件程序,IMAP 可让用户在服务器上创建并管理邮件文件夹或邮箱、删除邮件、查询某封信的一部分或全部内容,完成所有这些工作时都不需要把邮件从服务器下载到用户的个人计算机上。

支持 IMAP 的常用邮件客户端有 ThunderMail、Foxmail、Microsoft Outlook 等。

2. FTP 协议

1) FTP 简介

FTP 是 File Transfer Protocol(文件传输协议)的英文简称,而中文简称为"文传协议"。该协议用于 Internet 上的控制文件的双向传输。同时,它也是一个应用程序(Application)。基于不同的操作系统有不同的 FTP 应用程序,而所有这些应用程序都遵守同一种协议以传输文件。在 FTP 的使用当中,用户经常遇到两个概念:"下载"(Download)和"上传"(Upload)。"下载"文件就是从远程主机拷贝文件至自己的计算机上;"上传"文件就是将文件从自己的计算机中拷贝至远程主机上。用 Internet 语言来说，用户可通过客户机程序向（从）远程主机上传（下载）文件。

2）传输方式

(1) ASCII 传输方式。假定用户正在拷贝的文件包含简单的 ASCII 码文本，如果在远程机器上运行的不是 UNIX，当文件传输时 FTP 通常会自动地调整文件的内容以便于把文件解释成另外那台计算机存储文本文件的格式。但是常常有这样的情况，用户正在传输的文件包含的不是文本文件，它们可能是程序，数据库，字处理文件或者压缩文件。在拷贝任何非文本文件之前，用 binary 命令告诉 FTP 逐字拷贝。

(2) 二进制传输模式。在二进制传输中，保存文件的位序，以便原始和拷贝的是逐位一一对应的。即使目的地机器上包含位序列的文件是没意义的。例如，macintosh 以二进制方式传送可执行文件到 Windows 系统，在对方系统上，此文件不能执行。如在 ASCII 方式下传输二进制文件，即使不需要也仍会转译。这会损坏数据。（ASCII 方式一般假设每一字符的第一有效位无意义，因为 ASCII 字符组合不使用它。如果传输二进制文件，所有的位都是重要的。）

3）运行机制

(1) FTP 服务器。简单地说，支持 FTP 协议的服务器就是 FTP 服务器。与大多数 Internet服务一样，FTP 也是一个客户机/服务器系统。用户通过一个支持 FTP 协议的客户机程序，连接到在远程主机上的 FTP 服务器程序。用户通过客户机程序向服务器程序发出命令，服务器程序执行用户所发出的命令，并将执行的结果返回到客户机。比如说，用户发出一条命令，要求服务器向用户传送某一个文件的一份拷贝，服务器会响应这条命令，将指定文件送至用户的机器上。客户机程序代表用户接收到这个文件，将其存放在用户目录中。

(2) 匿名 FTP。使用 FTP 时必须首先登录，在远程主机上获得相应的权限以后，方可下载或上传文件。也就是说，要想同哪一台计算机传送文件，就必须具有哪一台计算机的适当授权。换言之，除非有用户 ID 和口令，否则便无法传送文件。这种情况违背了 Internet 的开放性，Internet上的 FTP 主机何止千万，不可能要求每个用户在每一台主机上都拥有账号。匿名 FTP 就是为解决这个问题而产生的。匿名 FTP 是这样一种机制，用户可通过它连接到远程主机上，并从其下载文件，而无须成为其注册用户。系统管理员建立了一个特殊的用户 ID，名为 anonymous，Internet 上的任何人在任何地方都可使用该用户 ID。通过 FTP 程序连接匿名 FTP 主机的方式同连接普通 FTP 主机的方式差不多，只是在要求提供用户标识 ID 时必须输入 anonymous，该用户 ID 的口令可以是任意的字符串。习惯上，用自己的 E-mail 地址作为口令，使系统维护程序能够记录下来谁在存取这些文件。

3. Telnet 协议

Telnet 协议是 TCP/IP 协议簇中的一员，是 Internet 远程登录服务的标准协议和主要方式。它为用户提供了在本地计算机上完成远程主机工作的能力。在终端使用者的电脑上使用 Telnet 程序，用它连接到服务器。终端使用者可以在 Telnet 程序中输入命令，这些命令会在服务器上运行，就像直接在服务器的控制台上输入一样。可以在本地就能控制服务器。要开始一个 Telnet 会话，必须输入用户名和密码来登录服务器。Telnet 是常用的远程控制 Web 服务器的方法。

Telnet 是位于 OSI 模型的第 7 层——应用层上的一种协议，是一个通过创建虚拟终端提供连接到远程主机终端仿真的 TCP/IP 协议。这一协议需要通过用户名和口令进行认证，是 Internet 远程登录服务的标准协议。应用 Telnet 协议能够把本地用户所使用的计算机变成远程主机系统的一个终端。

4. DHCP 协议

1）DHCP 简介

DHCP(Dynamic Host Configuration Protocol，动态主机配置协议)是一个局域网的网络协议，使用 UDP 协议工作，主要有两个用途：给内部网络或网络服务供应商自动分配 IP 地址，给用户或者内部网络管理员作为对所有计算机作中央管理的手段，在 RFC 2131 中有详细的描述。DHCP 有 3 个端口，其中 UDP67 和 UDP68 为正常的 DHCP 服务端口，分别作为 DHCP Server 和 DHCP Client 的服务端口。

2）功能概述

DHCP 协议通常被应用在大型的局域网络环境中，主要作用是集中的管理、分配 IP 地址，使网络环境中的主机动态地获得 IP 地址、Gateway 地址、DNS 服务器地址等信息，并能够提升地址的使用率。

DHCP 协议采用客户端/服务器模型，主机地址的动态分配任务由网络主机驱动。当 DHCP 服务器接收到来自网络主机申请地址的信息时，才会向网络主机发送相关的地址配置等信息，以实现网络主机地址信息的动态配置。DHCP 具有以下功能：

(1) 保证任何 IP 地址在同一时刻只能由一台 DHCP 客户机所使用。

(2) DHCP 应当可以给用户分配永久固定的 IP 地址。

(3) DHCP 应当可以同用其他方法获得 IP 地址的主机共存(如手工配置 IP 地址的主机)。

(4) DHCP 服务器应当向现有的 BOOTP 客户端提供服务。

3）DHCP 相关介绍

(1) DHCP 客户端。在支持 DHCP 功能的网络设备上将指定的端口作为 DHCP Client，通过 DHCP 协议从 DHCP Server 动态获取 IP 地址等信息，来实现设备的集中管理。一般应用于网络设备的网络管理接口上。DHCP 客户端可以带来如下好处：一是降低了配置和部署设备时间；二是降低了发生配置错误的可能性；三是可以集中化管理设备的 IP 地址分配。

(2) DHCP 服务器。DHCP 服务器指的是由服务器控制一段 IP 地址范围，客户端登录服务器时就可以自动获得服务器分配的 IP 地址和子网掩码。

(3) DHCP 中继代理。当 DHCP 客户端与服务器不在同一个子网上，就必须由 DHCP 中继代理来转发 DHCP 请求和应答消息。DHCP 中继代理的数据转发，与通常路由转发是不同的，通常的路由转发相对来说是透明传输的，设备一般不会修改 IP 包内容。而 DHCP 中继代理接收到 DHCP 消息后，重新生成一个 DHCP 消息，然后转发出去。在 DHCP 客户端看来，DHCP 中继代理就像 DHCP 服务器；在 DHCP 服务器看来，DHCP 中继代理就像 DHCP 客户端。

5. SSH 协议

1）SSH 简介

SSH 为 Secure Shell 的缩写，由 IETF 的网络小组（Network Working Group）所制定；SSH 为建立在应用层基础上的安全协议。SSH 是目前较可靠，专为远程登录会话和其他网络服务提供安全性的协议。利用 SSH 协议可以有效防止远程管理过程中的信息泄露问题。SSH 最初是 UNIX 系统上的一个程序，后来又迅速扩展到其他操作平台。SSH 在正确使用时可弥补网络中的漏洞。SSH 客户端适用于多种平台。几乎所有 UNIX 平台——包括 HP - UX、Linux、AIX、Solaris、Digital UNIX、Irix，以及其他平台，都可运行 SSH。

2）SSH 的验证

从客户端来看，SSH 提供两种级别的安全验证。

• 第一种级别（基于口令的安全验证）

基于口令的安全验证中，只要用户知道自己账号和口令，就可以登录远程主机。所有传输的数据都会被加密，但是不能保证正在连接的服务器就是用户想连接的服务器。可能会有别的服务器在冒充真正的服务器，也就是受到"中间人"这种方式的攻击。

• 第二种级别（基于密匙的安全验证）

基于密匙的安全验证中，需要依靠密匙，也就是用户必须为自己创建一对密匙，并把公用密匙放在需要访问的服务器上。如果用户要连接到 SSH 服务器上，客户端软件就会向服务器发出请求，请求用用户的密匙进行安全验证。服务器收到请求之后，先在该服务器上用户的主目录下寻找用户的公用密匙，然后把它和用户发送过来的公用密匙进行比较。如果两个密匙一致，服务器就用公用密匙加密"质询"（Challenge）并把它发送给客户端软件。客户端软件收到"质询"之后就可以用用户的私人密匙解密再把它发送给服务器。

用这种方式，用户必须知道自己密匙的口令。但是，与第一种级别相比，第二种级别不需要在网络上传送口令。

第二种级别不仅加密所有传送的数据，而且"中间人"这种攻击方式也是不可能的（因为他没有用户的私人密匙）。但是整个登录的过程可能需要 10 s。

3）SSH 协议组成

SSH 主要由三部分组成：

（1）传输层协议（SSH - TRANS）。SSH - TRANS 提供了服务器认证，保密性及完整性。此外它有时还提供压缩功能。SSH - TRANS 通常运行在 TCP/IP 连接上，也可能用于其他可靠数据流上。SSH - TRANS 提供了强力的加密技术、密码主机认证及完整性保护。该协议中的认证基于主机，并且该协议不执行用户认证。更高层的用户认证协议可以设计为在此协议之上。

（2）用户认证协议（SSH - USERAUTH）。SSH - USERAUTH 用于向服务器提供客户端用户鉴别功能。它运行在传输层协议 SSH - TRANS 上面。当 SSH - USERAUTH 开始后，它从低层协议那里接收会话标识符。会话标识符唯一标识此会话并且适用于标记以证明私钥的所有权。SSH - USERAUTH 也需要知道低层协议是否提供保密性保护。

（3）连接协议（SSH - CONNECT）。SSH - CONNECT 将多个加密隧道分成逻辑通道。它运行在用户认证协议上。它提供了交互式登录话路、远程命令执行、转发 TCP/IP 连接和转发 X11 连接的功能。

6. SNMP 协议

1）SNMP 协议简介

简单网络管理协议（SNMP）由一组网络管理的标准组成，包含一个应用层协议（Application Layer Protocol）、数据库模型（Database Schema）和一组资源对象。该协议能够支持网络管理系统，用以监测连接到网络上的设备是否有任何引起管理上关注的情况。该协议是互联网工程工作小组定义的 Internet 协议簇的一部分。SNMP 的目标是管理互联网 Internet 上众多厂家生产的软硬件平台，因此 SNMP 受 Internet 标准网络管理框架的影响也很大。SNMP 已经出到第三个版本的协议，其功能较以前已经大大地加强和改进了。

2）应用模型

SNMP 是基于 TCP/IP 协议簇的网络管理标准，是一种在 IP 网络中管理网络节点（如服务器、工作站、路由器、交换机等）的标准协议。SNMP 能够使网络管理员提高网络管理效能，及时发现并解决网络问题以及规划网络的增长。网络管理员还可以通过 SNMP 接收网络节点的通知消息以及告警事件报告等来获知网络出现的问题。

SNMP 管理的网络主要由三部分组成：被管理的设备、SNMP 代理、网络管理系统（NMS）。

3）SNMP 协议的作用

SNMP 是 1990 年之后最常用的网络管理协议。SNMP 被设计成与协议无关，所以它可以在 IP、IPX、AppleTalk、OSI 以及其他用到的传输协议上被使用。SNMP 是一系列协议组和规范，它们提供了一种从网络上的设备中收集网络管理信息的方法。SNMP 也为设备向网络管理工作站报告问题和错误提供了一种方法。

现在，几乎所有的网络设备生产厂家都实现了对 SNMP 的支持。领导潮流的 SNMP 是一个从网络上的设备收集管理信息的公用通信协议。设备的管理者收集这些信息并记录在管理信息库（MIB）中。这些信息报告设备的特性、数据吞吐量、通信超载和错误等。MIB 有公共的格式，所以来自多个厂商的 SNMP 管理工具可以收集 MIB 信息，在管理控制台上呈现给系统管理员。

通过将 SNMP 嵌入数据通信设备，如路由器、交换机或集线器中，就可以从一个中心站管理这些设备，并以图形方式查看信息。现在可获取的很多管理应用程序通常可在大多数当前使用的操作系统下运行，如 Windows 95、Windows 98、Windows NT 和不同版本的 UNIX 等。

一个被管理的设备有一个管理代理，它负责向管理站请求信息和动作，代理还可以借助于陷阱为管理站主动提供信息，因此，一些关键的网络设备（如集线器、路由器、交换机等）提供这一管理代理，又称 SNMP 代理，以便通过 SNMP 管理站进行管理。

7. HTTP 协议

1）HTTP 简介

超文本传输协议（HTTP, Hypertext Transfer Protocol）是互联网上应用最为广泛的一种网络协议。所有的 WWW 文件都必须遵守这个标准。设计 HTTP 最初的目的是为了提供一种发布和接收 HTML 页面的方法。1960 年美国人 Ted Nelson 构思了一种通过计算机处理文本信息的方法，并称之为超文本（Hypertext），这成为了 HTTP 超文本传输协议标准架构的发展根基。

2）技术构架

HTTP 是一个客户端和服务器端请求和应答的标准（TCP）。客户端是终端用户，服务器端是网站。通过使用 Web 浏览器、网络爬虫或者其他的工具，客户端发起一个到服务器上指定端口（默认端口为 80）的 HTTP 请求。这个客户端称为用户代理（User Agent）。应答的服务器上存储着资源，比如 HTML 文件和图像。这个应答服务器为源服务器（Origin Server）。在用户代理和源服务器中间可能存在多个中间层，比如代理、网关或者隧道（Tunnels）。尽管 TCP/IP 协议是互联网上最流行的应用，HTTP 协议并没有规定必须使用它和（基于）它支持的层。事实上，HTTP 可以在任何其他互联网协议上，或者在其他网络上实现。HTTP 只假定（其下层协议提供）可靠的传输，任何能够提供这种保证的协议都可以被其使用。

通常，由 HTTP 客户端发起一个请求，建立一个到服务器指定端口（默认是 80 端口）的 TCP 连接。HTTP 服务器则在那个端口监听客户端发送过来的请求。一旦收到请求，服务器（向客户端）发回一个状态行，消息的消息体可能是请求的文件、错误消息或者其他一些信息。HTTP 使用 TCP 而不是 UDP 的原因在于（打开）一个网页必须传送很多数据，而 TCP 协议提供传输控制，按顺序组织数据，和错误纠正。HTTP 服务器示意图如图 3-15 所示。

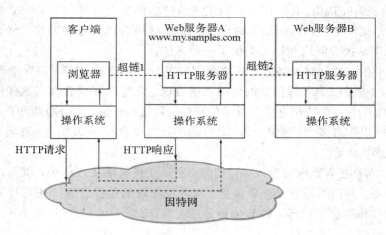

图 3-15　HTTP 服务器示意图

3）协议功能

HTTP 协议是用于从 WWW 服务器传输超文本到本地浏览器的传输协议。它可以使浏览器更加高效，使网络传输减少。它不仅保证计算机正确快速地传输超文本文档，还确定传输文档中的哪部分内容首先显示（如文本先于图形）等。

HTTP 是客户端浏览器或其他程序与 Web 服务器之间的应用层通信协议。在 Internet 上的 Web 服务器上存放的都是超文本信息，客户机需要通过 HTTP 协议传输所要访问的超文本信息。HTTP 包含命令和传输信息，不仅可用于 Web 访问，也可以用于其他因特网/内联网应用系统之间的通信，从而实现各类应用资源超媒体访问的集成。

3.4　模型对比

前面对 OSI 参考模型和 TCP/IP 参数模型的分层结构、各层的功能、特点分别进行了介绍，下面对这两种模型的共同点和不同点进行比较。

3.4.1　共同点

OSI 参考模型和 TCP/IP 参考模型的共同点如下：

(1) OSI 参考模型和 TCP/IP 参考模型都采用了层次结构的概念。

(2) 都能够提供面向连接和无连接两种通信服务机制。

3.4.2　不同点

OSI 参考模型和 TCP/IP 参考模型的不同点如下：

(1) OSI 采用七层模型，而 TCP/IP 是四层结构。

(2) TCP/IP 参考模型的网络接口层实际上并没有真正的定义，只是一些概念性的描述。而 OSI 参考模型不仅分了两层，而且每一层的功能都很详尽，甚至在数据链路层又分出一个介质访问子层，专门解决局域网的共享介质问题。

(3) OSI 模型是在协议开发前设计的，具有通用性。TCP/IP 不适用于非 TCP/IP 网络。

(4) OSI 参考模型与 TCP/IP 参考模型的传输层功能基本相似，都是负责为用户提供真正的端对端的通信服务，也对高层屏蔽了底层网络的实现细节。所不同的是 TCP/IP 参考模型的传输层是建立在网络层基础之上的，而网络层只提供无连接的网络服务，所以面向连接的功能完全在 TCP 协议中实现，当然 TCP/IP 的传输层还提供无连接的服务，如 UDP；相反，OSI 参考模型的传输层是建立在网络层基础之上的，网络层既提供面向连接的服务，又提供无连接的服务，但传输层只提供面向连接的服务。

(5) OSI 参考模型的抽象能力高，适合描述各种网络；而 TCP/IP 是先有了协议，才制定 TCP/IP 模型的。

(6) OSI 参考模型的概念划分清晰，但过于复杂；而 TCP/IP 参考模型在服务、接口和协议的区别上不清楚，功能描述和实现细节混在一起。

(7) OSI 参考模型虽然被看好，由于没把握好时机，技术不成熟，实现困难；相反，TCP/IP 参考模型虽然有许多不尽如人意的地方，但还是比较成功的。OSI 与 TCP/IP 对比示意图如图 3-16 所示。

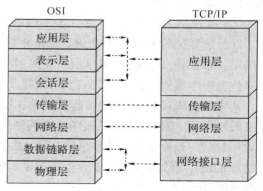

图 3-16　OSI 与 TCP/IP 对比示意图

3.5 数据封装

数据封装(Data Encapsulation)，笼统地讲，就是把业务数据映射到某个封装协议的净荷中，然后填充对应协议的包头，形成封装协议的数据包，并完成速率适配。

解封装，就是封装的逆过程，拆解协议包，处理包头中的信息，取出净荷中的业务信息。

数据封装和解封装是一对逆过程。

3.5.1 封装原理

数据封装是指将协议数据单元(PDU)封装在一组协议头和尾中的过程。在 OSI 的七层参考模型中，每层主要负责与其他机器上的对等层进行通信。该过程是在"协议数据单元"中实现的，其中每层的 PDU 一般由本层的协议头、协议尾和数据封装构成。

每层可以添加协议头和尾到其对应的 PDU 中。协议头包括层到层之间的通信相关信息。协议头、协议尾和数据是三个相对的概念，这主要取决于进行信息单元分析的各个层。例如，传输头(TH)包含只有传输层可以看到的信息，而位于传输层以下的其他所有层将传输头作为各层的数据部分进行传送。在网络层，一个信息单元由层 3 协议头(NH)和数据构成；而数据链路层中，由网络层(层 3 协议头和数据)传送下去的所有信息均被视为数据。换句话说，特定 OSI 层中信息单元的数据部分可能包含由上层传送下来的协议头、协议尾和数据。

网络分层和数据封装过程看上去比较繁杂，但又是相当重要的体系结构，它使得网络通信实现模块化并易于管理。

3.5.2 封装过程

数据封装的过程大致如下：

(1) 用户信息转换为数据，以便在网络上传输。

(2) 数据转换为数据段，并在发送方和接收方主机之间建立一条可靠的连接。

(3) 数据段转换为数据包或数据报，并在报头中放上逻辑地址，这样每一个数据包都可以通过互联网络进行传输。

(4) 数据包或数据报转换为帧，以便在本地网络中传输。在本地网段上，使用硬件地址唯一标识每一台主机。

(5) 帧转换为比特流，并采用数字编码和时钟方案。

以目前常见的 OSI 模型为例，它共分为七层，从下到上依次为：物理层、数据链路层、网络层、传输层、会话层、表示层、应用层，每层都对应不同的功能。为了实现对应功能，会对数据按本层协议进行协议头和协议尾的数据封装，然后将封装好的数据传送给下层。

其中在传输层用 TCP 头已标示了与一个特定应用的连接，并将数据封装成了数据段；网络层则用 IP 头标示了已连接的设备网络地址，并可基于此信息进行网络路径选择，此时将数据封装为数据包；到了数据链路层，数据已封装成了数据帧，并用 MAC 头给出了设备的物理地址，当然还有数据校验等功能字段等；到了物理层，则已封装成为比特流，就成为纯粹的物理连接了。数据封装示意图如图 3-17 所示。

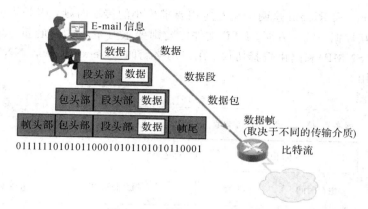

图 3-17　数据封装示意图

3.5.3　数据解封装

下面以 TCP/IP 模型为例来说明数据解封装的过程。数据的接收端从物理层开始，进行与发送端相反的操作，称为"解封装"，如图 3-18 所示，最终使应用层程序获取数据信息，使得两点之间的一次单向通信完成。

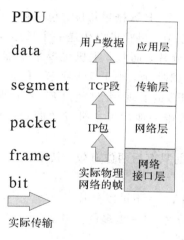

图 3-18　数据解封装示意图

3.5.4　IP 报文格式

IP 数据报文格式如图 3-19 所示。

普通的 IP 头部长度为 20 个字节，不包含 IP 选项字段。

版本（Version）也称为版本号，标明了 IP 协议的版本号，目前的协议版本号为 4。下一代 IP 协议的版本号为 6。

报文长度指 IP 包头部长度，占 4 位。

服务类型（Type of Service，TOS）字段共 8 位，包括一个 3 位的优先权字段（Class of Service，COS），4 位 TOS 字段和 1 位未用位。4 位 TOS 分别代表最小时延、最大吞吐量、最高可靠性和最小费用。4 位中只能配置其中 1 位。如果所有 4 位均为 0，那么就意味着是一般服务。Telnet 和 Rlogin 这两个交互应用要求最小的传输时延，因为人们主要用它们来传输少量的交互数据。另一方面，FTP 文件传输则要求有最大的吞吐量。最高可靠性被指明给网络管理（SNMP）和路由选择协议。用户网络新闻（Usenet News，NNTP）是唯一要求最小费用的应用。

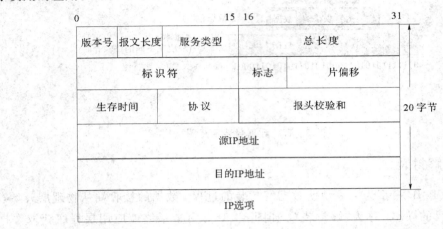

图 3-19　IP 报文格式示意图

总长度（Total Length）是整个 IP 数据报长度，包括数据部分。由于该字段长 16 位，所以 IP 数据报最长可达 65 535 字节。尽管可以传送一个长达 65 535 字节的 IP 数据报，但是大多数的链路层都会对它进行分片。而且，主机也要求不能接收超过 576 字节的数据报。UDP 限制用户数据报长度为 512 字节，小于 576 字节。但是，事实上现在大多数的实现（特别是那些支持网络文件系统 NFS 的实现）允许超过 8192 字节的 IP 数据报。

标识符（Identification）字段唯一地标识主机发送的每一份数据报。通常每发送一份报文，它的值就会加 1。

标志位有 3 位，该字段目前只有后两位有效，其中：

0 比特：保留，必须为 0。

1 比特：（DF）0＝可以分片，1＝不可以分片。

2 比特：（MF）0＝最后的分片，1＝更多的分片。

DF 和 MF 的值不可能相同。

片偏移指的是这个分片是属于这个数据流的哪里。

生存时间（Time to Live，TTL）字段设置了数据包可以经过的路由器数目。一旦经过一个路由器，TTL 值就会减 1，当该字段值为 0 时，数据包将被丢弃。

协议字段确定在数据包内传送的上层协议，和端口号类似，IP 协议用协议号区分上层协议。TCP 协议的协议号为 6，UDP 协议的协议号为 17。

报头校验和（Head Checksum）字段计算 IP 头部的校验和，检查报文头部的完整性。源 IP 地址和目的 IP 地址字段标识数据包的源端设备和目的端设备。

物理网络层一般要限制每次发送数据帧的最大长度。任何时候 IP 层接收到一份要发送的 IP 数据报时，它要判断向本地哪个接口发送数据（选路），并查询该接口获得其 MTU。IP 把 MTU 与数据报长度进行比较，如果需要则进行分片。

IP 分片（一）如图 3-20 所示。

IP 分片（一）

分片原则：IP 把数据长度与 MTU 进行比较，前者大于后者则需要进行分片。

分片可以发生在发送端主机上，也可以发送在中间路由器上。

把一份 IP 数据报分片后，只有到达目的地才能重组。

IP 首部用于分片的字段有：

版本号	报文长度	服务类型	总长度
标识符		标志	片偏移
生存时间	协议	报头校验和	
源IP地址			
目的IP地址			
IP选项			

图 3-20　IP 分片（一）

分片可以发生在原始发送端主机上，也可以发生在中间路由器上。

把一份 IP 数据报分片以后，只有到达目的地才进行重新组装（这里的重新组装与其他网络协议不同，它们要求在下一站就进行重新组装，而不是在最终的目的地）。重新组装由目的端的 IP 层来完成，其目的是使分片和重新组装过程对运输层（TCP 和 UDP）是透明的，除了某些可能的越级操作外。已经分片过的数据报有可能会再次进行分片（可能不止一次）。IP 首部中包含的数据为分片和重新组装提供了足够的信息。

回忆 IP 首部，下面这些字段用于分片过程。对于发送端发送的每份 IP 数据报来说，其标识字段都包含一个唯一值。该值在数据报分片时被复制到每个片中。标志字段用其中一个位来表示"更多的片"。除了最后一片外，其他每个组成数据报的片都要把该位置 1。片偏移字段指的是该片偏移原始数据报开始处的位置。另外，当数据报被分片后，每个片的总长度值要改为该片的长度值。最后，标志字段中有一个位称为"不分片"位。如果将这一位置 1，IP 将不对数据报进行分片。相反，把数据报丢弃并发送一个 ICMP 差错报文（需要进行分片但设置了不分片位）给起始端。

当 IP 数据报被分片后，每一片都成为一个分组，具有自己的 IP 首部，并在选择路由时与其他分组独立。这样，当数据报的这些片到达目的端时有可能会失序，但是在 IP 首部中有足够的信息让接收端能正确组装这些数据报片。IP 分片（二）如图 3-21 所示。

IP 分片(二)

即使丢失一片数据也要重传整个数据报。

任何传输层首部只出现在第一片数据中。

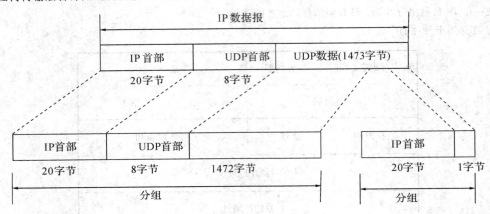

图 3-21　IP 分片(二)

　　尽管 IP 分片过程看起来是透明的，但有一点让人不想使用它：即使只丢失一片数据也要重传整个数据报。为什么会发生这种情况呢？因为 IP 层本身没有超时重传的机制——由更高层来负责超时和重传(TCP 有超时和重传机制，但 UDP 没有。一些 UDP 应用程序本身也执行超时和重传)。当来自 TCP 报文段的某一片丢失后，TCP 在超时后会重发整个 TCP 报文段，该报文段对应于一份 IP 数据报。没有办法只重传数据报中的一个数据报片。事实上，如果对数据报分片的是中间路由器，而不是起始端系统，那么起始端系统就无法知道数据报是如何被分片的。就因为这个原因，经常要避免分片。

本 章 练 习 题

一、填空题

1. 开放系统互联参考模型 OSI 把整个网络通信功能划分为＿＿＿＿＿层，每层执行一种明确的功能，并由＿＿＿＿＿为＿＿＿＿＿提供服务，并且所有层次都互联支持。

2. 物理层接口包含＿＿＿＿＿、＿＿＿＿＿、＿＿＿＿＿和＿＿＿＿＿特性。

3. 数据链路层有两个子层分类，分别是＿＿＿＿＿和＿＿＿＿＿。

4. 传输层包含＿＿＿＿＿和＿＿＿＿＿两个传输协议。

5. 因特网上最基本的通信协议是＿＿＿＿＿，其英文全称是＿＿＿＿＿。

二、选择题

1. OSI 参考模型是哪一个国际标准化组织提出的？(　　　)

A. ISO　　　　　　　B. ITU　　　　　　　C. IEEE　　　　　　　D. ANSI

2. 数据链路的拆除和建立是在 OSI 参考模型的哪一层完成的？(　　　)

A. 网络层　　　　　　B. 数据链路层　　　　C. 物理层　　　　　　D. 以上都不对

3. B 类地址的前缀范围是？(　　　)

A. 10000000～11111111　　　　　B. 00000000～10111111

C. 10000000～10111111　　　　　D. 10000000～11011111

4. ARP 的作用是什么？（　　　）

A. 防止路由循环　　　　　　　　B. 确定 HOST 的 IP 地址

C. 发送一直接的广播　　　　　　D. 确定 HOST 的 MAC 地址

5. OSI 参考模型共有 7 层，下列层次中最高的是（　　　）。

A. 表示层　　　　B. 网络层　　　　C. 会话层　　　　D. 物理层

6. 在 ISO 参考模型中，把传输的比特流划分为帧的是（　　　）。

A. 传输层　　　　B. 网络层　　　　C. 会话层　　　　D. 数据链路层

三、判断题

1. 在计算机网络体系结构中，要采用分层结构的理由是各层功能相对独立，各层因技术进步而做的改动不会影响到其他层，从而保持体系结构的稳定性。（　　　）

2. OSI 参考模型中，表示层和传输层之间的一层是会话层。（　　　）

3. 在 OSI 参考模型中，传输层是唯一负责总体数据传输和控制的一层，是整个分层体系的核心。（　　　）

4. 在 TCP/IP 参考模型中，网络层的核心协议是 TCP 协议。（　　　）

5. OSI 参考模型中有 7 层，允许越过紧邻的下一层直接使用更低层次所能提供的服务，而 TCP/IP 参考模型却不可以。（　　　）

四、简答题

1. 画出 OSI 和 TCP/IP 参考模型。

2. 请简要说明 OSI 七层模型每一层的名称及功能。

3. 请分别阐述说明应用层中 HTTP、SSH、SMTP、FTP 等协议的作用和工作原理。

4. 请简述 OSI 模型和 TCP/IP 模型的不同之处。

本 章 小 结

本章主要介绍计算机网络体系结构的基本概念以及两种重要的参考模型。

网络体系结构是网络层次模型和各层协议的集合，是计算机网络及其构件所应完成的功能的精确定义。除此之外，服务、接口等概念以及网络协议三要素也是理解网络体系结构及其参考模型所涉及的重要理论基础。

为了减少协议设计的复杂性，大多数网络都采用分层的方式来解决。OSI 模型共有 7 层，它们分别是物理层、数据链路层、网络层、传输层、会话层、表示层及应用层。其中低四层主要负责数据的传输，高三层主要负责数据的处理。

TCP/IP 模型是因特网的通信协议，它有 4 层，即网络接口层、网络层、传输层和应用层。其中最核心的是网络层和传输层。TCP/IP 模型得到了广泛的应用。

本章对两个标准进行了介绍，分别就其结构模型和各层功能进行了比较详细的描述，并且阐述了两者的区别和联系。

第4章 设备及技术详解

【本章内容简介】

网络接口及通信设备主要用于计算机网络的连接，也是计算机网络的重要组成部分。本章主要介绍网络接口及网卡、集线器Hub、网桥、交换机、路由器、网关等网络设备的功能、工作原理及特点，并对常用的设备进行了比较。

【本章重点难点】

重点掌握网卡、集线器Hub、网桥、交换机、路由器、网关等网络设备的工作原理及应用。熟练掌握交换机、路由器的产品类型，掌握VLAN及各种静态、动态路由协议的相关知识。

4.1 网络接口类型

4.1.1 局域网接口

局域网接口主要用于路由器与局域网的连接。局域网类型多种多样，这也就决定了路由器的局域网接口类型也是多种多样的。不同的网络设备有不同的接口类型，常见的以太网接口主要有 AUI、BNC 和 RJ-45 接口，还有 FDDI、ATM、光纤接口。

下面是主要的几种局域网接口。

1) AUI 接口

AUI 接口是用来与粗同轴电缆连接的局域网接口，它是一种 D 型 15 针局域网接口，在令牌环网或总线型网络中比较常见。路由器可通过粗同轴电缆收发器实现与 10Base-5 网络的连接，但更多的是借助于外接的收发转发器（AUI-to-RJ-45），实现与 10Base-T 以太网络的连接。AUI 接口示意图如图 4-1 所示。

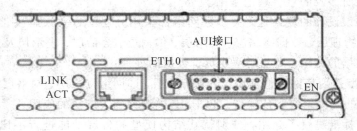

图 4-1　AUI接口示意图

2) RJ-45 接口

RJ-45 接口是常见的双绞线以太网接口，根据接口的通信速率不同，RJ-45 接口又可分为 10Base-T 网 RJ-45 接口和 100Base-TX 网 RJ-45 接口两类。其中 10Base-T 网的 RJ-45 接口在路由器中通常标识为"ETH"，而 100Base-TX 网的 RJ-45 接口则通常标识为"10/100b TX"。这两种 RJ-45 接口仅就接口本身而言是完全一样的，但接口中对应的网络电路结构是不同的，所以不能随便混接。RJ-45 接口如图 4-2 所示。

图 4-2 RJ-45 接口

3）光纤接口

光纤接口包括 FC 圆形带螺纹（配线架上用得最多）、ST 卡接式圆形、SC 卡接式方形（路由器、交换机上用得最多）等类型。LC 接头与 SC 接头形状相似，较 SC 接头小一些。

（1）SC 接口也就是通常所说的光纤端口，它主要用于与光纤的连接，一般来说这种光纤接口不太可能直接用光纤连接至工作站，而是通过光纤连接到快速以太网或千兆以太网等具有光纤接口的交换机。这种接口一般在高档路由器才具有，都以 100b FX 标注。

（2）FC 的全称为 Fiber Channel（光纤通道技术），最早应用于 SAN（存储局域网络）。FC 接口是光纤对接的一种接口标准形式。FC 开发于 1988 年，最早是用来提高硬盘协议的传输带宽，侧重于数据的快速、高效、可靠传输。到上世纪 90 年代末，FC SAN 开始得到大规模的广泛应用。

（3）ST 连接器广泛应用于数据网络，是最常见的光纤连接器。该连接器使用了尖刀型接口。光纤连接器在物理构造上的特点可以保证两条连接的光纤更准确地对齐，而且可以防止光纤在配合时旋转。该接口为收发两个小型圆接头。

（4）LC 型连接器是一种插入式光纤连接器，LC 型连接器与 SC 连接器一样都是全双工连接器。该接口为收发两个方形头，尺寸小于 SC。

各种光纤接口如图 4-3 所示。

FC　　　　　ST　　　　　LC　　　　　SC

图 4-3 各种类型的光纤接口

4.1.2　广域网接口

　　路由器不仅能实现局域网之间的连接，更重要的应用还是在于局域网与广域网、广域网与广域网之间的相互连接。路由器与广域网连接的接口称为广域网接口（WAN接口）。

　　广域网是一种跨地区的数据通信网络，使用电信运营商提供的设备作为信息传输平台。广域网可以跨接很大的物理范围，所覆盖的范围从几十千米到几千千米，它能连接多个城市或国家，或横跨几个洲并能提供远距离通信，形成国际性的远程网络。对照OSI参考模型，广域网技术主要位于低层的3个层次，分别是：物理层、数据链路层、网络层。

　　公共广域网络有多种，根据提供业务的带宽的不同，可分为窄带广域网和宽带广域网两类。常见的窄带广域网如公共电话交换网（PSTN）、X.25公共数据网、帧中继网等，宽带广域网如ATM、SDH。

　　1) 窄带广域网常见接口

　　(1) E1：64 kb/s～2 Mb/s，采用RJ - 45和BNC两种接口。欧洲的30路脉码调制PCM简称E1，速率是2.048 Mb/s。我国采用的是欧洲的E1标准。E1的一个时分复用帧（其长度 $T=125\ \mu s$，即取样周期125 μs）共划分为32个相等的时隙，时隙的编号为CH0～CH31。其中时隙CH0用于帧同步，时隙CH16用于传送信令，剩下CH1～CH15和CH17～CH31共30个时隙用于30个话路。每个时隙传送8 bit，因此共用256 bit。每秒传送8000个帧，因此PCM一次群E1的数据率就是2.048 Mb/s。

　　(2) V.24：外接网络端为25针接头。常接低速Modem。异步工作方式下，通常封装链路层协议PPP，最高传输速率是115 200 b/s。同步方式下，可以封装帧中继、PPP、HDLC等链路层协议，支持IP和IPX，而最高传输速率仅为64 000 b/s。

　　(3) V.35：外接网络端为34针接头。常接高速Modem。V35电缆一般只用于同步方式传输数据，可以在接口封装帧中继、PPP、HDLC等链路层协议，支持网络层协议IP和IPX。V.35电缆传输（同步方式下）的公认最高速率是2 048 000 b/s(2 Mb/s)。

　　2) 宽带广域网常见接口

　　(1) ATM：使用LC或SC等光纤接口，常见带宽有155M、622M等。

　　(2) POS：使用LC或SC等光纤接口，常见带宽有155M、622M、2.5G等。

　　当然，广域网中同样也使用了不少局域网中的接口和线缆。其中接口包括BNC、RJ - 48及各种光接口（包括10G、40G、100G等高速光接口）。线缆包括同轴电缆、双绞线、光缆（主要是单模光纤）等。

4.1.3　逻辑接口

　　逻辑接口指能够实现数据交换功能但物理上不存在，需要通过配置建立的接口，包括Dialer（拨号）接口、MFR接口、LoopBack接口、NULL接口、备份中心逻辑通道以及虚拟模板接口等。

　　1) Dialer 接口

　　Dialer 接口即拨号接口。常见的路由器产品上支持的拨号接口有：同步串口、异步串口（含AUX口）、ISDN BRI接口、ISDN PRI接口、Analog Modem接口。Dialer接口下建立拨号规则，物理口引用一个（轮询 DCC，最常用）或多个（共享 DCC，极少使用）Dialer 接口的规则，配置方便，维护简单。

2）MFR 接口

MFR（Multilink Frame Relay）接口是多链路帧中继接口。多个物理接口可以同一个 MFR 接口捆绑起来，从而形成一个拥有大带宽的 MFR 接口。当将帧中继物理接口捆绑进 MFR 接口时，其上配置的网络层参数和帧中继链路层参数将不再起作用。在 MFR 接口上可以配置 IP 地址等网络层参数和 DLCI 等帧中继参数，捆绑在 MFR 接口内的物理接口都将使用此 MFR 接口的参数。

3）LoopBack 接口

LoopBack 指本地环回接口（或地址），亦称回送地址。此类接口是应用最为广泛的一种虚接口，几乎在每台路由器上都会使用。

TCP/IP 协议规定，127.0.0.0 网段的地址属于本地环回地址。包含这类地址的接口属于本地环回接口，这类接口上的地址是不可以配置的，并且也不通过路由协议对外发布。

有些应用（比如配置 SNA 的 Localpeer）需要在不影响物理接口配置的情况下，配置一个带有指定 IP 地址的本地接口，出于节约 IP 地址的需要，需要配置 32 位掩码的 IP 地址，并且需要将这个接口上的地址通过路由协议发布出去。LoopBack 接口就是为了满足这种需要而设计的。

LoopBack 接口的主要用途如下：

（1）管理 IP 地址；

（2）做 OSPF 协议的 Router – ID；

（3）BGP 中作为建立 TCP 邻居的源地址；

（4）测试。

使用该接口地址作为 OSPF、BGP 的 Router – ID，作为此路由器的唯一标识，并要求在整个自治系统内唯一，在 IPv6 中的 BGP/OSPF 的 Router – ID 仍然是 32 位的 IP 地址。在 OSPF 中的路由器优先级是在接口下手动设置的，接着才是比较 OSPF 的 Router – ID（一台路由器启动 OSPF 路由协议后，将选取物理接口的最大 IP 地址作为其 Router – ID，但是如果配置 LoopBack 接口，则从 LoopBack 中选取 IP 地址最大者为 Router – ID。另外，一旦选取 Router – ID，OSPF 为了保证稳定性，不会轻易更改，除非作为 Router – ID 的 IP 地址被删除或者 OSPF 被重新启动），在 OSPF 和 BGP 中的 Router – ID 都是可以手动在路由配置模式下设置的。

4）NULL 接口

中兴、华为系列路由器支持 NULL 接口，它永远处于 up 状态，但不能转发数据包，也不能配置 IP 地址或配置其他链路层协议。

NULL 接口是一种纯软件性质的逻辑接口，任何送到该接口的网络数据报文都会被丢弃。

5）子接口

子接口（Subinterface）是通过协议和技术将一个物理接口（Interface）虚拟出来的多个逻辑接口。相对子接口而言，这个物理接口称为主接口。每个子接口从功能、作用上来说，与每个物理接口是没有任何区别的,它的出现打破了每个设备存在物理接口数量有限的局限性。在路由器中,一个子接口的取值范围是 0~4095,共 4096 个,当然受主接口物理性能限制,实际中并无法完全达到 4096 个,数量越多,各子接口性能越差。

子接口共用主接口的物理层参数,又可以分别配置各自的链路层和网络层参数。用户可以禁用或者激活子接口,这不会对主接口产生影响;但主接口状态的变化会对子接口产生影响,特别是只有主接口处于连通状态时子接口才能正常工作。

在 VLAN 虚拟局域网中,通常是一个物理接口对应一个 VLAN。在多个 VLAN 的网络上,无法使用单台路由器的一个物理接口实现 VLAN 间通信,同时路由器有其物理局限性,不可能带有大量的物理接口。

子接口的产生正是为了打破物理接口的局限性,它允许一个路由器的单个物理接口通过划分多个子接口的方式,实现多个 VLAN 间的路由和通信。

子接口的优点:打破物理接口的数量限制,在一个接口中实现多个 VLAN 间的路由和通信。

子接口的缺点:多个子接口共用主接口,性能比单个物理接口差,负载大的情况下容易成为网络流量瓶颈。

由于独立的物理接口无带宽争用现象,与子接口相比,物理接口的性能更好。来自所连接的各 VLAN 流量可访问与 VLAN 相连的物理路由器接口的全部带宽,以实现 VLAN 间路由。

子接口用于 VLAN 间路由时,被发送的流量会争用单个物理接口的带宽。网络繁忙时,会导致通信瓶颈。为均衡物理接口上的流量负载,可将子接口配置在多个物理接口上,以减轻 VLAN 流量之间竞争带宽的现象。

4.2 网 卡

网卡是工作在数据链路层的网络组件,是局域网中连接计算机和传输介质的接口,不仅能实现与局域网传输介质之间的物理连接和电信号匹配,还涉及帧的发送与接收、帧的封装与拆封、介质访问控制、数据的编码与解码以及数据缓存的功能等。

4.2.1 网卡简介

计算机与外界局域网的连接通常是通过在主机箱内插入一块网络接口板(或者是在笔记本电脑中插入一块 PCMCIA 卡)来实现的。网络接口板又称为通信适配器或网络适配器(Network Adapter)或网络接口卡 NIC(Network Interface Card),但是更多的人愿意使用更为简单的名称"网卡"。

4.2.2 网卡功能详解

网卡和局域网之间的通信是通过电缆或双绞线以串行传输方式进行的,而网卡和计算机之间的通信则是通过计算机主板上的 I/O 总线以并行传输方式进行的。因此,网卡的一个重要功能就是要进行串行/并行转换。由于网络上的数据率和计算机总线上的数据率并不相同,因此在网卡中必须装有对数据进行缓存的存储芯片。

在安装网卡时必须将管理网卡的设备驱动程序安装在计算机的操作系统中。这个驱动程序以后就会告诉网卡，应当从存储器的什么位置上将局域网传送过来的数据块存储下来。网卡还要能够实现以太网协议。

网卡并不是独立的自治单元，因为网卡本身不带电源而是必须使用所插入的计算机的电源，并受该计算机的控制。因此网卡可看成为一个半自治的单元。当网卡收到一个有差错的帧时，将这个帧丢弃；当网卡收到一个正确的帧时，就通过中断通知计算机并交付该帧给协议栈中的网络层。当计算机要发送一个 IP 数据包时，它就由协议栈向下交给网卡组装成帧后发送到局域网。

4.2.3　网卡的主要功能

网卡主要功能如下：

（1）数据的封装与解封：发送时将上一层移交下来的数据加上首部和尾部，成为以太网的帧。接收时将以太网的帧剥去首部和尾部，然后送交上一层。

（2）链路管理：主要是 CSMA/CD(Carrier Sense Multiple Access with Collision Detection，带冲突检测的载波监听多路访问)协议的实现。

（3）编码与译码：即曼彻斯特编码与译码。

4.3　集　线　器

集线器的英文称为"Hub"。"Hub"是"中心"的意思，集线器的主要功能是对接收到的信号进行再生整形放大，以扩大网络的传输距离，同时把所有节点集中在以它为中心的节点上。集线器与网卡、网线等传输介质一样，属于局域网中的基础设备，采用 CSMA/CD 介质访问控制机制。集线器每个接口简单地收发比特，收到 1 就转发 1，收到 0 就转发 0，不进行碰撞检测。

Hub 是一个多端口的转发器，当以 Hub 为中心设备时，网络中某条线路产生了故障，并不影响其他线路的工作。所以 Hub 在局域网中得到了广泛的应用。大多数的时候它用在星型与树型网络拓扑结构中，以 RJ - 45 接口与各主机相连(也有 BNC 接口)。

4.3.1　集线器简介

集线器是指将多条以太网双绞线或光纤集合连接在同一段物理介质下的设备。集线器可以视为多端口的中继器，若它侦测到碰撞，会提交阻塞信号。

集线器通常会附上 BNC and/or AUI 转接头来连接传统 10Base - 2 或 10Base - 5 网络。由于集线器会把收到的任何数字信号经过再生或放大，再从集线器的所有端口提交，这会造成信号之间碰撞的机会很大，而且信号也可能被窃听，并且这代表所有连到集线器的设备都是属于同一个碰撞域名以及广播域名，因此大部分集线器已被交换机取代。

4.3.2　集线器的工作原理

集线器工作于 OSI 参考模型的物理层和数据链路层的 MAC(介质访问控制)子层。物理层定义了电气信号、符号、线的状态和时钟要求，数据编码和数据传输用的连接器。因为集线器只对信号进行整形、放大后再重发，不进行编码，所以是物理层的设备。10M 集线器在物理层有 4 个标准接口可用，那就是 10Base-5、10Base-2、10Base-T、10Base-F。10M 集线器的 10Base-5(AUI)端口用来连接层 1 和层 2。

集线器采用了 CSMA/CD 协议，CSMA/CD 为 MAC 层协议，所以集线器也含有数据链路层的内容。

集线器的工作过程是非常简单的，它可以这样简单描述：首先是节点发信号到线路，集线器接收该信号，因信号在电缆传输中有衰减，集线器接收信号后将衰减的信号整形放大，然后集线器将放大的信号广播转发给其他所有端口。

4.3.3　集线器的主要功能

集线器的主要功能是对接收到的信号进行再生整形放大，以扩大网络的传输距离，同时把所有节点集中在以它为中心的节点上。集线器与网卡、网线等传输介质一样，属于局域网中的基础设备。

集线器属于纯硬件网络底层设备，基本上不具有类似于交换机的"智能记忆"能力和"学习"能力。它也不具备交换机所具有的 MAC 地址表，所以它发送数据时都是没有针对性的，采用广播方式发送。也就是说当它要向某节点发送数据时，不是直接把数据发送到目的节点，而是把数据包发送到与集线器相连的所有节点。

4.3.4　集线器的应用场景

集线器主要用于共享网络的组建，是解决从服务器直接到桌面最经济的方案。在交换式网络中，集线器直接与交换机相连，将交换机端口的数据送到桌面。使用集线器组网灵活，它处于网络的一个星型节点，对节点相连的工作站进行集中管理，不让出问题的工作站影响整个网络的正常运行，并且用户的加入和退出也很自由。

4.4　网　　桥

网桥(Bridge)是早期的两端口二层网络设备，用来连接不同网段。网桥的两个端口分别有一条独立的交换信道，不是共享一条背板总线，可隔离冲突域。网桥比集线器性能更好，集线器上各端口都是共享同一条背板总线的。后来，网桥被具有更多端口、同时也可隔离冲突域的交换机(Switch)所取代。

网桥像一个聪明的中继器。中继器从一个网络电缆里接收信号，放大它们，将其送入下一个电缆。相比较而言，网桥对从关卡上传下来的信息更敏锐一些。网桥是一种对帧进行转发的技术，根据 MAC 分区块，可隔离碰撞。网桥将网络的多个网段在数据链路层连接起来。

网桥也叫桥接器，是连接两个局域网的一种存储/转发设备，它能将一个大的 LAN 分割为多个网段，或将两个以上的 LAN 互联为一个逻辑 LAN，使 LAN 上的所有用户都可访问服务器。

扩展局域网最常见的方法是使用网桥。最简单的网桥有两个端口，复杂些的网桥可以有更多的端口。网桥的每个端口与一个网段相连。

4.4.1　网桥的工作原理

网桥将两个相似的网络连接起来，并对网络数据的流通进行管理。它工作于数据链路层，不但能扩展网络的距离或范围，而且可提高网络的性能、可靠性和安全性。利用网桥隔离信息，将同一个网络号划分成多个网段（属于同一个网络号），隔离出安全网段，防止其他网段内的用户非法访问。由于网络的分段，各网段相对独立（属于同一个网络号），一个网段的故障不会影响到另一个网段的运行。

网桥可以是专门的硬件设备，也可以由计算机加装的网桥软件来实现，这时计算机上会安装多个网络适配器（网卡）。

网桥的功能在延长网络跨度上类似于中继器，然而它能提供智能化连接服务，即根据帧的终点地址处于哪一网段来进行转发和滤除。

4.4.2　网桥的优缺点

1. 网桥的优点

（1）过滤通信流量。网桥可以使局域网的一个网段上各工作站之间的信息量局限在本网段的范围内，而不会经过网桥溜到其他网段去。

（2）扩大了物理范围，也增加了整个局域网上的工作站的最大数目。

（3）可使用不同的物理层，可互联不同的局域网。

（4）提高了可靠性。如果把较大的局域网分割成若干较小的局域网，并且每个小的局域网内部的信息量明显地高于网间的信息量，那么整个互联网络的性能就会变得更好。

2. 网桥的缺点

（1）由于网桥对接收的帧要先存储和查找站表，然后转发，这就增加了时延。

（2）在 MAC 子层并没有流量控制功能。当网络上负荷很重时，可能因网桥缓冲区的存储空间不够而发生溢出，以致产生帧丢失的现象。

（3）具有不同 MAC 子层的网段桥接在一起时，网桥在转发一个帧之前，必须修改帧的某些字段的内容，以适合另一个 MAC 子层的要求，增加时延。

（4）网桥只适合于用户数不太多（不超过几百个）和信息量不太大的局域网，否则有时会产生较大的广播风暴。

4.4.3　网桥的分类

1. 透明网桥

第一种 802 网桥是透明网桥（Transparent Bridge）或生成树网桥（Spanning Tree Bridge）。支持这种设计的人首要关心的是完全透明。按照他们的观点，装有多个 LAN 的单位在买回 IEEE 标准网桥之后，只需把连接插头插入网桥即可。不需要改动硬件和软件，无须设置地址开关，无须装入路由表或参数。总之，只需插入电缆，现有 LAN 的运行完全不受网桥的任何影响。这真是不可思议，他们最终成功了。

透明网桥以混杂方式工作，它接收与之连接的所有 LAN 传送的每一帧。当一帧到达时，网桥必须决定将其丢弃还是转发。如果要转发，则必须决定发往哪个 LAN。这需要通过查询网桥中一张大型散列表里的目的地址而作出决定。该表可列出每个可能的目的地，以及它属于哪一条输出线路(LAN)。在插入网桥之初，所有的散列表均为空。由于网桥不知道任何目的地的位置，因而采用扩散算法(Flooding Algorithm)：把每个到来的、目的地不明的帧输出到连在此网桥的所有 LAN 中(除了发送该帧的 LAN)。随着时间的推移，网桥将了解每个目的地的位置。一旦知道了目的地位置，发往该处的帧就只放到适当的 LAN 上，而不再散发。

透明网桥采用的算法是逆向学习法(Backward Learning)。网桥按混杂的方式工作，故它能看见所连接的任一 LAN 上传送的帧。查看源地址即可知道在哪个 LAN 上可访问哪台机器，于是在散列表中添上一项。

2. 源路由网桥

透明网桥的优点是易于安装，只需插进电缆即大功告成。但是从另一方面来说，这种网桥并没有最佳地利用带宽，因为它们仅仅用到了拓扑结构的一个子集(生成树)。这两个(或其他)因素的相对重要性导致了 802 委员会内部的分裂。支持 CSMA/CD 和令牌总线的人选择了透明网桥，而令牌环的支持者则偏爱一种称为源路由选择(Source Routing)的网桥。

源路由选择的核心思想是假定每个帧的发送者都知道接收者是否在同一 LAN 上。当发送一帧到另外的 LAN 时，源机器将目的地址的高位设置成 1 作为标记。另外，它还在帧头加进此帧应走的实际路径。

源路由选择的前提是互联网中的每台机器都知道所有其他机器的最佳路径。如何得到这些路由是源路由选择算法的重要部分。获取路由算法的基本思想是：如果不知道目的地址的位置，源机器就发布一广播帧，询问它在哪里。每个网桥都转发该查找帧(Discovery Frame)，这样该帧就可到达互联网中的每一个 LAN。当答复回来时，途经的网桥将它们自己的标识记录在答复帧中，于是广播帧的发送者就可以得到确切的路由，并可从中选取最佳路由。

4.4.4 网桥的基本特性

数据链路层互联的设备是网桥，它在网络互联中起到数据接收、地址过滤与数据转发的作用，用来实现多个网络系统之间的数据交换。

网桥的基本特征如下：

(1) 网桥在数据链路层上实现局域网互联。

(2) 网桥能够互联两个采用不同数据链路层协议、不同传输介质与不同传输速率的网络。

(3) 网桥以接收、存储、地址过滤与转发的方式实现互联的网络之间的通信。

(4) 网桥需要互联的网络在数据链路层以上采用相同的协议。

(5) 网桥可以分隔两个网络之间的通信量，有利于改善互联网络的性能与安全性。

4.5　交　换　机

交换机(Switch)是一种用于电(光)信号转发的网络设备。它可以为接入交换机的任意两个网络节点提供独享的电信号通路。最常见的交换机是以太网交换机。其他常见的还有电话语音交换机、光纤交换机等。

4.5.1　交换机的工作原理

交换机工作于 OSI 参考模型的第二层,即数据链路层。交换机内部的 CPU 会在每个端口成功连接时,通过将 MAC 地址和端口对应,形成一张 MAC 表。在今后的通信中,发往该 MAC 地址的数据包将仅送往其对应的端口,而不是所有的端口。因此,交换机可用于划分数据链路层广播,即冲突域;但它不能划分网络层广播,即广播域。

交换机拥有一条带宽很宽的背部总线和内部交换矩阵。交换机所有的端口都挂接在这条背部总线上,控制电路收到数据包以后,处理端口会查找内存中的地址对照表以确定目的 MAC(网卡的硬件地址)的 NIC(网卡)挂接在哪个端口上,通过内部交换矩阵迅速将数据包传送到目的端口,若目的 MAC 不存在,则将地址广播到所有的端口,接收端口回应后交换机会"学习"新的 MAC 地址,并把它添加入内部 MAC 地址表中。使用交换机也可以把网络"分段",通过对照 IP 地址表,交换机只允许必要的网络流量通过交换机。通过交换机的过滤和转发,可以有效地减少冲突域,但它不能划分网络层广播,即广播域。交换机 MAC 地址的学习过程如下:

1)学习

以太网交换机了解每一端口相连设备的 MAC 地址,并将地址同相应的端口映射起来存放在交换机缓存中的 MAC 地址表中。

2)转发/过滤

当一个数据帧的目的地址在 MAC 地址表中有映射时,它被转发到连接目的节点的端口而不是所有端口(如该数据帧为广播/组播帧则转发至所有端口)。

MAC 地址的建立过程如图 4-4 所示。

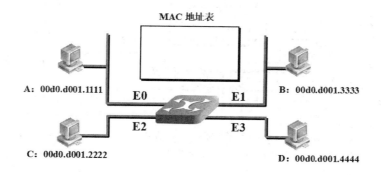

· 最开始的**MAC**地址表是空的

(a) 过程(一)

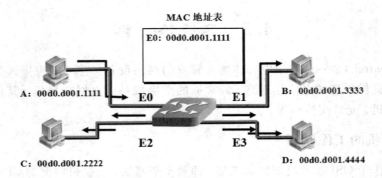

- Station A 发送一个帧（frame）给 Station C
- 交换机从端口 E0 学习到 station A 的 MAC 地址
- 将该帧做 "洪泛（flooding）" 转发

（b）过程(二)

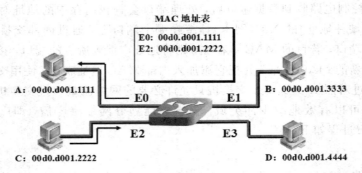

- Station C回应一个帧给Station A
- 交换机从端口 E2 学习到 station C 的 MAC 地址

（c）过程(三)

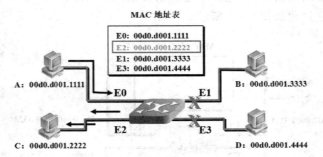

- Station A发送一个帧给station C
- 目标地址已经知道, 不再 "洪泛" 发送, 直接从 E2 端口发送出去

（d）过程(四)

图 4-4 MAC 地址的建立过程

4.5.2　交换机的分类

1. 以太网交换机

随着计算机及其互联技术(也即通常所谓的"网络技术")的迅速发展,以太网成为了迄今为止普及率最高的短距离二层计算机网络。而以太网的核心部件就是以太网交换机。

无论是人工交换还是程控交换,都是为了传输语音信号,是需要独占线路的"电路交换",一种典型的"电路交换"型交换机是程控交换机。而以太网是一种计算机网络,需要传输的是数据,因此采用的是"分组交换"。但无论采取哪种交换方式,交换机为两点间提供"独享通路"的特性不会改变。就以太网设备而言,交换机和集线器的本质区别就在于:当 A 发信息给 B 时,如果通过集线器,则接入集线器的所有网络节点都会收到这条信息(也就是以广播形式发送),只是网卡在硬件层面就会过滤掉不是发给本机的信息;而如果通过交换机,除非 A 通知交换机广播,否则发给 B 的信息 C 绝不会收到(获取交换机控制权限从而监听的情况除外)。

以太网交换机厂商根据市场需求,推出了三层甚至四层交换机。但无论如何,其核心功能仍是二层的以太网数据包交换,只是带有了一定的处理 IP 层甚至更高层数据包的能力。网络交换机是一个扩大网络的器材,能为子网络中提供更多的连接端口,以便连接更多的计算机。随着通信业的发展以及国民经济信息化的推进,网络交换机市场呈稳步上升态势。它具有性能价格比高、高度灵活、相对简单、易于实现等特点。

2. 光交换机

光交换是人们正在研制的下一代交换技术。当前所有的交换技术都是基于电信号的,即使光纤交换机也是先将光信号转为电信号,经过交换处理后,再转回光信号发到另一根光纤。由于光电转换速率较低,同时电路的处理速度存在物理上的瓶颈,因此人们希望设计出一种无须经过光电转换的"光交换机",其内部不是电路而是光路,逻辑元件不是开关电路而是开关光路。这样将大大提高交换机的处理速率。

4.5.3　交换机的层级划分

按照交换机工作的协议层次和应用场景,可以将交换机划分为二层交换机、三层交换机和四层交换机。

1. 二层交换机

二层交换技术的发展比较成熟,二层交换机属数据链路层设备,可以识别数据包中的 MAC 地址信息,根据 MAC 地址进行转发,并将这些 MAC 地址与对应的端口记录在自己内部的一个地址表中。

具体的工作流程如下:

(1)当交换机从某个端口收到一个数据包时,它先读取包头中的源 MAC 地址,这样它就知道源 MAC 地址的机器是连在哪个端口上的了;

(2)再去读取包头中的目的 MAC 地址,并在地址表中查找相应的端口;

(3)如表中有与这个目的 MAC 地址对应的端口,则把数据包直接复制到这个端口上;

（4）如表中找不到相应的端口则把数据包广播到所有端口上，当目的机器对源机器回应时，交换机又可以记录这一目的 MAC 地址与哪个端口对应，在下次传送数据时就不再需要对所有端口进行广播了。不断地循环这个过程，对于全网的 MAC 地址信息都可以学习到，二层交换机就是这样建立和维护它自己的地址表的。

2. 三层交换机

三层交换机也称路由交换机，下面先通过一个简单的网络来看看三层交换机的工作过程：使用 IP 的设备 A—路由交换机—使用 IP 的设备 B。

例如 A 要给 B 发送数据，已知目的 IP，那么 A 就用子网掩码取得网络地址，判断目的 IP 是否与自己在同一网段。如果在同一网段，但不知道转发数据所需的 MAC 地址，A 就发送一个 ARP 请求，B 返回其 MAC 地址，A 用此 MAC 封装数据包并发送给交换机，交换机起用二层交换模块，查找 MAC 地址表，将数据包转发到相应的端口。

如果目的 IP 地址显示不是同一网段的，那么 A 要实现和 B 的通信，在流缓存条目中没有对应 MAC 地址条目，就将第一个正常数据包发送向一个缺省网关，这个缺省网关一般在操作系统中已经设好，这个缺省网关的 IP 对应第三层路由模块，所以对于不是同一子网的数据，最先在 MAC 表中放的是缺省网关的 MAC 地址（由源主机 A 完成）；然后就由三层模块接收到此数据包，查询路由表以确定到达 B 的路由，将构造一个新的帧头，其中以缺省网关的 MAC 地址为源 MAC 地址，以主机 B 的 MAC 地址为目的 MAC 地址。通过一定的识别触发机制，确立主机 A 与 B 的 MAC 地址及转发端口的对应关系，并记录进流缓存条目表，以后 A 到 B 的数据（三层交换机要确认是由 A 到 B 而不是到 C 的数据，还要读取帧中的 IP 地址）就直接交由二层交换模块完成。这就是通常所说的一次路由多次转发。

3. 四层交换机

四层交换机是用传输层数据包的包头信息来帮助信息交换和传输处理的。也就是说，第四层交换机的交换信息所描述的具体内容，实质上是一个包含在每个 IP 包中的所有协议或进程，如用于 Web 传输的 HTTP，用于文件传输的 FTP，用于终端通信的 Telnet，用于安全通信的 SSL 等协议。这样，在一个 IP 网络里，普遍使用的第四层交换协议，其实就是TCP（用于基于连接的对话，例如 FTP）和 UDP（用基于无连接的通信，例如 SNMP 或SMTP）这两个协议。

由于 TCP 和 UDP 数据包的包头不仅包括了"端口号"这个域，还指明了正在传输的数据包是什么类型的网络数据，使用这种与特定应用有关的信息（端口号），就可以完成大量与网络数据及信息传输和交换相关的质量服务。第二层交换机和第三层交换机都是基于端口地址的端到端的交换过程，虽然这种基于 MAC 地址和 IP 地址的交换机技术，能够极大地提高各节点之间的数据传输率，但却无法根据端口主机的应用需求来自主确定或动态限制端口的交换过程和数据流量，即缺乏第四层智能应用交换需求。第四层交换机不仅可以完成端到端交换，还能根据端口主机的应用特点，确定或限制它的交换流量。简单地说，第四层交换机是基于传输层数据包的交换过程的，是一类基于 TCP/IP 协议应用层的用户应用交换需求的新型局域网交换机。第四层交换机支持 TCP/UDP 第四层以下的所有协议，可识别至少 80 个字节的数据包包头长度，可根据 TCP/UDP 端口号来区分数据包的应用类型，从而实现应用层的访问控制和服务质量保证。所以，与其说第四层交换机是硬件网络设备，还不如说它是软件网络管理系统。也就是说，第四层交换机是一类以软件技术为主，以硬件技术为辅的网络管理交换设备。

值得指出的是，某些人在不同程度上还存在一些模糊概念，认为所谓第四层交换机实际上就是在第三层交换机上增加了具有辨别第四层协议端口的能力，仅在第三层交换机上增加了一些增值软件罢了，因而并非工作在传输层，而是仍然在第三层上进行交换操作，只不过是对第三层交换更加敏感而已，从根本上否定第四层交换的关键技术与作用。数据包的第二层 IEEE 802.1P 字段或第三层 IPToS 字段可以用于区分数据包本身的优先级，第四层交换机基于第四层数据包交换，这是说它可以根据第四层 TCP/UDP 端口号来分析数据包应用类型，即第四层交换机不仅完全具备第三层交换机的所有交换功能和性能，还能支持第三层交换机不可能拥有的网络流量和服务质量控制的智能型功能。

4.5.4　VLAN 技术

1. VLAN 概念和协议标准

VLAN(虚拟局域网)是虚拟局域网，是一种通过将局域网内的设备逻辑地址而不是物理地址划分成一个个网段从而实现虚拟工作组的技术。对连接到的第二层交换机端口的网络用户的逻辑分段，不受网络用户的物理位置限制而根据用户需求进行网络分段。一个VLAN 可以在一个交换机上或者跨交换机实现。VLAN 可以根据网络用户的位置、作用、部门或者根据网络用户所使用的应用程序和协议来进行分组。基于交换机的虚拟局域网能够为局域网解决冲突域、广播域、带宽问题。

在 1996 年 3 月，IEEE 802.1 Internetworking 委员会结束了对 VLAN 初期标准的修订工作。新出台的标准进一步完善了 VLAN 的体系结构，统一了 Frame - Tagging 方式中不同厂商的标签格式，并制定了 VLAN 标准在未来一段时间内的发展方向，形成的 802.1Q的标准在业界获得了广泛的推广。它成为 VLAN 史上的一块里程碑。802.1Q 的出现打破了虚拟网依赖于单一厂商的僵局，从一个侧面推动了 VLAN 的迅速发展。另外，来自市场的压力使各大网络厂商立刻将新标准融合到他们各自的产品中。

现在使用最广泛的 VLAN 协议标准是 IEEE 802.1Q，许多厂家的交换机/路由器产品都支持 IEEE 802.1Q 标准。

IEEE 802.1Q 标准的 VLAN 帧格式如图 4 - 5 所示。

Tag：长度为 4 Byte，它位于以太网帧中源 MAC 地址和长度/类型之间。802.1Q Tag包含 4 个字段。

Type：长度为 2 Byte，表示帧类型，802.1Q Tag 帧中 Type 字段取固定值 0x8100，如果不支持 802.1Q 的设备收到 802.1Q 帧，则将其丢弃。

PRI(Priority 字段)：长度为 3 bit，表示以太网帧的优先级，取值范围是 0～7，数值越大，优先级越高。当交换机/路由器发生传输拥塞时，优先发送优先级高的数据帧。

CFI(Canonical Format Indicator)：长度为 1 bit，表示 MAC 地址是否是经典格式。CFI为 0 说明是经典格式，CFI 为 1 表示为非经典格式。该字段用于区分以太网帧、FDDI 帧和令牌环网帧，在以太网帧中，CFI 取值为 0。

VID（VLAN ID）：长度为 12 bit，取值范围是 0～4095，其中 0 和 4095 是保留值，不能给用户使用。

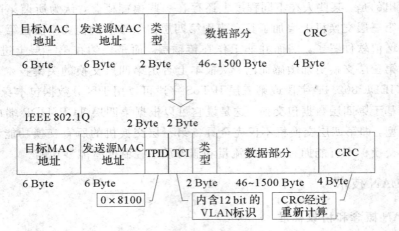

图 4 - 5　IEEE 802.1Q 标准的 VLAN 帧格式

2. VLAN 作用

VLAN 作用如下：

（1）控制网络的广播风暴。采用 VLAN 技术，可将某个交换端口划到某个 VLAN 中，而一个 VLAN 的广播风暴不会影响其他 VLAN 的性能。

（2）确保网络安全。共享式局域网之所以很难保证网络的安全性，是因为只要用户插入一个活动端口，就能访问网络。而 VLAN 能限制个别用户的访问，控制广播组的大小和位置，甚至能锁定某台设备的 MAC 地址，因此 VLAN 能确保网络的安全性。

（3）简化网络管理。网络管理员能借助于 VLAN 技术轻松管理整个网络。例如，需要为完成某个项目建立一个工作组网络，其成员可能遍及全国或全世界，此时网络管理员只需设置几条命令，就能在几分钟内建立该项目的 VLAN 网络，其成员使用 VLAN 网络，就像在本地使用局域网一样。

3. VLAN 特点

（1）一个 VLAN 中所有设备都是在同一广播域内；广播不能跨越 VLAN 传播。

（2）一个 VLAN 为一个逻辑子网；由被配置为此 VLAN 成员的设备组成；不同 VLAN 通过路由器实现相互通信。

（3）VLAN 中成员多基于 Switch 端口号码，划分 VLAN 就是对 Switch 接口的划分。

（4）VLAN 工作于 OSI 参考模型的第二层。

4. VLAN 命令讲解

关于 VLAN 的配置，下面以中兴交换机的 VLAN 配置为例来进行讲解，具体如下：

（1）二层 VLAN 相关配置如下：

• 创建指定 VLAN，并进入 VLAN 模式

　　ZXR10(config)# vlan ＜vlan - id＞

- 开启、关闭 VLAN

  zte(cfg)♯ set vlan ＜vlanlist＞ ｛enable｜disable｝

- 在 VLAN 中加入指定端口

  zte(cfg)♯ set vlan ＜vlanlist＞ add port ＜portlist＞［tag｜untag］

- 设置端口的 PVID

  zte(cfg)♯ set port ＜portlist＞ pvid ＜1～4094＞

- 删除 VLAN 中指定的端口

  zte(cfg)♯ set vlan ＜vlanlist＞ delete port ＜portlist＞

（2）三层 VLAN 相关配置如下：

- 创建指定 VLAN，并进入 VLAN 模式

  ZXR10(config)♯ vlan ＜vlan－id＞

- 设置端口的 VLAN 链路类型

  ZXR10(config)♯ interface ＜interface－name＞

  ZXR10(config－if)♯ switchport mode ｛access｜trunk｜hybrid｝

- 添加 VLAN 成员端口

  ZXR10(config)♯ interface ＜interface＞

  ZXR10(config－if)♯ switchport access vlan ｛＜vlan－id＞｜＜vlan－name＞｝

  ZXR10(config－if)♯ switchport trunk vlan ＜vlan－list＞

  ZXR10(config－if)♯ switchport hybrid vlan ＜vlan－list＞［tag｜untag］

- 设置端口的 PVID

  ZXR10(config)♯ interface ＜interface＞

  ZXR10(config－if)♯ switchport ｛port｜hybrid｝ native vlan ｛＜vlan－id＞｜ ＜vlan－name＞｝

5. 端口类型

1）Access 端口

- 一个 Access 端口只属于一个 VLAN。
- Access 端口发送不带标签的报文。
- 缺省的所有端口都包含在 vlan1 中，且都是 Access Ports。
- 一般与 PC、Server 相连时使用。

2）Trunk 端口

- 一个 Trunk 端口可以属于多个 VLAN。
- Trunk 端口通过发送带标签的报文来区别某一数据包属于哪一 VLAN。
- 标签遵守 IEEE 802.1Q 协议标准。
- 一般用于交换机级联端口传递多组 VLAN 信息时使用。

6. VLAN 案例应用

★ **案例要求**：SwitchA 交换机的 vlan10、vlan20 下的 PC 主机能够和 SwitchB 交换机的 vlan10、vlan20 下的 PC 主机之间全部互相通信。组网图如图 4－6 所示。

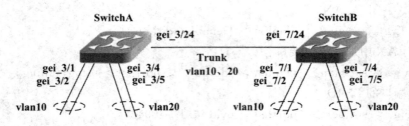

图 4-6 交换机 VLAN 使用组网图

SwitchA 交换机配置如下：

ZXR10_A(config)# vlan 10

ZXR10_A(config-vlan)# switchport pvid gei_3/1-2

ZXR10_A(config-vlan)# exit

ZXR10_A(config)# vlan 20

ZXR10_A(config-vlan)# switchport pvid gei_3/4-5

ZXR10_A(config-vlan)# exit

ZXR10_A(config)# interface gei_3/24

ZXR10_A(config-if)# switchport mode trunk

ZXR10_A(config-if)# switchport trunk vlan 10，20

SwitchB 交换机配置如下：

ZXR10_B(config)# vlan 10

ZXR10_B(config-vlan)# switchport pvid gei_7/1-2

ZXR10_B(config-vlan)# exit

ZXR10_B(config)# vlan 20

ZXR10_B(config-vlan)# switchport pvid gei_7/4-5

ZXR10_B(config-vlan)# exit

ZXR10_B(config)# interface gei_7/24

ZXR10_B(config-if)# switchport mode trunk

ZXR10_B(config-if)# switchport trunk vlan 10，20

4.5.5 交换机产品介绍

1. 产品系列汇总

下面重点介绍中兴 ZXR10 以太网交换机系列产品。

8900 系列/G 系列/6900 系列万兆路由交换机定位于运营商 IP 城域网、校园网、电子政务网和大型企事业网络的骨干层、汇聚层、核心层；采用模块化设计，分布式处理机制；支持大容量端口接入和线速交换，支持 MPLS、IPv6。

59E/59/52 系列全千兆路由交换机定位于园区网核心层和 IP 城域网汇聚层。具有万兆上行接口和全千兆接入。52 系列是 59 系列的二层化版本，三层及以上功能较 59 系列有所简化。整机拥有强大的 ACL 和 QoS 功能，并能实现堆叠。支持组播路由协议、完备的可控组播协议；59 系列支持 IPv6。

39E/39A/32A/39/32 系列三层交换机定位于大型企业集团、高档小区、宾馆、大学校园网的网络汇聚层。拥有高密度的接入端口,支持二、三层线速转发;支持硬件 ACL 和 QoS 功能。32 系列是 39 系列的二层化版本,三层功能较 39 系列有所简化。

51/50 系列全千兆二层交换机定位于全千兆业务网络,作为汇聚和接入设备,关注业务管理控制和网络安全保障能力。拥有强大的安全和 QoS 能力。其中 51 系列支持 ACL。

29/28/26 等二层系列交换机定位于用户接入侧,满足用户接入需求,实现了易操作,易管理。29 系列支持 ACL。

2. 产品详解

1) ZXR10 8900 系列万兆 MPLS 路由交换机

ZXR10 8900 系列万兆 MPLS 路由交换机及主要参数分别如图 4-7 和表 4-1 所示。

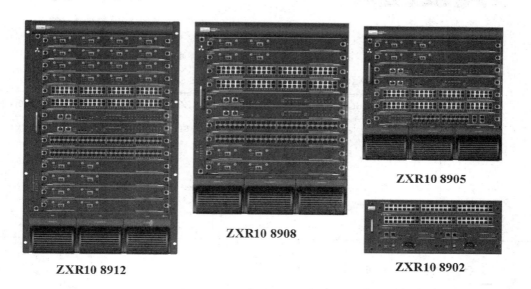

ZXR10 8905

ZXR10 8908

ZXR10 8912

ZXR10 8902

图 4-7　ZXR10 8900 系列万兆 MPLS 路由交换机

表 4-1　ZXR10 8900 系列万兆 MPLS 路由交换机主要参数

型号	ZXR10 8912	ZXR10 8908	ZXR10 8905	ZXR10 8902
定位	骨干层/汇聚层	骨干层/汇聚层	骨干层/汇聚层	城域网汇聚/接入
概况	L2/L3 14 个插槽	L2/L3/L4 10 个插槽	L2/L3/L4 7 个插槽	L2/L3/L4 3 个插槽
交换容量	1428 Gb/s	1152 Gb/s	576 Gb/s	96 Gb/s
包转发率	812 Mp/s	576 Mp/s	360 Mp/s	143 Mp/s

2) ZXR10 G 系列万兆 MPLS 路由交换机

ZXR10 G 系列万兆 MPLS 路由交换机及主要参数分别如图 4-8 和表 4-2 所示。

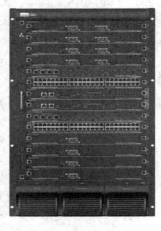
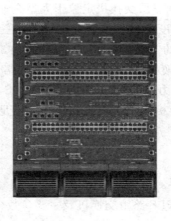

ZXR10 T64G

ZXR10 T240G　　　　**ZXR10 T160G**　　　　**ZXR10 T40G**

图 4-8　ZXR10 G 系列万兆 MPLS 路由交换机

表 4-2　ZXR10 G 系列万兆 MPLS 路由交换机主要参数

型号	ZXR10 T240G	ZXR10 T160G	ZXR10 T64G	ZXR10 T40G
定位	骨干层/汇聚层	骨干层/汇聚层	骨干层/汇聚层	城域网汇聚/接入
概况	L2/L3 14 个插槽	L2/L3/L4 10 个插槽	L2/L3/L4 7 个插槽	L2/L3/L4 3 个插槽
交换容量	1152 Gb/s	768 Gb/s	480 Gb/s	192 Gb/s
包转发率	857 Mp/s	571 Mp/s	357 Mp/s	143 Mp/s

3）ZXR10 6900 系列万兆路由交换机

ZXR10 6900 系列万兆路由交换机及主要参数分别如图 4-9 和表 4-3 所示。

ZXR10 6908　　　　　　**ZXR10 6905**　　　　**ZXR10 6902**

图 4-9　ZXR10 6900 系列万兆路由交换机

表 4 - 3　　ZXR10 6900 系列万兆路由交换机主要参数

型号	ZXR10 6908	ZXR10 6905	ZXR10 6902
定位	骨干层/汇聚层	骨干层/汇聚层	城域网汇聚/接入
概况	L2/L3/L4 10 个插槽	L2/L3/L4 7 个插槽	L2/L3/L4 3 个插槽
交换容量	1152 Gb/s	576 Gb/s	96 Gb/s
包转发率	576 Mp/s	360 Mp/s	143 Mp/s

4）ZXR10 5900E 系列三层智能以太网交换机

ZXR10 5900E 系列三层智能以太网交换机及主要参数分别如图 4 - 10 和表 4 - 4 所示。

ZXR10 5928E

ZXR10 5928E-FI

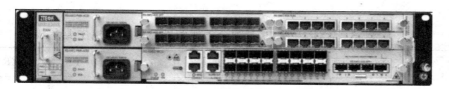

ZXR10 5952E

图 4 - 10　ZXR10 5900E 系列三层智能以太网交换机

表 4 - 4　　ZXR10 5900E 系列三层智能以太网交换机主要参数

型号	ZXR10 5928E	ZXR10 5928E - FI	ZXR10 5952E
定位	提供中高密度的以太网端口，企业网或宽带 IP 城域网的接入层	提供中高密度的以太网端口，企业网或宽带 IP 城域网的接入层	提供中高密度的以太网端口，企业网或宽带 IP 城域网的接入层
概况	L2/L3，24 个千兆以太网电口，一个上行子卡	L2/L3，24 个千兆以太网光口，一个上行子卡	L2/L3，16 个固定的千兆光口，四个用户侧线卡，一个上行子卡
交换容量	128 Gb/s	128 Gb/s	176 Gb/s
包转发率	95.24 Mp/s	95.24 Mp/s	130.95 Mp/s

5）ZXR10 5200 系列全千兆智能路由交换机

ZXR10 5200 系列全千兆智能路由交换机及主要参数分别如图 4 - 11 和表 4 - 5 所示。

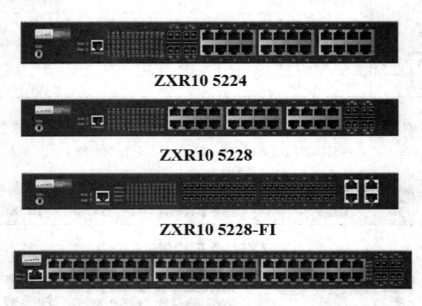

ZXR10 5224

ZXR10 5228

ZXR10 5228-FI

ZXR10 5252

图 4 - 11　ZXR10 5200 系列全千兆智能路由交换机

表 4 - 5　ZXR10 5200 系列全千兆智能路由交换机主要参数

型号	ZXR10 5252	ZXR10 5228	ZXR10 5228 - FI	ZXR10 5224
定位	高密度 GE 端口，城域网汇聚/接入或园区核心骨干层/汇聚层	高密度 GE 端口，城域网汇聚/接入或园区核心	高密度 GE 端口，城域网汇聚/接入或园区核心	高密度 GE 端口，城域网汇聚/接入或园区核心
概况	L2/L3，44 个千兆电口＋4 个光电自适应千兆接口＋4 个万兆扩展插槽	L2/L3，20 个千兆电口＋4 个光电自适应千兆接口＋4 个万兆扩展插槽	L2/L3，20 个千兆光口＋4 个光电自适应千兆接口＋4 个万兆扩展插槽	L2/L3，24 个千兆以太网电接口和 4 个千兆以太网光口或电口
交换容量	176 Gb/s	128 Gb/s	128 Gb/s	48 Gb/s
包转发率	132 Mp/s	96 Mp/s	96 Mp/s	36 Mp/s

6）ZXR10 3900E 系列三层智能以太网交换机

ZXR10 3900E 系列三层智能以太网交换机及主要参数分别如图 4 - 12 和表 4 - 6 所示。

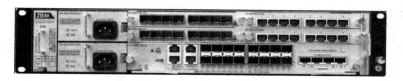

图 4-12　ZXR10 3900E 系列三层智能以太网交换机

表 4-6　ZXR10 3900E 系列三层智能以太网交换机主要参数

型号	ZXR10 3928E	ZXR10 3928E-FI	ZXR10 3952E
定位	提供中高密度的以太网端口，企业网或宽带 IP 城域网的接入层	提供中高密度的以太网端口，企业网或宽带 IP 城域网的接入层	提供中高密度的以太网端口，企业网或宽带 IP 城域网的接入层
概况	L2/L3，24 个百兆以太网电口，一个上行子卡	L2/L3，24 个百兆以太网光口，一个上行子卡	L2/L3，16 个固定的百兆光口，四个用户侧线卡，一个上行子卡
交换容量	24.8 Gb/s	24.8 Gb/s	29.6 Gb/s
包转发率	18.45 Mp/s	18.45 Mp/s	22.02 Mp/s

7）ZXR10 2800 系列接入以太网交换机

ZXR10 2800 系列接入以太网交换机及主要参数分别如图 4-13 和表 4-7 所示。

ZXR10 2809　　　　　ZXR10 2809-FU　　　　　ZXR10 2826A-PS

图 4-13　ZXR10 2800 系列接入以太网交换机

表 4 – 7　ZXR10 2800 系列接入以太网交换机主要参数

型号	ZXR10 2809	ZXR10 2809 – FU	ZXR10 2826A – PS
定位	城域接入网、企业网/园区网接入层	城域接入网、企业网/园区网接入层	城域接入网、企业网/园区网接入层
概况	L2，48 个百兆电口＋2 个千兆电口＋2 个千兆光口	L2，24 个百兆电口＋1 个百兆光口或者 2 个千兆光/电口	L2，16 个百兆电口＋1 个百兆光口或者 2 个千兆光/电口
交换容量	3.6 Gb/s	3.6 Gb/s	8.8 Gb/s
包转发率	2.68 Mp/s	2.68 Mp/s	6.55 Mp/s

4.6　路　由　器

路由器(Router)是互联网的主要节点设备。路由器通过路由决定数据的转发。转发策略称为路由选择(Routing)，这也是路由器名称的由来(Router，转发者)。作为不同网络之间互相连接的枢纽，路由器系统构成了基于 TCP/IP 的国际互联网络 Internet 的主体脉络，也可以说，路由器构成了 Internet 的骨架。它的处理速度是网络通信的主要瓶颈之一，它的可靠性则直接影响着网络互联的质量。因此，在园区网、地区网乃至整个 Internet 研究领域中，路由器技术始终处于核心地位，其发展历程和方向，成为整个 Internet 研究的一个缩影。

有的路由器仅支持单一协议，但大部分路由器可以支持多种协议的传输，即多协议路由器。由于每一种协议都有自己的规则，要在一个路由器中完成多种协议的算法，势必会降低路由器的性能。路由器的主要工作就是为经过路由器的每个数据帧寻找一条最佳传输路径，并将该数据有效地传送到目的站点。由此可见，选择最佳路径的策略即路由算法是路由器的关键所在。为了完成这项工作，在路由器中保存着各种传输路径的相关数据——路由表(Routing Table)，供路由选择时使用。路由表中保存着子网的标志信息、网上路由器的个数和下一个路由器的名字等内容。

路由器是一种多端口设备，它可以连接不同传输速率并运行于各种环境的局域网和广域网，也可以采用不同的协议。路由器属于 OSI 模型的第三层——网络层，指导从一个网段到另一个网段的数据传输，也能指导从一种网络向另一种网络的数据传输。路由器有如下功能：

第一，网络互联。路由器支持各种局域网和广域网接口，主要用于互联局域网和广域网，实现不同网络互相通信。

第二，数据处理。路由器提供包括分组过滤、分组转发、优先级、复用、加密、压缩和防火墙等功能。

第三，网络管理。路由器提供包括路由器配置管理、性能管理、容错管理和流量控制等功能。

4.6.1　路由简介

1. 路由的概念

路由(Routing)是指分组从源到目的地时，决定端到端路径的网络范围的进程。路由工作在 OSI 参考模型第三层——网络层。路由器为数据包转发设备。路由器通过转发数据包来实现网络互联。虽然路由器可以支持多种协议（如 TCP/IP、IPX/SPX、AppleTalk 等协议），但是在我国绝大多数路由器运行 TCP/IP 协议。路由器通常连接两个或多个由 IP 子网或点到点协议标识的逻辑端口，至少拥有 1 个物理端口。路由器根据收到数据包中的网络层地址以及路由器内部维护的路由表决定输出端口以及下一跳地址，并且重写链路层数据包头实现转发数据包。路由器通过动态维护路由表来反映当前的网络拓扑，并通过网络上其他路由器交换路由和链路信息来维护路由表。

2. 路由表的构成

路由表由目的网络地址（Dest）、掩码（Mask）、下一跳地址（Gw）、发送的物理端口（Interface）、路由信息的来源（Owner）、路由优先级（pri）、度量值（metric）等构成。下面举例进行说明，如图 4-14 所示。

Dest	Mask	Gw	Interface	Owner	pri	metric
172.16.8.0	255.255.255.0	1.1.1.1	fei_1/1	static	1	0

172.16.8.0：目的逻辑网络地址或子网地址；

255.255.255.0：目的逻辑网络地址或子网地址的网络掩码；

1.1.1.1：下一跳逻辑地址；

fei_1/1：学习到这条路由的接口和数据的转发接口；

static：路由器学习到这条路由的方式；

1：路由优先级；

0：度量值

图 4-14 路由表构成

4.6.2 路由器的工作原理

路由器利用网络寻址功能在网络中确定一条最佳的路径。IP 地址的网络部分确定分组的目标网络，并通过 IP 地址的主机部分和设备的 MAC 地址确定到目标节点的连接。

路由器的某一个接口接收到一个数据包时，会查看包中的目标网络地址以判断该包的目的地址在当前的路由表中是否存在（即路由器是否知道到达目标网络的路径）。如果发现包的目标地址与本路由器的某个接口所连接的网络地址相同，那么马上将数据转发到相应接口；如果发现包的目标地址不是自己的直连网段，路由器会查看自己的路由表，查找包的目的网络所对应的接口，并从相应的接口转发出去；如果路由表中记录的网络地址与包的目标地址不匹配，则根据路由器配置转发到默认接口，在没有配置默认接口的情况下会给用户返回目标地址不可达的 ICMP 信息。

简单地说，交换机工作在第二层，主要是针对 MAC 地址进行学习、转发、过滤等。而路由器工作在第三层（即网络层），它比交换机还要"聪明"一些，能理解数据中的 IP 地址。如果它接收到一个数据包，就检查其中的 IP 地址，如果目标地址是本地网络的就不予理会，如果是其他网络的，就将数据包转发出本地网络。

4.6.3 路由工作过程

路由工作过程如下：

（1）路由发现：学习路由的过程，动态路由通常由路由器自己完成，静态路由需要手工配置。

（2）路由转发：路由学习之后会按照学习更新的路由表进行数据转发。

（3）路由维护：路由器通过定期与网络中其他路由器进行通信来了解网络拓扑变化以便更新路由表。

（4）路由器记录了接口所直连的网络 ID，称为直连路由，路由器可以自动学习直连路由而不需要配置。

（5）路由器所识别的逻辑地址的协议必须被路由器所支持。

R1、R2、R3 路由示例如图 4-15 所示。

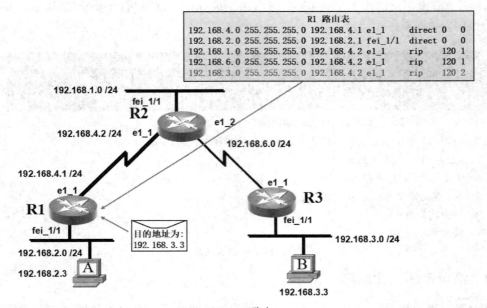

（a）R1路由

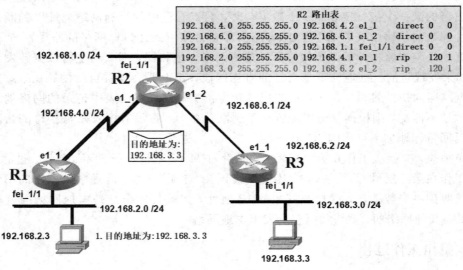

（b）R2路由

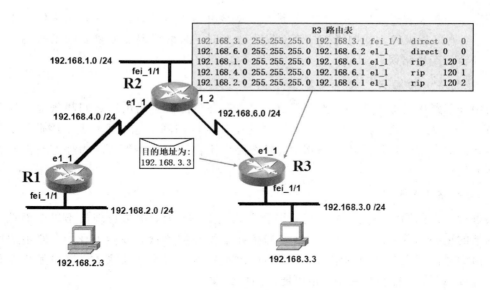

（c）R3路由

图 4 - 15　R1、R2、R3 路由示例

4.6.4　路由协议分类

1. 直连路由

直连路由是指由路由器根据接口所在的子网自动生成的路由方式。非直连路由是指通过路由协议从别的路由器学到的路由。直连路由是由链路层协议发现的，一般指去往路由器的接口地址所在网段的路径。该路径信息不需要网络管理员维护，也不需要路由器通过某种算法进行计算获得，只要该接口处于活动状态（Active），路由器就会把通向该网段的路由信息填写到路由表中，直连路由无法使路由器获取与其不直接相连的路由信息。图 4 - 16 中 Owner 参数为 direct 对应的路由就是直连路由。

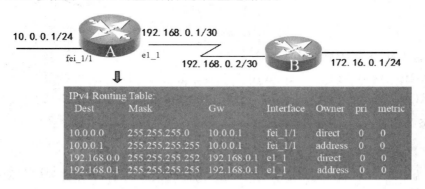

图 4 - 16　直连路由组网图及路由表

2. 静态路由

1）静态路由的概念

静态路由是由网络规划者根据网络拓扑，使用命令在路由器上配置的路由，这些静态

路由信息指导报文发送。静态路由方式也不需要路由器进行计算，但是它完全依赖于网络规划者，当网络规模较大或网络拓扑经常发生改变时，网络管理员需要做的工作将会非常复杂并且容易产生错误。

2）静态路由的优点

使用静态路由的好处是网络安全保密性高。动态路由需要路由器之间频繁地交换各自的路由表，而对路由表的分析可以揭示网络的拓扑结构和网络地址等信息。因此，出于网络安全方面的考虑也可以采用静态路由。静态路由不占用网络带宽，因为静态路由不会产生更新流量。

3）静态路由的缺点

大型和复杂的网络环境通常不宜采用静态路由。一方面，网络管理员难以全面地了解整个网络的拓扑结构；另一方面，当网络的拓扑结构和链路状态发生变化时，路由器中的静态路由信息需要大范围地调整，这一工作的难度和复杂程度非常高。当网络发生变化或网络发生故障时，不能重选路由，很可能使路由失败。

4）静态路由配置

关于静态路由的配置及应用，下面举例说明。要求 A 网络下的 PC 主机能够访问到 B 网络下的 PC 主机，同时 B 网络下的 PC 主机也能够访问到 A 网络下的 PC 主机。静态路由组网图如图 4 - 17 所示。

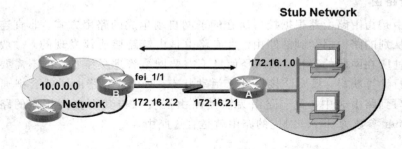

图 4 - 17　静态路由组网图

路由器静态路由的配置命令如下：

```
ZXR10_A(config)＃ ip route10.0.0.0 255.0.0.0 172.16.2.2
ZXR10_B(config)＃ ip route 172.16.1.0 255.255.0.0 172.16.2.1
```

3. 动态路由

1）RIP 路由协议

RIP 作为 IGP(Interior Gateway Protocol，内部网关协议)中最先得到广泛使用的一种协议，主要应用于 AS 系统，即自治系统(Autonomous System)。连接 AS 系统有专门的协议，其中最早的这样的协议是"EGP"(外部网关协议)，仍然应用于因特网，这样的协议通常被视为内部 AS 路由选择协议。RIP 主要为了利用同类技术与大小适度的网络一起工作，因此通过速度变化不大的接线连接。RIP 比较适用于简单的校园网和区域网，但并不适用于复杂网络的情况。

RIP 是一种分布式的基于距离向量的路由选择协议，是因特网的标准协议，其最大的优点就是简单。RIP 协议要求网络中每一个路由器都要维护从它自己到其他每一个目的网络的距离记录。RIP 协议将"距离"定义为：从一路由器到直接连接的网络的距离定义为 1。从一路由器到非直接连接的网络的距离定义为每经过一个路由器则距离加 1。"距离"也称为"跳数"。RIP 允许一条路径最多只能包含 15 个路由器，因此，距离等于 16 时即为不可达。可见 RIP 协议只适用于小型互联网。

RIP2 由 RIP 而来，属于 RIP 协议的补充协议，主要用于扩大装载的有用信息的数量，同时增加其安全性能。RIP 和 RIP2 都是基于 UDP 的协议。在 RIP2 下，每台主机或路由器通过路由选择进程发送和接收来自 UDP 端口 520 的数据包。RIP 协议默认的路由更新周期是 30 s。

RIP 路由协议的特点如下：

（1）仅和相邻的路由器交换信息。如果两个路由器之间的通信不经过另外一个路由器，那么这两个路由器是相邻的。RIP 协议规定，不相邻的路由器之间不交换信息。

（2）路由器交换的信息是当前本路由器所知道的全部信息，即自己的路由表。

（3）按固定时间交换路由信息，如每隔 30 s，然后路由器根据收到的路由信息更新路由表（也可进行相应配置使其触发更新）。

2）OSPF 协议

OSPF（Open Shortest Path First，开放式最短路径优先）是一个内部网关协议，用于在单一自治系统内决策路由。它是对链路状态路由协议的一种实现，隶属内部网关协议，故运作于自治系统内部。著名的迪克斯加算法（Dijkstra）被用来计算最短路径树。OSPF 分为 OSPFv2 和 OSPFv3 两个版本，其中 OSPFv2 用在 IPv4 网络，OSPFv3 用在 IPv6 网络。OSPFv2 是由 RFC 2328 定义的，OSPFv3 是由 RFC 5340 定义的。与 RIP 相比，OSPF 是链路状态协议，而 RIP 是距离矢量协议。

OSPF 协议特点如下：

（1）无路由自环；

（2）可适应大规模网络；

（3）路由变化收敛速度快；

（4）支持区域划分；

（5）支持等值路由；

（6）支持验证；

（7）支持路由分级管理；

（8）支持以组播地址发送协议报文。

3）BGP 网关协议

边界网关协议（BGP）是运行于 TCP 上的一种自治系统的路由协议。BGP 是唯一一个用来处理像因特网大小的网络协议，也是唯一能够妥善处理好不相关路由域间的多路连接的协议。BGP 构建在 EGP 的经验之上。BGP 系统的主要功能是和其他的 BGP 系统交换网络可达信息。网络可达信息包括列出的自治系统（AS）的信息。这些信息有效地构造了 AS 互联的拓扑图并由此清除了路由环路，同时在 AS 级别上可实施策略决策。

4.6.5　路由优先级

路由优先级是一个正整数，范围为0～255，路由优先级的数值越小，在路径选择时优先级越高。各种路由协议的路由优先级的默认值如表4-8所示。

表4-8　路由优先级

Route Source	Default Priority
Connected Interface	0
Static Route	1
External BGP	20
OSPF	110
IS-IS	115
RIPv1，v2	120
Internal BGP	200

4.6.6　路由器产品介绍

下面以中兴通讯的路由器设备为例，对路由相关产品进行介绍。具体如图4-18～图4-22所示。

ZXR10 M6000-8

特点：

① 单槽线速转发能力达到40 Gb，背板容量达2.4 Tb/s，整机交换容量达到1.44 Tb/s。

② 灵活的TM架构，丰富的硬件队列：控制平面特有的三级TM，保护设备安全；转发平面多达15,级队列调度，实现业务精细化管理。

③ 通用母卡，灵活子卡：母卡可混插不同类型的子卡，减少备板备件种类，便于管理、减少设备投资。

图4-18　ZXR10 M6000-8路由器性能

ZXR10 M6000-16

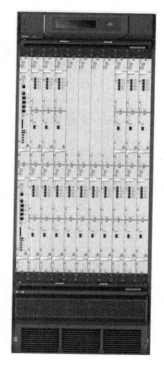

特点:

①　单槽线速转发能力达到 40 Gb,背板容量高达 4.8 Tb/s,整机交换容量达到 1.92 Tb/s。

②　灵活的 TM 架构,丰富的硬件队列:控制平面特有的三级 TM,保护设备安全;转发平面多达 15 级队列调度,实现业务精细化管理。

③　通用母卡,灵活子卡:母卡可混插不同类型的子卡,减少备板备件种类,便于管理、减少设备投资。

图 4 - 19　ZXR10 M6000 - 16 路由器性能

ZXR10 T600

特点:

①　支持 8 个 10 Gb/s 高速接口。

②　CROSSBAR 交换结构,背板容量高达 640 Gb/s,支持 320 Gb/s 交换网板。

③　实现高速接口的 IPv4/IPv6、MPLS 线速转发,整机的转发性能可高达 200 Mp/s。

④　线卡丰富,运营级可靠性高,具有强大的 QoS 能力。

图 4 - 20　ZXR10 T600 路由器性能

ZXR10 T1200

特点：

① 支持 16 个 10 Gb/s 高速接口。

② CROSSBAR 交换结构，背板容量高达 1.2 Tb/s，支持 640 Gb/s 交换网板。

③ 实现高速接口的 IPv4/IPv6、MPLS 线速转发，整机的转发性能可高达 400 Mp/s。

④ 线卡丰富，运营级可靠性高，具有强大的 QoS 能力。

图 4-21　ZXR10 T1200 路由器性能

ZXR10 T64E

特点：

① 提供 8 个业务接口插槽，接口类型丰富。

② CROSSBAR 无阻塞交换矩阵，提供 64 Gb/s 交换容量；整机转发性能为 48 Mp/s。

③ 支持 IPv4/IPv6 多种过渡技术，全面支持 MPLS、QoS。

④ 关键硬件组件都提供全面冗余，所有组件具备热插拔功能。

图 4-22　ZXR10 T64E 路由器性能

ZXR10 ZSR 系列智能集成多业务路由器(如图 4 - 23 所示)融合了路由器、防火墙、入侵防御、VPN 网关、语音网关、宽带接入网关、二层交换机、无线接入等设备的功能，充分适应网络集成一体化的组网要求，具备完善的路由、MPLS、VPN、组播、语音、安全、QoS、IPv6、宽带接入、三网合一等业务能力；所有业务均需要针对企业核心环境进行优化设计。

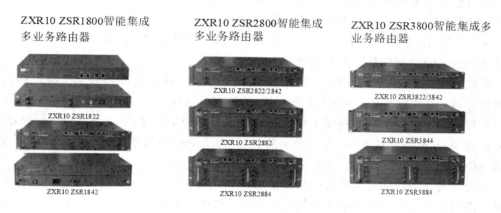

图 4 - 23　ZXR10 ZSR 系列智能集成多业务路由器

4.6.7　ACL 访问控制

1. ACL 的定义

访问控制列表(Access Control List，ACL) 是路由器和交换机接口的指令列表，用来控制端口进出的数据包。ACL 适用于所有的路由协议，如 IP、IPX、AppleTalk 等。

信息点间通信和内外网络的通信都是企业网络中必不可少的业务需求，为了保证内网的安全性，需要通过安全策略来保障非授权用户只能访问特定的网络资源，从而达到对访问进行控制的目的。简而言之，ACL 可以过滤网络中的流量，是控制访问的一种网络技术手段。

配置 ACL 后，可以限制网络流量，允许特定设备访问，指定转发特定端口数据包等。如可以配置 ACL，禁止局域网内的设备访问外部公共网络，或者只能使用 FTP 服务。ACL 既可以在路由器上配置，也可以在具有 ACL 功能的业务软件上进行配置。

ACL 是物联网中保障系统安全性的重要技术，在设备硬件层安全基础上，通过在软件层面对设备间通信进行访问控制，使用可编程方法指定访问规则，防止非法设备破坏系统安全，非法获取系统数据。

2. ACL 的作用

ACL 可以限制网络流量、提高网络性能。例如，ACL 可以根据数据包的协议，指定数据包的优先级。

ACL 提供对通信流量的控制手段。例如，ACL 可以限定或简化路由更新信息的长度，从而限制通过路由器某一网段的通信流量。

ACL 是提供网络安全访问的基本手段。例如，ACL 允许主机 A 访问人力资源网络，而拒绝主机 B 访问。

ACL 可以在路由器端口处决定哪种类型的通信流量被转发或被阻塞。例如，用户可以允许 E-mail 通信流量被路由，拒绝所有的 Telnet 通信流量。例如，某部门要求只能使用

WWW 这个功能，就可以通过 ACL 实现。如果为了某部门的保密性，不允许其访问外网，同时不允许外网访问它，也可以通过 ACL 实现。

3. ACL 的分类

目前有三种主要的 ACL：标准 ACL、扩展 ACL 及命名 ACL。其他的还有标准 MAC ACL、时间控制 ACL、以太协议 ACL、IPv6 ACL 等。

标准 ACL 使用 1~99 以及 1300~1999 之间的数字作为表号，扩展的 ACL 使用 100~199 以及 2000~2699 之间的数字作为表号。

标准 ACL 可以阻止来自某一网络的所有通信流量，或者允许来自某一特定网络的所有通信流量，或者拒绝某一协议簇（比如 IP）的所有通信流量。

扩展 ACL 比标准 ACL 提供了更广泛的控制范围。例如，网络管理员如果希望做到"允许外来的 Web 通信流量通过，拒绝外来的 FTP 和 Telnet 等通信流量"，那么，他可以使用扩展 ACL 来达到目的，标准 ACL 不能控制这么精确。

在标准与扩展访问控制列表中均要使用表号，而在命名访问控制列表中使用一个字母或数字组合的字符串来代替前面所使用的数字。使用命名访问控制列表可以用来删除某一条特定的控制条目，这样可以让用户在使用过程中方便地进行修改。在使用命名访问控制列表时，要求路由器的 iOS 在 11.2 以上版本，并且不能以同一名字命名多个 ACL，不同类型的 ACL 也不能使用相同的名字。

4. ACL 配置原则

ACL 按照由上到下的顺序执行，找到一个匹配语句后即执行相应的操作，然后跳出 ACL 而不会继续匹配下面的语句。所以配置 ACL 语句的顺序非常关键。

（1）ACL 的列表号指出了是哪种协议的 ACL。各种协议有自己的 ACL，而每个协议的 ACL 又分为标准 ACL 和扩展 ACL。这些 ACL 是通过 ACL 列表号区别的。如果在使用一种访问 ACL 时用错了列表号，那么就会出错误。

（2）一个 ACL 的配置是每协议、每接口、每方向的。路由器的一个接口上每一种协议可以配置进方向和出方向两个 ACL。也就是说，如果路由器上启用了 IP 和 IPX 两种协议栈，那么路由器的一个接口上可以配置 IP、IPX 两种协议，每种协议进出两个方向，共四个 ACL。

（3）ACL 的语句顺序决定了对数据包的控制顺序。在 ACL 中各描述语句的放置顺序是很重要的。当路由器决定某一数据包是被转发还是被阻塞时，会按照各项描述语句在 ACL 中的顺序，根据各描述语句的判断条件，对数据报进行检查，一旦找到了某一匹配条件就结束比较过程，不再检查以后的其他条件判断语句。

（4）最有限制性的语句应该放在 ACL 语句的首行。把最有限制性的语句放在 ACL 语句的首行或者语句中靠近前面的位置上，把"全部允许"或者"全部拒绝"这样的语句放在末行或接近末行，可以防止出现诸如本该拒绝（放过）的数据包被放过（拒绝）的情况。

（5）新的表项只能被添加到 ACL 的末尾，这意味着不可能改变已有访问控制列表的功能。如果必须改变，只有先删除已存在的 ACL，然后创建一个新 ACL，将新 ACL 应用到相应的接口上。

（6）在将 ACL 应用到接口之前，一定要先建立 ACL。首先在全局模式下建立 ACL，然后把它应用在接口的出方向或进方向上。在接口上应用一个不存在的 ACL 是不可能的。

（7）ACL 语句不能被逐条删除，只能一次性删除整个 ACL。

（8）在 ACL 的最后，有一条隐含的"全部拒绝"的命令，所以在 ACL 里一定至少有一条"允许"的语句。

（9）ACL 只能过滤穿过路由器的数据流量，不能过滤由本路由器上发出的数据包。

（10）在路由器选择进行以前，应用在接口进入方向的 ACL 起作用。

（11）在路由器选择决定以后，应用在接口离开方向的 ACL 起作用。

5. 相关配置及案例分析

1）标准 ACL 配置

- 进入标准 ACL 配置模式

  ZXR10(config)# acl standard {number <acl – number>}

- 定义规则

  ZXR10(config – std – acl)# rule <rule – no> {permit|deny} {<source> [<source – wildcard>]|any} [time – range <timerange – name>]

下面对各种参数做一个简要说明：

{ permit | deny }为关键字，必选项；

source source – wildcard 为源地址及源地址反掩码。

- 在接口上绑定 ACL

  ZXR10(config – if)# ip access – group <acl – number>{ in | out }

{ in | out }为设置进入或外出方向。

★ **实例分析**：禁止 172.16.4.13 访问 172.16.3.0 网段。组网及配置参数如图 4 – 24 所示。

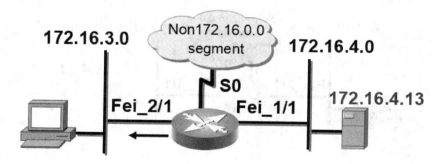

图 4 – 24 组网图

配置参数如下：

ZXR10(config)# acl standard number 1　//配置标准 ACL 编号为 1

ZXR10(config – std – acl)# rule 13 deny 172.16.4.13 0.0.0.0　//拒绝 IP 地址 172.16.4.13 的 IP 的访问，其中 0.0.0.0 为反掩码

ZXR10(config – std – acl)# rule 14 permit any　//允许所有的地址通过

ZXR10(config – std – acl)# exit

ZXR10(config)# interface Fei_2/1

ZXR10(config – if)# ip access – group 1 out　//在端口出口方向绑定 ACL1

ZXR10(config – if)exit

2) 扩展 ACL 配置

- 进入扩展 ACL 配置模式

    ZXR10(config) ♯ acl　extend　{number <acl − number>}

- 定义规则

    ZXR10(config − ext − acl) ♯ rule<rule − no>{permit|deny}{<ip − number>|
    ip/icmp/tcp/udp} {<source> <source − wildcard>|any} {<dest> <dest −
    wildcard>|any} [{[precedence <pre − value>][tos <tos − value>]}|dscp<dscp
    − value>] [time − range <timerange − name>]

下面对各种参数做一个简要说明。

{ permit | deny }为关键字，必选项；

Protocol 为协议类型，包括 Ip 、Udp、Tcp、Icmp；

source、source − wildcard 为源地址及源地址掩码；

destination、destination − wildcard 为目的地址及目的地址掩码。

在接口配置模式下使用命令 ZXR10（config − if) ♯ ip access − group <acl − number>{
in | out }将 ACL 应用到接口上。

- 在接口上绑定 ACL

    ZXR10 (config − if) ♯ ip access − group <acl − number>{ in | out }

    { in | out }为设置进入或外出方向。

★ 实例分析：拒绝从子网 172.16.4.0 到子网 172.16.3.0 通过 fei_ 2/1 口的 FTP 访问；允许其他所有流量。组网如图 4 − 25 所示。

图 4 − 25　组网图

配置参数如下：

    ZXR10(config) ♯ acl extend number 150　　//配置扩展 ACL 编号为 150
    ZXR10(config − ext − acl) ♯ rule 1 deny tcp 172.16.4.0　0.0.0.255 eq 21
    //拒绝 IP 地址网段为 172.16.4.0/24 的 IP 的 21 端口的访问，其中 0.0.0.255 为反掩码
    ZXR10(config − ext − acl) ♯ rule 2 deny tcp 172.16.4.0　0.0.0.255 eq 20
    //拒绝 IP 地址网段为 172.16.4.0/24 的 IP 的 20 端口的访问，其中 0.0.0.255 为反掩码
    ZXR10(config − ext − acl) ♯ rule 3 permit ip any any　　//允许所有流量的访问
    ZXR10(config − ext acl) ♯ exit
    ZXR10(config) ♯ interface Fei_2/1
    ZXR10(config − if) ♯ ip access − group 150 out　　//在端口出口方向绑定 ACL150
    ZXR10(config − if)exit

4.7　网　　关

网关(Gateway)又称网间连接器、协议转换器。网关在网络层以上实现网络互联，是最复杂的网络互联设备，仅用于两个高层协议不同的网络互联。网关既可以用于广域网互联，也可以用于局域网互联。网关是一种担负转换重任的计算机系统或设备。使用在不同的通信协议、数据格式或语言，甚至体系结构完全不同的两种系统之间。网关也是一个翻译器。与网桥只是简单地传达信息不同，网关对收到的信息要重新打包，以适应目的系统的需求。

简单地说，从一个房间走到另一个房间，必然要经过一扇门。同样，从一个网络向另一个网络发送信息，也必须经过一道"关口"，这道关口就是网关。顾名思义，网关就是一个网络连接到另一个网络的"关口"。也就是网络关卡。

关于网关的概念，下面举一个例子来进行说明，这样读者就会很容易理解。

假设你的名字叫小不点，你住在一个大院子里，你的邻居有很多小伙伴，父母是你的网关。当你想跟院子里的某个小伙伴玩，只要你在院子里大喊一声他的名字，他听到了就会回应你，并且跑出来跟你玩。

但是你的家长不允许你走出大门，你想与外界发生的一切联系，都必须由父母(网关)用电话帮助你联系。假如你想找你的同学小明聊天，小明家住在很远的另外一个院子里，他家里也有父母(小明的网关)。但是你不知道小明家的电话号码，不过你的班主任老师有一份你们班全体同学的名单和电话号码对照表，你的老师就是你的 DNS 服务器。于是你在家里和父母有了下面的对话：

小不点：妈妈(或爸爸)，我想找班主任查一下小明的电话号码行吗？

家长：好，你等着。(接着你家长给你的班主任拨了一个电话，问清楚了小明的电话)问到了，他家的号码是 211.99.99.99。

小不点：太好了！妈(或爸)，我想找小明，你再帮我联系一下小明吧。

家长：没问题。(接着家长向电话局发出了接通小明家电话的请求，最后一关当然是被转接到了小明的家长那里，然后小明的家长再把电话转给小明。)

就这样你和小明取得了联系，过程如图 4-26 所示。

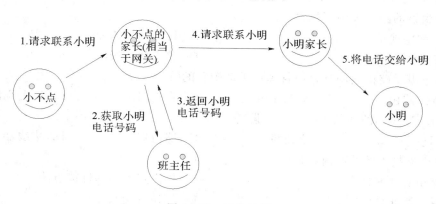

图 4-26　网关示例

本 章 练 习 题

一、填空题

1. 常见的局域网接口类型有_____、_____、_____等，其中常见的以太网接口有_____、_____、_____和_____。

2. 常见的广域网接口有_____、_____、_____、_____和_____。

3. 常见的逻辑接口包含_____、_____、_____和_____。

4. 网卡的主要功能分别是_____、_____和_____。

5. 网桥分_____和_____两种类型。

6. 交换机的分类包含_____和_____两大类。

7. 交换机目前分成_____、_____和_____三大级别。

8. 路由器执行两个最重要的基本功能：_____和_____。路由功能是由_____实现，交换功能是数据在路由器内部_____过程。

9. 网关是工作在 OSI 模型中的_____，网关按照功能来划分，可分为_____、_____和_____。

10. 目前路由协议分为_____、_____和_____三大类。

二、选择题

1. 下列列举的接口属于逻辑接口的是(   )。

A. AUI 接口   B. V.24 接口   C. SC 接口   D. LoopBack 接口

2. 网卡工作在 OSI 模型中的(   )。

A. 物理层   B. 数据链路层

C. 物理层和数据链路层   D. 数据链路层和网络层

3. 下列网络设备中工作在数据链路层的是(   )。

A. 中继器   B. 网关   C. 集线器   D. 网桥

4. 以太网交换机根据(   )转发数据包。

A. IP 地址   B. MAC 地址   C. LLC 地址   D. PorT 地址

5. 路由器的路由表中不包含(   )。

A. 源网络地址   B. 目的网络地址

C. 发送的物理端口   D. 路由优先级

6. 以下哪些路由表项是要由管理员手动配置的？(   )

A. 静态路由   B. 动态路由   C. 直连路由   D. 以上说法都不对

7. VLAN 之间的通信需要(   )设备。

A. 网桥   B. 交换机   C. 路由器   D. 集线器

8. 路由器技术的核心内容是(   )。

A. 路由算法和协议   B. 提高路由器的性能方法

C. 网络地址复用方法   D. 网络安全技术

三、判断题

1. 交换机为每个端口提供专用带宽，网络总带宽是各端口带宽之和。(   )

2. 三层交换机可以作为路由器使用，但路由器却不具备交换机的功能。（　　）

3. 集线器的所有端口是共享一条带宽，各端口占用带宽与网络总带宽相同。（　　）

4. MAC 地址也称为逻辑地址，保存在网卡中。（　　）

5. 网桥的基本功能与交换机相似。（　　）

6. 网关既可以提供面向连接的服务，也可以提供面向无连接的服务。（　　）

7. 路由器在进行路由功能时，通过对目的网段地址查找路由表来决定转发路由。（　　）

8. 网桥和二层交换机可以划分冲突域，也可以划分广播域。（　　）

9. 路由器和三层交换机可以划分冲突域，也可以划分广播域。（　　）

10. 逻辑接口也称为虚拟接口，路由器中的逻辑接口主要是作为它的管理地址。（　　）

四、简答题

1. 请简要说明网卡的工作原理。

2. 请简要说明交换机的工作原理。

3. 请分别阐述二层交换机、三层交换机及四层交换机的功能及区别。

4. 请简要说明 VLAN 技术的相关概念、特点、端口类型等。

5. 请分别阐述中兴通讯的交换机、路由器产品类型。

6. 路由器中路由表的结构体系包括哪些？

7. 请说明直连路由、静态路由、动态路由的区别。

8. 请说明集线器、交换机、路由器、网桥的区别。

本 章 小 结

本章主要介绍了计算机网络中的网络接口类型、特点，常用数据通信设备的作用，工作原理、优缺点及各设备直接的比较。

网络接口根据应用网络类型不同，分为局域网接口和广域网接口，另外还有逻辑接口。局域网接口有同轴电缆、双绞线、光纤等不同类型的接口。另外在计算机网络中经常会用到虚接口，应用最广泛的虚拟接口是 LoopBack 接口。作为路由器的管理地址，路由分成直连路由、静态路由、动态路由三种形式。动态路由包括 RIP、OSPF、BGP 等路由协议。

常用的通信设备还有网卡、网桥、集线器、交换机及路由器。网卡工作在物理层和数据链路层，完成两层的功能。集线器工作在物理层，属于一种特殊的中继器，提供多端口服务，采用广播模式的工作方式，所有端口为同一条带宽。

交换机分成二层交换机和三层路由交换机，其中二层交换机工作在数据链路层；三层路由交换机是通过硬件技术，将二层交换机和路由器在网络中的功能集成到一个盒子里，即合二为一的新的交换技术，可实现 IP 路由功能，从而提高路由过程中的效率，加强帧的转发能力。

网关即协议路由器，用于实现不同协议网络之间的转换，工作在 OSI 模型中的应用层。根据网关的功能，可将网关分成协议网关、应用网关和安全网关。

第 5 章 计算机网络体系介绍

【本章内容简介】

网络体系划分方式很多,有以规模划分的局域网和广域网;有以通信承载方式划分的有线网和无线网;有以是否通过软件定义划分的 SDN 网和传统网;有以终端类型定义划分的互联网和其延伸扩展出来的物联网。本章重点介绍了局域网、广域网、无线网络、SDN 网络、物联网这几种网络类型。

【本章重点难点】

重点掌握局域网、广域网、互联网、无线网络、SDN 网络、物联网不同网络体系的定义、特点、发展史、关键技术、应用场景等相关知识。

5.1 局 域 网

局域网(LAN)是在一个局部的地理范围内(如一个学校、工厂和机关),一般是方圆几千米以内,将各种计算机、外部设备和数据库等互相连接起来组成的计算机通信网。它可以通过数据通信网或专用数据电路,与远方的局域网、数据库或处理中心相连接,构成一个较大范围的信息处理系统。局域网可以实现文件管理、应用软件共享、打印机共享、扫描仪共享、工作组内的日程安排、电子邮件和传真通信服务等功能。局域网严格意义上是封闭型的,它可以由办公室内几台甚至成千上万台计算机组成。局域网专用性非常强,具有比较稳定和规范的拓扑结构。决定局域网的主要技术要素为网络拓扑、传输介质与介质访问控制方法。

局域网由网络硬件(包括网络服务器、网络工作站、网络打印机、网卡、网络互联设备等)、网络传输介质以及网络软件所组成。

5.1.1 局域网概述

1. 局域网定义

为了完整地给出 LAN 的定义,必须使用两种方式:一种是功能性定义,另一种是技术性定义。前一种将 LAN 定义为一组台式计算机和其他设备,在物理地址上彼此相隔不远,以允许用户相互通信和共享诸如打印机和存储设备之类的计算资源的方式互连在一起的系统。这种定义适用于办公环境下的 LAN、工厂和研究机构中使用的 LAN。

就 LAN 的技术性定义而言,它定义为由特定类型的传输媒介(如电缆、光缆和无线媒体)和网络适配器(亦称为网卡)互连在一起的计算机组成的网络,并受网络操作系统监控。

功能性和技术性定义之间的差别是很明显的,功能性定义强调的是外界行为和服务;

技术性定义强调的则是构成 LAN 所需的物质基础和构成的方法。

局域网的名字本身就隐含了这种网络地理范围的局域性。由于较小的地理范围的局限性，LAN 通常要比广域网（WAN）具有高得多的传输速率。

2. 局域网特点

局域网的特点如下：

（1）覆盖的地理范围较小。

局域网的覆盖范围小到一个房间，大到一栋楼内，一个校园或工业区内，其距离一般在 0.1～10 km。局域网的规模大小主要取决于网络的性质和单位的用途。

（2）使用专门铺设的传输介质进行联网，数据传输速率高。

由于在局部的区域有大量的计算机接入网络，加之一个单位内的各种信息资源的关联性很强，造成网络通信线路的数据流量比较大，这就要求网络的信道的容量要足够大，需要采用高质量大容量的传输介质。此外，由于网络的覆盖范围较小，传输介质的使用量并不大，所以在建网费用上也允许选用高质量的传输介质。

目前，局域网的传输速率一般为 10 Mb/s～10 Gb/s，10 Gb/s 的以太网也已经投入到市场。

（3）通信延迟时间短，可靠性较高。

因为局域网通常采用短距离基带传输，传输介质质量比较好，可靠性较高，误码率很低。

（4）易于实现。

局域网便于安装、维护和扩充，由于网络区域有限，网络设备相对较少，拓扑结构的形式简单而多样化，协议简单，从而建网成本较低，周期较短。

（5）可以支持多种传输介质。

局域网支持双绞线、同轴电缆、光纤等多种传输介质。

3. 局域网分类

局域网的分类方法很多，通常按拓扑结构、传输介质、介质访问控制方法和网络操作系统来进行分类。

1）按拓扑结构分类

局域网通常采用的拓扑结构有总线型、环型、星型和树型等，因此根据拓扑结构可把局域网分成总线型局域网、星型局域网等。

局域网的拓扑结构的选择与很多因素有关，主要包括可靠性、经济性、功能、可扩充性等。拓扑结构选择只是一个局域网设计工作的一部分，但这个选择不能够完全孤立，必须考虑对传输介质、布线和访问控制的选择。

总线型、树型拓扑结构的配置相对简单灵活，在实际的工作中，许多局域网的设备数量、数据速率和数据类型都可能不一样。一般而言，这些局域网都可以采用总线型、树型拓扑结构来实现。当局域网覆盖的范围相当广而且速率要求比较高时，可以考虑使用环型拓扑。和其他类型的局域网比较，环型拓扑结构局域网的吞吐量会更高一些。星型拓扑结构在建筑物内进行布线时非常简单和自然，它适用于短距离传输，而且非常适合局域网站点数量相对较少而数据速率较高的场合。

2）按传输介质分类

局域网常用的传输介质有双绞线、同轴电缆、光纤等。因此根据传输介质的不同，可把局域网分为双绞线局域网、同轴电缆局域网和光纤局域网等。如果局域网采用无线电波，则称这类局域网为无线局域网。

非屏蔽双绞线是一种价格便宜、使用方便的介质，该介质具有较高的性能。屏蔽双绞线和基带同轴电缆比非屏蔽双绞线的价格要贵得多，当然它们的性能也要好一些。

3）按介质访问控制方法分类

在局域网中，介质访问控制方法是指控制连接在一条传输介质上的多台计算机，在某一时间段内只能允许被一台计算机使用，换句话说，介质访问控制是一种通过仲裁方式来控制各种计算机使用传输介质的方式。

介质访问控制方法主要有 5 类，即固定分配、需要分配、适应分配、探询分配和随机访问。评价介质访问控制方法有 3 个基本要素，即协议简单、有效的通道利用率和网上站点的用户公平合理地使用网络。

4. 传输介质

传输介质是网络中信息传输的媒体，是网络通信的物质基础之一。传输介质的性能特点对传输速率、通信的距离、可连接的网络节点数目和数据传输的可靠性等均有很大的影响。因此，必须根据不同的通信要求，合理地选择传输介质。目前在局域网中常用的传输介质有双绞线、同轴电缆和光导纤维等。

1）双绞线

双绞线（又称双扭线）是最普通的传输介质，它由两根绝缘的金属导线扭在一起而成，通常还把若干对双绞线对（2 对或 4 对）捆成一条电缆并以坚韧的护套包裹着，每对双绞线合并作一根通信线使用，以减小各对导线之间的电磁干扰。

双绞线分为屏蔽双绞线（STP）和非屏蔽双绞线（UTP）。屏蔽双绞线外面环绕一圈金属屏蔽保护膜，可以减少信号传送时所产生的电磁干扰，但是，相对来讲价格较贵。

非屏蔽双绞线没有金属保护膜，对电磁干扰的敏感性较大，电气特性较差。它的最大优点是价格便宜，所以广泛应用于传输模拟信号的电话系统中。但是，此类双绞线的最大缺点是，绝缘性能不好，分布电容参数较大，信号衰减比较厉害，所以，一般来说，传输速率不高，传输距离也很有限。

2）同轴电缆

同轴电缆是网络中最常用的传输介质，共有四层，最内层是中心导体，从里往外，依次分为绝缘层、导体网和保护套。按带宽和用途来划分，同轴电缆可以分为基带同轴电缆和宽带同轴电缆。基带同轴电缆传输的是数字信号，在传输过程中，信号将占用整个信道，数字信号包括由 0 到该基带同轴电缆所能传输的最高频率，因此，在同一时间内，基带同轴电缆仅能传送一种信号。宽带同轴电缆传送的是不同频率的信号，这些信号需要通过调制技术调制到各自不同的正弦载波频率上。传送时应用频分多路复用技术分成多个频道传送，使数据、声音和图像等信号，在同一时间内，在不同的频道中被传送。宽带同轴电缆的性能比基带同轴电缆好，但需要附加信号处理设备，安装比较困难，适用于长途电话网、电缆电视系统及宽带计算机网络。

3）光纤

光导纤维电缆简称光纤电缆或光缆。随着对数据传输速度的要求不断提高，光缆的使用日益普遍。对于计算机网络来说，光缆具有无可比拟的优势。

光缆由纤芯、包层和护套层组成。其中纤芯由玻璃或塑料制成，包层由玻璃制成，护套由塑料制成。

光纤通信具有许多优点，首先是传输速率高，目前实际可达到的传输速率为几十至几千兆比特每秒；其次是抗电磁干扰能力强、重量轻、体积小、韧性好、安全保密性高等。目前，多用于作为计算机网络的主干线。光纤的最大问题是与其他传输介质相比，价格昂贵。另外，光纤衔接和光纤分支均较困难，而且在分支时，信号能量损失很大。

光纤分布式数据接口 FDDI(Fiber Distributed Data Interface)，是由美国 ANSIX3T9.5 委员会于 1982 年制定的网络标准，它是目前唯一具有统一标准的高速局域网，数据传输速率达到 100 Mb/s。目前，FDDI 已是一种成熟的网络技术，世界上很多厂商都提供 FDDI 网络产品。

5. 拓扑结构

局域网按照拓扑结构的分类方式、拓扑图以及各类的优缺点和前面 1.2.2 节中计算机网络按照拓扑结构的划分部分非常类似，本章不再赘述，仅对一种新型的混合型拓扑结构进行介绍。

混合型网络拓扑结构是由星型结构和总线型结构的网络结合在一起的网络结构，这样的拓扑结构更能满足较大网络的拓展，解决星型网络在传输距离上的局限，而同时又解决了总线型网络在连接用户数量的限制。这种网络拓扑结构同时兼顾了星型网与总线型网络的优点，在缺点方面得到了一定的弥补。

这种网络拓扑结构主要用于较大型的局域网中，如果一个单位有几栋楼在地理位置上分布较远(当然是同一小区中)，如果单纯用星型网来组整个公司的局域网，因受到星型网传输介质——双绞线的单段传输距离(100 m)的限制很难成功；如果单纯采用总线型结构来布线则很难满足公司的计算机网络规模的需求。结合这两种拓扑结构，在同一栋楼层采用双绞线的星型结构，不同楼层采用同轴电缆的总线型结构，而在楼与楼之间也必须采用总线型。传输介质当然要视楼与楼之间的距离而定，如果距离较近(500 m 以内)，可以采用粗同轴电缆来做传输介质，如果在 180 m 之内还可以采用细同轴电缆来作传输介质。但是如果超过 500 m，就只有采用光缆或者粗缆加中继器来满足了。

这种布线方式就是常见的综合布线方式。这种拓扑结构主要有以下几个方面的特点：

(1) 应用相当广泛。这主要是因它解决了星型和总线型拓扑结构的不足，满足了大公司组网的实际需求。

(2) 扩展相当灵活。这主要是继承了星型拓扑结构的优点。但由于仍采用广播式的消息传送方式，所以在总线长度和节点数量上也会受到限制，不过在局域网中是不存在太大的问题。

(3) 具有总线型网络结构的网络速率会随着用户的增多而下降的弱点。

(4) 较难维护。这主要受到总线型网络拓扑结构的制约，如果总线中断，则整个网络也就瘫痪了，但是如果是分支网段出了故障，则仍不影响整个网络的正常运作。另外，整个网络非常复杂，维护起来不容易。

（5）速度较快。因为其骨干网采用高速的同轴电缆或光缆，所以整个网络在速度上应不受太多的限制。

6. 局域网标准

IEEE 802 又称为 LMSC（局域网/城域网标准委员会），致力于研究局域网和城域网的物理层和 MAC 层中定义的服务和协议，对应 OSI 网络参考模型的最低两层（即物理层和数据链路层）。

1）系列标准

IEEE 802 系列标准是 IEEE 802 LAN/MAN 标准委员会制定的局域网、城域网技术标准。其中最广泛使用的有以太网、令牌环、无线局域网等。这一系列标准中的每一个子标准都由委员会中的一个专门工作组负责。

2）IEEE 802 现有标准

- IEEE 802.1：局域网体系结构、寻址、网络互联和网络。
- IEEE 802.2：逻辑链路控制子层（LLC）的定义。
- IEEE 802.3：以太网介质访问控制协议（CSMA/CD）及物理层技术规范。
- IEEE 802.4：令牌总线网（Token - Bus）的介质访问控制协议及物理层技术规范。
- IEEE 802.5：令牌环网（Token - Ring）的介质访问控制协议及物理层技术规范。
- IEEE 802.6：城域网介质访问控制协议 DQDB（Distributed Queue Dual Bus，分布式队列双总线）及物理层技术规范。
- IEEE 802.7：宽带技术咨询组，提供有关宽带联网的技术咨询。
- IEEE 802.8：光纤技术咨询组，提供有关光纤联网的技术咨询。
- IEEE 802.9：综合声音数据的局域网（IVD LAN）介质访问控制协议及物理层技术规范。
- IEEE 802.10：网络安全技术咨询组，定义了网络互操作的认证和加密方法。
- IEEE 802.11：无线局域网（WLAN）的介质访问控制协议及物理层技术规范。
- IEEE 802.11a：物理层补充（54 Mb/s，播在 5 GHz）。
- IEEE 802.11b：物理层补充（11 Mb/s，播在 2.4 GHz）。
- IEEE 802.11c：符合 802.1D 的媒体接入控制层桥接（MAC Layer Bridging）。
- IEEE 802.11d：根据各国无线电规定做的调整。
- IEEE 802.11e：对服务等级（Quality of Service，QoS）的支持。
- IEEE 802.11f：基站的互连性（Inter - Access Point Protocol，IAPP），2006 年 2 月被 IEEE 批准撤销。
- IEEE 802.11g：物理层补充（54 Mb/s，播在 2.4 GHz）。
- IEEE 802.11h：无线覆盖半径的调整，室内（Indoor）和室外（Outdoor）信道（5 GHz频段）。
- IEEE 802.11n：更高传输速率的改善，基础速率提升到 72.2 Mb/s，可以使用双倍带宽 40 MHz，此时速率提升到 150 Mb/s。支持多输入多输出技术（Multi - Input Multi -

Output，MIMO）。

• IEEE 802.11ac：802.11n 的潜在继承者，更高传输速率的改善，当使用多基站时将无线速率提高到至少 1 Gb/s，将单信道速率提高到至少 500 Mb/s。使用更高的无线带宽（80～160 MHz）（802.11n 只有 40 MHz），更多的 MIMO 流（最多 8 条流），更好的调制方式（QAM256）。Quantenna 公司在 2011 年 11 月 15 日推出了世界上第一个采用 802.11ac 的无线路由器。Broadcom 公司于 2012 年 1 月 5 日也发布了它的第一个支持 802.11ac 的芯片。

• IEEE 802.14：采用线缆调制解调器（Cable Modem）的交互式电视介质访问控制协议及网络层技术规范。

• IEEE 802.15：采用蓝牙技术的无线个人网（Wireless Personal Area Networks，WPAN）技术规范。

• IEEE 802.16：宽带无线连接工作组，开发 2～66 GHz 的无线接入系统空中接口。

• IEEE 802.18：宽带无线局域网技术咨询组（Radio Regulatory）。

• IEEE 802.19：多重虚拟局域网共存（Coexistence）技术咨询组。

• IEEE 802.20：移动宽带无线接入（Mobile Broadband Wireless Access，MBWA）工作组，制定宽带无线接入网的解决方案。

• IEEE 802.21：媒介无关切换（Media Independent Handover）。

5.1.2　介质访问控制方法

介质访问控制（Medium Access Control，MAC）是解决当局域网中共用信道的使用产生竞争时，如何分配信道的使用权问题。它定义了数据帧怎样在介质上进行传输。在共享同一个带宽的链路中，对连接介质的访问是"先来先服务"的。物理寻址在此处被定义，逻辑拓扑（信号通过物理拓扑的路径）也在此处被定义。线路控制、出错通知（不纠正）、帧的传递顺序和可选择的流量控制也在这一子层实现。

MAC 协议位于 OSI 七层协议中的数据链路层，数据链路层分为上层 LLC（逻辑链路控制）和下层的 MAC，MAC 主要负责控制与连接物理层的物理介质。在发送数据的时候，MAC 协议可以事先判断是否可以发送数据，如果可以发送将给数据加上一些控制信息，最终将数据以及控制信息以规定的格式发送到物理层；在接收数据的时候，MAC 协议首先判断输入的信息是否发生传输错误，如果没有错误，则去掉控制信息发送至 LLC 层。

局域网中目前广泛采用的两种介质访问控制方法如下：

（1）争用型介质访问控制，又称随机型的介质访问控制协议，如 CSMA/CD 方式。

（2）确定型介质访问控制，又称有序的访问控制协议，如 Token（令牌）方式。

1. CSMA/CD 方法

在传统的共享以太网中，所有的节点共享传输介质。如何保证传输介质有序、高效地为许多节点提供传输服务，就是以太网的介质访问控制协议要解决的问题。

1）基础知识

CSMA/CD 是一种争用型的介质访问控制协议。它起源于美国夏威夷大学开发的 ALOHA 网所采用的争用型协议，并进行了改进，使之具有比 ALOHA 协议更高的介质利用率。主要应用于现场总线 Ethernet 中。另一个改进是，对于每一个站而言，一旦它检测到有冲突，就放弃当前的传送任务。换句话说，如果两个站都检测到信道是空闲的，并且同时开始传送数据，则它们几乎立刻就会检测到有冲突发生。它们不应该再继续传送它们的帧，因为这样只会产生垃圾而已；相反，一旦检测到冲突之后，它们应该立即停止传送数据。快速地终止被损坏的帧可以节省时间和带宽。

CSMA/CD 控制方式的优点是原理比较简单，技术上易实现，网络中各工作站处于平等地位，不需要集中控制，不提供优先级控制。但在网络负载增大时，发送时间增长，发送效率急剧下降。

CSMA/CD 应用在 OSI 的第二层数据链路层，它的工作原理是：发送数据前先侦听信道是否空闲，若空闲，则立即发送数据。若信道忙碌，则等待一段时间至信道中的信息传输结束后再发送数据。若在上一段信息发送结束后，同时有两个或两个以上的节点都提出发送请求，则判定为冲突。若侦听到冲突，则立即停止发送数据，等待一段随机时间，再重新尝试。其原理简单总结为：先听后发，边发边听，冲突停发，随机延迟后重发。

CSMA/CD 采用 IEEE 802.3 标准。

CSMA/CD 的主要目的是：提供寻址和媒体存取的控制方式，使得不同设备或网络上的节点可以在多点的网络上通信而不相互冲突。

有人将 CSMA/CD 的工作过程形象地比喻成很多人在一间黑屋子中举行讨论会，参加会议的人都只能听到其他人的声音。每个人在说话前必须先倾听，只有等会场安静下来后，他才能够发言。人们将发言前监听以确定是否已有人在发言的动作称为"载波监听"；将在会场安静的情况下每人都有平等机会讲话称为"多路访问"；如果有两人或两人以上同时说话，大家就无法听清其中任何一人的发言，这种情况称为发生"冲突"。发言人在发言过程中要及时发现是否发生冲突，这个动作称为"冲突检测"。如果发言人发现冲突已经发生，这时他需要停止讲话，然后随机后退延迟，再次重复上述过程，直至讲话成功。如果失败次数太多，他也许就有放弃这次发言的想法。通常尝试 16 次后放弃。

2）控制工作过程

控制过程的核心问题：解决在公共通道上以广播方式传送数据中可能出现的问题（主要是数据碰撞问题）。

控制过程包含四个处理内容：监听、发送、检测、冲突处理。

（1）监听：通过专门的检测机构，在站点准备发送前先侦听一下总线上是否有数据正在传送（线路是否忙）。若"忙"则进入"退避"处理程序，进而进一步反复进行侦听工作。若"闲"则根据一定算法原则（"X 坚持"算法）决定如何发送。

（2）发送：当确定要发送时，通过发送机构，向总线发送数据。

（3）检测：数据发送时，也可能发生数据碰撞，因而要对数据边发送，边检测，以判断是否冲突。

（4）冲突处理：当确认发生冲突时，进入冲突处理程序。有两种冲突情况：① 侦听中发现线路忙；② 发送过程中发现数据碰撞。

2. 令牌环访问控制方法

令牌环网的网络拓扑结构为环形基带传输，环形网的主要特点是只有一条环路，信息单向沿环流动，无路径选择问题。令牌法是一种分布式控制的访问方法，它既可以用于环形结构的网络，也可以用于总线型结构的网络。令牌环网示意图如图 5-1 所示。

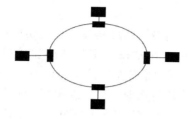

图 5-1　令牌环网

1）工作原理

令牌沿着环形网依次从一个节点向另一个节点传递，依次给每个节点在接收到这个令牌时发送数据的机会，只有获得令牌的节点才有权发送信包。令牌有"空闲"、"忙"两种状态。"空闲"表示没有发送信息，发送数据的节点可以捕获；"忙"表明已有发送的数据，别的节点不可捕获。"空闲"和"忙"两种状态是由令牌标志信息的编码实现的。

网上站点要求发送帧，必须等待空令牌。

当获取空令牌，则将它改为忙令牌，后随数据帧发送；环内其他站点不能发送数据。

环上站点接收、移位数据，并进行检测。如果与本站地址相同，则同时接收数据，接收完成后，设置相应标记。

该帧在环上循环一周后，回到发送站，发送站检测相应标记后，将此帧移去，释放令牌。

IEEE 802.5 标准定义了令牌环介质访问控制协议。环中各个站点是平等的，站点获得信道的时间有上限，令牌环可以避免冲突发生。

2）令牌环的特点

令牌环有以下特点：

（1）在轻负荷时，效率较低；

（2）在重负荷时，令牌以"循环"方式工作，效率较高；

（3）具有广播特性；

（4）需要对令牌进行维护。

3．令牌总线访问控制方法

1）工作原理

令牌总线是一种在总线拓扑结构中利用"令牌"作为控制节点访问公共传输介质的确定型介质访问控制方法。在采用令牌总线方法的局域网中，任何一个节点只有在取得令牌后才能使用共享总线去发送数据。令牌总线网的示意图如图 5-2 所示。

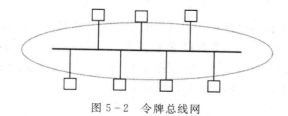

图 5-2　令牌总线网

与 CSMA/CD 方法相比，令牌总线方法比较复杂，需要完成大量的环维护工作，包括环初始化、新节点加入环、节点从环中撤出、环恢复和优先级服务。

2）优缺点

令牌总线主要用于总线型或树型网络结构中。它的访问控制方式类似于令牌环，但它是把总线型或树型网络中的各个工作站按一定顺序如按接口地址大小排列形成一个逻辑环。只有令牌持有者才能控制总线，才有发送信息的权力。信息是双向传送，每个站都可检测到其他站点发出的信息。在令牌传递时，都要加上目的地址，所以只有检测到并得到令牌的工作站才能发送信息，它不同于 CSMA/CD 方式，可在总线型和树型结构中避免冲突。这种控制方式的优点是各工作站对介质的共享权力是均等的，可以设置优先级，也可以不设；有较好的吞吐能力，吞吐量随数据传输速率增高而加大，联网距离较 CSMA/CD 方式大。缺点是控制电路较复杂、成本高，轻负载时，线路传输效率低。

5.1.3 以太网技术

1. 以太网定义

以太网指的是由 Xerox 公司创建并由 Xerox、Intel 和 DEC 公司联合开发的基带局域网规范，是当今现有局域网采用的最通用的通信协议标准。以太网络使用 CSMA/CD 技术，并以 10 Mb/s 的速率运行在多种类型的电缆上。以太网与 IEEE 802.3 系列标准相类似。

以太网包括标准的以太网（10 Mb/s）、快速以太网（100 Mb/s）和千兆（1000 Mb/s）以太网，它们都符合 IEEE 802.3。

2. 以太网工作原理

以太网采用带冲突检测的载波监听多路访问机制。以太网中节点都可以看到在网络中发送的所有信息，因此，以太网是一种广播网络。

当以太网中的一台主机要传输数据时，它将按如下步骤进行：

（1）监听信道上是否有信号在传输。如果有的话，表明信道处于忙状态，就继续监听，直到信道空闲为止。

（2）若没有监听到任何信号，就传输数据。

（3）传输的时候继续监听，如发现冲突则执行退避算法，随机等待一段时间后，重新执行第（1）步（当冲突发生时，数据的发送将被中断，数据也会被删除）。

注意：每台计算机一次只允许发送一个包，一个拥塞序列，以警告所有的节点。

（4）若未发现冲突则发送成功，所有计算机在试图再一次发送数据之前，必须在最近一次发送后等待 9.6 μs（以 10 Mb/s 运行）。

3. 以太网标准

IEEE 802.3 规定了包括物理层的连线、电信号和介质访问层协议的内容。以太网是当前应用最普遍的局域网技术，它很大程度上取代了其他局域网标准，如令牌环、FDDI 和 ARCNET。历经 100M 以太网在上世纪末的飞速发展后，千兆以太网甚至 10G 以太网正在国际组织和领导企业的推动下不断拓展应用范围。

常见的 802.3 应用有：

- 10M：10Base－T（铜线 UTP 模式）
- 100M：100Base－TX（铜线 UTP 模式）
- 100Base－FX(光纤线)
- 1000M：1000Base－T(铜线 UTP 模式)

4. 分类和发展

1）标准以太网

开始以太网只有 10 Mb/s 的吞吐量，使用的是带冲突检测的载波监听多路访问的控制方法。这种早期的 10 Mb/s 以太网称为标准以太网，以太网可以使用粗同轴电缆、细同轴电缆、非屏蔽双绞线、屏蔽双绞线和光纤等多种传输介质进行连接。在 IEEE 802.3 标准中，为不同的传输介质制定了不同的物理层标准，在这些标准中前面的数字表示传输速度，单位是"Mb/s"，最后的一个数字表示单段网线长度(基准单位是 100 m)，Base 表示"基带"的意思。

10Base－5 使用直径为 0.4 in(1.016 cm)、阻抗为 50 Ω 粗同轴电缆，也称粗缆以太网，最大网段长度为 500 m。基带传输方法，拓扑结构为总线型。10Base－5 组网主要硬件设备有：粗同轴电缆、带有 AUI 插口的以太网卡、中继器、收发器、收发器电缆、终结器等。

10Base－2 使用直径为 0.2 in(0.5080 cm)、阻抗为 50 Ω 细同轴电缆，也称细缆以太网，最大网段长度为 185 m。基带传输方法，拓扑结构为总线型。10Base－2 组网主要硬件设备有：细同轴电缆、带有 BNC 插口的以太网卡、中继器、T 型连接器、终结器等。

10Base－T 使用双绞线电缆，最大网段长度为 100 m。拓扑结构为星型。10Base－T 组网主要硬件设备有：三类或五类非屏蔽双绞线、带有 RJ－45 插口的以太网卡、集线器、交换机、RJ－45 插头等。

10Base－F 使用光纤传输介质，传输速率为 10 Mb/s。

2）快速以太网

随着网络的发展，传统标准的以太网技术已难以满足日益增长的网络数据流量速度需求。在 1993 年 10 月以前，对于要求 10 Mb/s 以上数据流量的 LAN 应用，只有光纤分布式数据接口(FDDI)可供选择，但它是一种价格非常昂贵的、基于 100 Mb/s 光缆的 LAN。1993 年 10 月，Grand Junction 公司推出了世界上第一台快速以太网集线器 Fastch10/100 和网络接口卡 FastNIC100，快速以太网技术正式得以应用。随后 Intel、SynOptics、3COM、BayNetworks 等公司亦相继推出自己的快速以太网装置。与此同时，IEEE 802 工程组亦对 100 Mb/s 以太网的各种标准，如 100Base－TX、100Base－T4、MⅡ、中继器、全双工等标准进行了研究。1995 年 3 月 IEEE 宣布了 IEEE 802.3u 100Base－T 快速以太网(Fast Ethernet)标准，就这样开始了快速以太网的时代。100 Mb/s 快速以太网标准又分为：100Base－TX 、100Base－FX、100Base－T4 三个子类。

100Base－TX 是一种使用五类数据级无屏蔽双绞线或屏蔽双绞线的快速以太网技术。它使用两对双绞线，一对用于发送，一对用于接收数据。在传输中使用 4B/5B 编码方式，信号频率为 125 MHz。符合 EIA586 的 5 类布线标准和 IBM 的 SPT 1 类布线标准。使用与 10Base－T 相同的 RJ－45 连接器。它的最大网段长度为 100 m。它支持全双工的数据传输。

100Base－FX 是一种使用光缆的快速以太网技术，可使用单模和多模光纤(62.5 μm 和

125 μm）。多模光纤连接的最大距离为 550 m。单模光纤连接的最大距离为 3000 m。在传输中使用 4B/5B 编码方式，信号频率为 125 MHz。它使用 MIC/FDDI 连接器、ST 连接器或 SC 连接器。它的最大网段长度为 150 m、412 m、2000 m 或更长至 10 km，这与所使用的光纤类型和工作模式有关，它支持全双工的数据传输。100Base – FX 特别适合于有电气干扰的环境、较大距离连接或高保密环境等情况下的应用。

100Base – T4 是一种可使用三、四、五类无屏蔽双绞线或屏蔽双绞线的快速以太网技术。100Base – T4 使用 4 对双绞线，其中的三对用于在 33 MHz 的频率上传输数据，每一对均工作于半双工模式。第四对用于 CSMA/CD 冲突检测。在传输中使用 8B/6T 编码方式，信号频率为 25 MHz，符合 EIA586 结构化布线标准。它使用与 10Base – T 相同的 RJ – 45 连接器，最大网段长度为 100 m。

3）千兆以太网

千兆以太网技术作为最新的高速以太网技术，给用户带来了提高核心网络的有效解决方案，这种解决方案的最大优点是继承了传统以太技术价格便宜的优点。千兆技术仍然是以太技术，它采用了与 10M 以太网相同的帧格式、帧结构、网络协议、全/半双工工作方式、流控模式以及布线系统。由于该技术不改变传统以太网的桌面应用、操作系统，因此可与 10M 或 100M 的以太网很好地配合工作。升级到千兆以太网不必改变网络应用程序、网管部件和网络操作系统，能够最大限度地保护投资。此外，IEEE 标准将支持最大距离为 550 m 的多模光纤、最大距离为 70 km 的单模光纤和最大距离为 100 m 的同轴电缆。千兆以太网弥补了 802.3 以太网/快速以太网标准的不足。

传输介质距离：

- 1000Base – CX Copper STP 为 25 m
- 1000Base – T Copper Cat 5 UTP 为 100 m
- 1000Base – SX Multi – Mode Fiber 为 500 m
- 1000Base – LX Single – Mode Fiber 为 3000 m

千兆以太网技术有两个标准：IEEE 802.3z 和 IEEE 802.3ab。IEEE 802.3z 制定了光纤和短程铜线连接方案的标准。IEEE 802.3ab 制定了五类双绞线上较长距离连接方案的标准。

5.2 广 域 网

广域网也称远程网（Long Haul Network）。通常跨接很大的物理范围，所覆盖的范围从几十千米到几千千米，它能连接多个城市或国家，或横跨几个洲并能提供远距离通信，形成国际性的远程网络。

广域网覆盖的范围比局域网和城域网都广。广域网的通信子网主要使用分组交换技术。广域网的通信子网可以利用公用分组交换网、卫星通信网和无线分组交换网，它将分布在不同地区的局域网或计算机系统互联起来，达到资源共享的目的，如因特网是世界范围内最大的广域网。

广域网是由许多交换机组成的，交换机之间采用点到点线路连接，几乎所有的点到点通信方式都可以用来建立广域网，包括租用线路、光纤、微波、卫星信道。而广域网交换机实际上就是一台计算机，有处理器和输入/输出设备进行数据包的收发处理。

5.2.1　广域网特点

通常广域网的数据传输速率比局域网高，而信号的传播延迟却比局域网要大得多。广域网的典型速率是从 56 kb/s 到 155 Mb/s，已有 622 Mb/s、2.4 Gb/s 甚至更高速率的广域网；传播延迟可从几毫秒到几百毫秒(使用卫星信道时)。广域网要求满足下列需求：

(1) 适应大容量与突发性通信的要求；

(2) 适应综合业务服务的要求；

(3) 开放的设备接口与规范化的协议；

(4) 完善的通信服务与网络管理。

广域网可以提供面向连接和无连接两种服务模式。广域网有两种组网方式：虚电路(Virtual Circuit)方式和数据报(Data Gram)方式。

广域网不同于局域网，它的范围更广，超越一个城市、一个国家甚至达到全球互联，因此具有与局域网不同的特点：

(1) 覆盖范围广，通信距离远，可达数千千米以及全球。

(2) 不同于局域网的一些固定结构，广域网没有固定的拓扑结构，通常使用高速光纤作为传输介质。

(3) 主要提供面向通信的服务，支持用户使用计算机进行远距离的信息交换。

(4) 局域网通常作为广域网的终端用户与广域网相连。

(5) 广域网的管理和维护相对局域网较为困难。

(6) 广域网一般由电信部门或公司负责组建、管理和维护，并向全社会提供面向通信的有偿服务、流量统计和计费问题。

5.2.2　广域网类型

广域网根据网络使用类型的不同可以分为公共传输网络、专用传输网络和无线传输网络。

1) 公共传输网络

公共传输网络一般是由政府电信部门组建、管理和控制，网络内的传输和交换装置可以提供(或租用)给任何部门和单位使用。

公共传输网络大体可以分为以下两类：

• 电路交换网络，主要包括公共交换电话网(PSTN)和综合业务数字网(ISDN)。

• 分组交换网络，主要包括 X.25 分组交换网、帧中继和交换式多兆位数据服务(SMDS)。

2) 专用传输网络

专用传输网络是由一个组织或团体自己建立、使用、控制和维护的私有通信网络。一个专用网络起码要拥有自己的通信和交换设备，它可以建立自己的线路服务，也可以向公用网络或其他专用网络进行租用。

专用传输网络主要是数字数据网(DDN)。DDN 可以在两个端点之间建立一条永久的、专用的数字通道。它的特点是在租用该专用线路期间，用户独占该线路的带宽。

3）无线传输网络

无线传输网络主要是移动无线网，典型的有 2G 时代的 GSM 和 GPRS 技术，从 GSM 向 3G 过渡的 EDGE 技术，3G 的 WCDMA 技术和 4G 的 LTE。目前，移动通信网络已经开始向 5G 技术迈进。

5.2.3　广域网实例

本节简单介绍几种常用的广域网，包括公用电话交换网（Public Switched Telephone Network，PSTN）、分组交换网（X.25）、数字数据网（DDN）、帧中继（Frame Relay，FR）和异步传输模式（Asynchronous Transfer Mode，ATM）。

1. PSTN

公用电话交换网是以电路交换技术为基础的用于传输模拟话音的网络。全世界的电话数目早已达几亿部，并且还在不断增长。

要将如此之多的电话连在一起并能很好地工作，唯一可行的办法就是采用分级交换方式。

电话网概括起来主要由三个部分组成：本地回路、干线和交换机。其中干线和交换机一般采用数字传输和交换技术，而本地回路（也称用户环路）基本上采用模拟线路。由于 PSTN 的本地回路是模拟的，因此当两台计算机想通过 PSTN 传输数据时，中间必须经双方 Modem 实现计算机数字信号与模拟信号的相互转换。

PSTN 是一种电路交换的网络，可看做是物理层的一个延伸，在 PSTN 内部并没有上层协议进行差错控制。在通信双方建立连接后电路交换方式独占一条信道，当通信双方无信息时，该信道也不能被其他用户所利用。

用户可以使用普通拨号电话线或租用一条电话专线进行数据传输，使用 PSTN 实现计算机之间的数据通信是最廉价的，但由于 PSTN 线路的传输质量较差，而且带宽有限，再加上 PSTN 交换机没有存储功能，因此 PSTN 只能用于对通信质量要求不高的场合。目前通过 PSTN 进行数据通信的最高速率不超过 56 kb/s。

PSTN 作为提供话音通信的优质网络已经为用户服务了几十年，但是随着 TDM 交换机使用年限的不断升高，对网络稳定性构成了一定的威胁，而且基于电路交换的长途网的容量不足以支持日益增长的长途通信流量，基于流媒体的下一代业务也很难开展，如视频、多媒体业务。因此，PTSN 网络向下一代网络（NGN）的演进一直在进行中。

PSTN 未来网络的发展方向是用 IP 网来承载多媒体业务，软交换设备是电路交换网向分组网演进的核心设备，也是下一代电信网络的重要设备之一。它独立于底层承载协议，主要完成呼叫控制、媒体网关接入控制、资源分配、协议处理、路由、认证、计费等主要功能。并可以向用户提供现有电路交换机所能提供的所有业务和多样化的第三方业务。在 PSTN 逐步向 NGN 过渡的过程中，出现了 IMS 这个新概念。软交换在现网已经有了大规模应用，而 IMS 作为未来固定和移动融合（FMC）的全业务目标网络在业界也已经得到明确，软交换向 IMS 演进是必然的趋势。但是受到 IMS 技术本身的发展和运营商现有网络条件限制，应该选择合适的演进策略。

2. X.25

X.25 是在 20 世纪 70 年代由国际电报电话咨询委员会 CCITT 制定的"在公用数据网上以分组方式工作的数据终端设备 DTE 和数据电路设备 DCE 之间的接口"。X.25 于 1976年 3 月正式成为国际标准，1980 年和 1984 年又经过补充修订。从 ISO/OSI 体系结构观点看，X.25 对应于 OSI 参考模型的下三层，分别为物理层、数据链路层和网络层。

X.25 是面向连接的，它支持交换虚电路（Switched Virtual Circuit，SVC）和永久虚电路（Permanent Virtual Circuit，PVC）。交换虚电路是在发送方向网络发送请求建立连接报文要求与远程机器通信时建立的。一旦虚电路建立起来，就可以在建立的连接上发送数据，而且可以保证数据正确到达接收方。X.25 同时提供流量控制机制，以防止快速的发送方淹没慢速的接收方。永久虚电路的用法与 SVC 相同，但它是由用户和长途电信公司经过商讨预先建立的，因而它时刻存在，用户不需要建立链路而可直接使用它。PVC 类似于租用的专用线路。

X.25 网络的突出优点是可以在一条物理电路上同时开放多条虚电路供多个用户同时使用；网络具有动态路由功能和复杂完备的误码纠错功能。X.25 分组交换网可以满足不同速率和不同型号的终端与计算机、计算机与计算机间以及局域网 LAN 之间的数据通信。X.25 网络提供的数据传输率一般为 64 kb/s。

3. DDN

数字数据网是一种利用数字信道提供数据通信的传输网，它主要提供点到点及点到多点的数字专线或专网。

DDN 由数字通道、DDN 节点、网管系统和用户环路组成。DDN 的传输介质主要有光纤、数字微波、卫星信道等。DDN 采用了计算机管理的数字交叉连接（Data Cross Connection）技术，为用户提供半永久性连接电路，即 DDN 提供的信道是非交换、用户独占的永久虚电路。一旦用户提出申请，网络管理员便可以通过软件命令改变用户专线的路由或专网结构，而无须经过物理线路的改造扩建工程，因此 DDN 极易根据用户的需要，在约定的时间内接通所需带宽的线路。

4. 帧中继

帧中继技术是由 X.25 分组交换技术演变而来的。FR 的引入是由于过去 20 年来通信技术的改变。20 年前人们使用慢速、模拟和不可靠的电话线路进行通信，当时计算机的处理速度很慢且价格比较昂贵。结果是在网络内部使用很复杂的协议来处理传输差错，以避免用户计算机来处理差错恢复工作。

帧中继技术只提供最简单的通信处理功能，如帧开始和帧结束的确定以及帧传输差错检查。当帧中继交换机接收到一个损坏帧时只是将其丢弃，帧中继技术不提供确认和流量控制机制。

帧中继网和 X.25 网都采用虚电路复用技术，以便充分利用网络带宽资源，降低用户通信费用。但是，由于帧中继网对差错帧不进行纠正，简化了协议，因此，帧中继交换机处理数据帧所需的时间大大缩短，端到端用户信息传输时延低于 X.25 网，而帧中继网的吞吐率也高于 X.25 网。帧中继网还提供一套完备的带宽管理和拥塞控制机制，在带宽动态分配上比 X.25 网更具优势。帧中继网可以提供从 2 Mb/s 到 45 Mb/s 速率范围的虚拟专线。

5. ATM

ATM 是实现 B－ISDN(宽带综合业务数字网)业务的核心技术之一。ATM 是以信元为基础的一种分组交换和复用技术。

ATM 是一种为了多种业务设计的通用的面向连接的传输模式。它适用于局域网和广域网,具有高速数据传输率并支持许多种类型如声音、数据、传真、实时视频、CD 质量音频和图像的通信。

ATM 采用面向连接的传输方式,将数据分割成固定长度的信元,通过虚连接进行交换。ATM 集交换、复用、传输为一体,在复用上采用的是异步时分复用方式,通过信息的首部或标头来区分不同信道。

ATM 的特征:基于信元的分组交换技术;快速交换技术;面向连接的信元交换;预约带宽。

ATM 的优点:吸取电路交换实时性好,分组交换灵活性强;采取定长分组(信元)作为传输和交换的单位;具有较高的服务质量;目前最高的速度为 10 Gb/s,即将达到 40 Gb/s。

ATM 的缺点:信元首部开销太大;技术复杂且价格昂贵。

5.3　互　联　网

5.3.1　发展历程

1968 年,参议员 Ted Kennedy(特德·肯尼迪)听说 BBN 赢得了 ARPA 协定作为内部消息处理器(IMP),特德·肯尼迪向 BBN 发送贺电称赞他们在赢得"内部消息处理器"协议中表现出的精神。

1978 年,UUCP(UNIX 和 UNIX 拷贝协议)在贝尔实验室被提出来,1979 年,在 UUCP 的基础上新闻组网络系统发展起来。新闻组(集中某一主题的讨论组)紧跟着发展起来,它为在全世界范围内交换信息提供了一个新的方法。然而,新闻组并不被认为是互联网的一部分,因为它并不共享 TCP/IP 协议,它连接着遍布世界的 UNIX 系统,并且很多互联网站点都充分地利用新闻组。新闻组是网络世界发展中的非常重要的一部分。

1989 年,在普及互联网应用的历史上又一个重大的事件发生了。Tim Berners 和其他在欧洲粒子物理实验室的人——这些人在欧洲粒子物理研究所非常出名,提出了一个分类互联网信息的协议。这个协议,1991 年后称为 WWW(World Wide Web),基于超文本协议——在一段文字中嵌入另一段文字的链接的系统,当你阅读这些页面的时候,可以随时用它们选择一段文字链接。虽然它出现在 Gopher 之前,但发展十分缓慢。

1991 年,第一个连接互联网的友好接口在 Minnesota 大学被开发出来。当时学校只是想开发一个简单的菜单系统以通过局域网访问学校校园网上的文件和信息。紧跟着大型主机的支持者和客户－服务器体系结构的拥护者们的争论开始了。开始时大型主机系统的追随者占据了上风,但自从客户－服务器体系结构的倡导者宣称他们可以很快建立起一个原型系统之后,他们不得不承认失败。客户－服务器体系结构的倡导者们很快做了一个先进的示范系统,这个示范系统叫做 Gopher。这个 Gopher 被证明是非常好用的,之后的几年里全世界范围内出现 10 000 多个 Gopher。它的使用不需要 UNIX 和计算机体系结构的知识。在一个 Gopher 里，你只需要敲入一个数字选择想要的菜单选项即可。

5.3.2　互联网的组成

互联网主要是由通信线路、路由器、主机与信息资源等部分组成的。

1）通信线路

通信线路是互联网的基础设施，它负责将互联网中的路由器和主机连接起来。互联网中通信线路可以分为同轴电缆、双绞线和光纤。

通信线路最大传输速率与其带宽成正比，即通信线路的带宽越宽，它的传输速率也就越高。

2）路由器

路由器是互联网中最重要的设备之一，它负责将互联网中的各个局域网或广域网连接起来。

当数据从一个网络传输到路由器时，它需要根据数据所要到达的目的地，通过路径选择算法为数据选择一条最佳的传输路径。如果路由器选择的输出路径比较拥挤的话，路由器负责管理数据传输的等待列队。当数据从源主机发出后，往往需要经过多个路由器的转发，经过多个网络才能达到目的主机。

3）主机

主机是互联网中不可或缺的成员，它是信息资源与服务的载体。互联网中的主机可以是大型计算机，也可以是普通的微机或便携计算机。

按照在互联网中的用途，主机可分为服务器与客户机两类。服务器是信息资源与服务的提供者，它一般是性能较高、存储容量较大的计算机。服务器根据它所提供的服务功能不同，又可分为文件服务器、数据库服务器、WWW 服务器、FTP 服务器、E-mail 服务器和域名服务器等。客户机是信息资源与服务的使用者，它可以是普通的微机或便携机。服务器使用专用的服务器软件向用户提供信息资源与服务，而用户使用各种互联网客户机软件来访问信息资源或服务。

4）信息资源

信息资源是用户最关心的问题，信息是网络的灵魂，没有信息网络就没有任何价值。护理组的发展方向是如何更好地组织信息资源，并快捷地获得信息。WWW 服务的出现使信息资源的组织方式更加合理，而搜索引擎的出现使信息检索更加快捷。

5.3.3　互联网的运行原理

计算机网络是由许多计算机组成的，要实现网络的计算机之间进行数据传输，有两个必要条件：标准稳定的数据传输目的地址、数据迅速可靠传输的措施保证，这是因为数据在传输过程中很容易丢失或传错，Internet 使用一种专门的计算机语言（协议），以保证数据安全、可靠地到达指定的目的地，这种语言分为 TCP（传输控制协议）和 IP（Internet Protocol，网间协议）。

TCP/IP 协议所采用的通信方式是分组交换方式。所谓分组交换，简单说就是数据在传输时分成若干段，每个数据段称为一个数据包。TCP/IP 协议的基本传输单位是数据包。

TCP/IP 协议主要包括两个主要的协议,即 TCP 协议和 IP 协议,这两个协议可以联合使用,也可以与其他协议联合使用,它们在数据传输过程中主要完成以下功能:

(1) 首先由 TCP 协议把数据分成若干数据包,给每个数据包写上序号,以便接收端把数据还原成原来的格式。

(2) IP 协议给每个数据包写上发送主机和接收主机的地址,一旦写上源地址和目的地址,数据包就可以在物理网上传送数据了。IP 协议还具有利用路由算法进行路由选择的功能。

(3) 这些数据包可以通过不同的传输途径(路由)进行传输,由于路径不同,加上其他的原因,可能出现顺序颠倒、数据丢失、数据失真甚至重复的现象。这些问题都由 TCP 协议来处理,它具有检查和处理错误的功能,必要时还可以请求发送端重发。简言之,IP 协议负责数据的传输,而 TCP 协议负责数据的可靠传输。

5.3.4 互联网接入技术

1. 拨号接入

1) 拨号接入的概念

电话拨号接入即 Modem 拨号接入,是指将已有的电话线路,通过安装在计算机上的 Modem(调制解调器,俗称"猫"),拨号连接到互联网服务提供商(ISP)从而享受互联网服务的一种上网接入方式。

2) 拨号接入的特点

(1) 安装和配置简单,一次性投入较低;

(2) 上网传输速率较低,质量较差,但上网费用较高;

(3) 上网时,电话线路被占用,电话线不能拨打或接听。

随着技术的发展,这种技术目前已经基本淘汰,几乎没有用户使用这种技术来连接互联网了。

2. 专线接入

1) 专线接入的概念

ADSL 专线接入是指通过采用一种类似于专线的接入方式,用户连接和配置好 ADSL Modem 后,在自己的 PC 的网络设置里设置好相应的 TCP/IP 协议及网络参数(IP 和掩码、网关等都由局端事先分配好)的链接。

2) 专线接入的特点

(1) 专线专用,24 小时在线:实现双向数据同步传输,上网速度快、质量稳定、丢包率低、更具安全性。

(2) 本地自维护网站:在网站上发布更多的信息,为 E - Business 提供更好的先决条件。

(3) 运营费用可控:上网费用采用包月制,可最大限度地降低网络运营成本。

3) 专线业务使用范围

专线业务主要应用于用户的局域网互联或快速浏览互联网。

用户可以根据需要选择 64 kb/s～2 Mb/s 不等的速率。通过互联专线实现数据、语音、图像等业务的安全传输，实现各公司、部门间的资源交换和共享；通过拥有固定、独享的 IP 地址，需要建立自己的 Mail – Server、Web – Server 等服务器，并可通过 Internet 组建公司内部的 VNP 业务。

3. 无线接入

1）无线接入的概念

无线接入是指从交换节点到用户终端之间，部分或全部采用了无线手段。典型的无线接入系统主要由控制器、操作维护中心、基站、固定终端设备和移动终端等几个部分组成。

2）无线接入系统的组成部分

（1）控制器：通过其提供的与交换机、基站和操作维护中心的接口与这些功能实体相连接。其主要功能是处理用户的呼叫（包括呼叫建立、拆线等）、对基站进行管理，通过基站进行无线信道控制、基站监测和对固定用户单元及移动终端进行监视和管理。

（2）操作维护中心：负责整个无线接入系统的操作和维护。其主要功能是对整个系统进行配置管理，对各个网络单元的软件及各种配置数据进行操作；在系统运转过程中对系统的各个部分进行监测和数据采集；对系统运行中出现的故障进行记录并告警。除此之外，还可以对系统的性能进行测试。

（3）基站：通过无线收发信机提供与固定终接设备和移动终端之间的无线信道，并通过无线信道完成话音呼叫和数据的传递。控制器通过基站对无线信道进行管理。基站与固定终接设备和移动终端之间的无线接口可以使用不同技术，并决定整个系统的特点，包括所使用的无线频率及一定的适用范围。

（4）固定终接设备：为用户提供电话、传真、数据调制解调器等用户终端的标准接口——Z 接口。它与基站通过无线接口相接，并向终端用户透明地传送交换机所能提供的业务和功能。固定终接设备可以采用定向天线或无方向性天线，采用定向天线直接指向基站方向可以提高无线接口中信号的传输质量、增加基站的覆盖范围。根据所能连接的用户终端数量的多少，固定终接设备可分为单用户单元和多用户单元。单用户单元只能连接一个用户终端，适用于用户密度低、用户之间距离较远的情况；多用户单元则可以支持多个用户终端，一般较常见的有支持 4 个、8 个、16 个和 32 个用户的多用户单元，多用户单元在用户之间距离很近的情况下（比如一个楼上的用户）比较经济。

（5）移动终端：移动终端从功能上可以看做是将固定终接设备和用户终端合并构成的一个物理实体。由于它具备一定的移动性，因此支持移动终端的无线接入系统除了应具备固定无线接入系统所具有的功能外，还要具备一定的移动性管理等蜂窝移动通信系统所具有的功能。

5.4　无 线 网 络

无线网络（Wireless Network）是采用无线通信技术实现的网络。无线网络既包括允许用户建立远距离无线连接的全球语音和数据网络，也包括为近距离无线连接进行优化的红外线技术及射频技术，与有线网络的用途十分类似，最大的不同在于传输媒介的不同。利用无线电技术取代网线，可以和有线网络互为备份。

5.4.1 无线网络概述

主流应用的无线网络分为通过公众移动通信网实现的无线网络(如 4G、3G 或 GPRS)和无线局域网(WiFi)两种方式。2G 时代，使用 GPRS 手机上网方式，开启了借助移动电话网络接入 Internet 的无线上网方式，只要用户所在城市开通了 GPRS 上网业务，用户在任何一个角落都可以通过手机或笔记本电脑来上网。当前，无线接入网络已经进入 LTE(4G)时代，上网速率最高上行可达到 100 Mb/s。截至 2017 年年底，我国三大运营商移动电话用户总数 14.03 亿户，移动宽带用户(即 3G 和 4G 用户)总数 11.01 亿户，占移动电话用户的 78.5%。固定互联网宽带接入用户总数达 3.42 亿户。可以看出，使用无线网络接入方式的用户数已经远远超过使用固定接入方式的用户数量。

5.4.2 无线网络技术分类

1. GSM 接入技术

GSM 是一种起源于欧洲的移动通信技术标准，是第二代移动通信技术。该技术是移动通信系统从模拟系统转化到数字系统的一种主流技术代表。它的复用技术用的是窄带 TDMA，允许在一个射频即"蜂窝"内同时进行 8 组通话。GSM 是 1991 年开始投入使用的。到 1997 年年底，已经在 100 多个国家运营，成为欧洲和亚洲实际上的标准。GSM 数字网具有较强的保密性和抗干扰性，音质清晰，通话稳定，并具备容量大、频率资源利用率高、接口开放、功能强大等优点。我国于 20 世纪 90 年代初引进采用此项技术标准，此前一直是采用蜂窝模拟移动技术，即第一代移动通信技术(2001 年 12 月 31 日我国关闭了模拟移动网络)。目前，中国移动、中国联通各拥有一个 GSM 网。

2. CDMA 接入技术

CDMA(Code - Division Multiple Access)译为"码分多址分组数据传输技术"。CDMA 手机具有话音清晰、不易掉话、发射功率低和保密性强等特点，被称为"绿色手机"。更为重要的是，基于宽带技术的 CDMA 使得移动通信中视频应用成为可能。CDMA 与 GSM 一样，也是属于一种比较成熟的无线通信技术。与使用 FDM 技术的 GSM 不同的是，CDMA 并不给每一个通话者分配一个确定的频率，而是让每一个频道使用所能提供的全部频谱。因此，CDMA 数字网具有以下几个优势：高效的频带利用率和更大的网络容量、简化的网络规划、通话质量高、保密性及信号覆盖好，不易掉话等。另外，CDMA 系统采用编码技术，其编码有 4.4 亿种数字排列，每部手机的编码还随时变化，这使得盗码只能成为理论上的可能。这种技术主要在北美地区使用。目前，中国电信运营一个 CDMA 网络。

3. GPRS 接入技术

相对原来 GSM 拨号方式的电路交换数据传送方式，GPRS 是分组交换技术。由于使用了"分组"的技术，可避免用户上网过程中发生断线问题，大概就跟使用了下载软件 NetAnts差不多。此外，使用 GPRS 上网的方法与 WAP 并不同，用 WAP 上网就如在家中上网，先"拨号连接"，而上网后便不能同时使用该电话线，但 GPRS 就较为优越，下载资料和通话是可以同时进行的。从技术上来说，如果单纯进行语音通话，不妨继续使用 GSM，但如果有数据传送需求时，最好使用 GPRS，它把移动电话的应用提升到一个更高的层次。同时，发展 GPRS 技术也十分"经济"，因为它只需对现有的 GSM 网络进行升级即可。GPRS 的用途十分广泛，包括通过手机发送及接收电子邮件，在互联网上浏览等。GPRS 的最大优势在于：它的数据传输速度非 WAP 所能比拟。目前的 GSM 移动通信网的数据传输速度为 9.6 kb/s，而 GPRS 达到了 115 kb/s，此速度是常用 56k Modem 理想速率的两倍。除了速度上的优势，GPRS 还有"永远在线"的特点，即用户随时与网络保持联系。

4. EDGE 技术

EDGE 是一种从 2G 的 GSM/GPRS 技术到 3G 的过渡技术。它也被称为 2.5G 技术。它主要是在 GSM 系统中采用了一种新的调制方法，即最先进的多时隙操作和 8PSK（8 Phase Shift Keying，8 相移键控）调制技术。

由于 8PSK 可将现有 GSM 网络采用的 GMSK（高斯最小频移键控）调制技术的信号空间从 2 扩展到 8，从而使每个符号所包含的信息是原来的 4 倍。之所以称 EDGE 为 GPRS 到第三代移动通信的过渡性技术方案，主要原因是这种技术能够充分利用现有的 GSM 资源。因为它除了采用现有的 GSM 频率外，同时还利用了大部分现有的 GSM 设备，而只需对网络软件及硬件做一些较小的改动，就能够使运营商向移动用户提供诸如互联网浏览、视频电话会议和高速电子邮件传输等无线多媒体服务，即在第三代移动网络商业化之前提前为用户提供个人多媒体通信业务。由于 EDGE 是一种介于现有的第二代移动网络与第三代移动网络之间的过渡技术，因此也有人称它为"二代半"技术。EDGE 还能够与以后的 WCDMA 制式共存，这也正是其所具有的弹性优势。

EDGE 技术主要影响现有 GSM 网络的无线访问部分，即收发基站（BTS）和 GSM 中的基站控制器（BSC），而对基于电路交换和分组交换的应用和接口并没有太大的影响。因此，网络运营商可最大限度地利用现有的无线网络设备，只需少量的投资就可以部署 EDGE，并且通过移动交换中心（MSC）和服务 GPRS 支持节点（SGSN）还可以保留使用现有的网络接口。事实上，EDGE 改进了这些现有 GSM 应用的性能和效率并且为将来的宽带服务提供了可能。EDGE 技术有效地提高了 GPRS 信道编码效率及其高速移动数据标准，它的最高速率可达 384 kb/s，在一定程度上节约了网络投资，可以充分满足未来无线多媒体应用的带宽需求。它已经取代 GPRS，成为还没有使用 4G 手机的移动用户数据业务的首选。

5. 蓝牙技术

蓝牙的英文名称为"Bluetooth"，实际上它是一种实现多种设备之间无线连接的协议。这种协议的应用可以实现蜂窝电话、掌上电脑、笔记本电脑、相关外设、家庭 Hub 和家庭 RF 等众多设备之间的信息交换。蓝牙应用于手机与计算机的相连，可节省手机费用，实现数据共享、因特网接入、无线免提、同步资料、影像传递等。虽然蓝牙在多向性传输方面具有较大的优势，但若是设备众多，识别方法和速度也会出现问题。蓝牙具有一对多点的数据交换能力，故它需要安全系统来防止未经授权的访问；蓝牙的基本通信速度为 750 kb/s，不过现在带 4 Mb/s IR 端口的产品已经非常普遍，而且最近 16 Mb/s 的扩展也已经被批准。WiFi 和蓝牙的应用在某种程度上是互补的。WiFi 通常以接入点为中心，通过接入点与路由网络形成非对称的客户机—服务器连接。而蓝牙通常是两个蓝牙设备间的对称连接。蓝牙适用于两个设备通过最简单的配置进行连接的简单应用，如耳机和遥控器的按钮，而

WiFi 更适用于一些能够进行稍复杂的客户端设置和需要高速的应用中，尤其像通过存取节点接入网络。

蓝牙技术的应用非常广泛，主要应用有：

（1）移动电话和免提耳机之间的无线控制和通信。这是早期受欢迎的应用之一。

（2）移动电话与兼容蓝牙的汽车音响系统之间的无线控制和通信。

（3）对搭载 iOS 或 Android 的平板电脑和音箱等设备进行无线控制和通信。

（4）将无线音频流输送至耳机

（5）有限空间内对带宽要求不高的 PC 之间的无线网络。

（6）电脑与输入输出设备间的无线连接，常见的有鼠标、键盘、打印机。

（7）取代早前在测试设备、GPS 接收器、医疗设备、条形码扫描器、交通管制设备上的有线 RS-232 串行通信。

（8）用于之前经常使用红外线的控制。

（9）无须更高的 USB 带宽、需要无线连接的低带宽应用。

（10）三个第七代和第八代游戏机，任天堂的 Wii 和索尼的 PlayStation 3 的控制器都分别采用了蓝牙。

（11）健康传感器数据从医疗设备向移动电话、机顶盒或特定的远距离卫生设备进行短距离传输。

（12）车辆门禁系统。

（13）实时定位系统（RTLS），可用于实时追踪和确认物体位置，这是通过"节点"、粘贴或嵌入物体内的"标签"和从这些标签上接收并处理无线信号的"读写器"来确认位置的。

（14）智能手机上防止物品丢失或遭窃的个人应用。通过在受保护的物件上增加蓝牙标识（如一个标签），来实现与智能手机的持续通信。如果通信中断（如标识离开智能手机的蓝牙检测范围），则发出警报。这也可用作人落水警报。自 2009 年起已有了采用此技术的产品。

（15）音频的无线传输（比 FM 发射器更可靠的选择）。

6. Home RF 技术

Home RF 是由美国家用射频委员会旗下的 Home RF 工作组推出的一个行业标准，目的是在家庭范围内，使计算机与其他电子设备之间实现无线通信。

Home RF 技术使用共享无线应用协议（SWAP），SWAP 使用 TDMA＋CSMA/CA 的方式，适合语音和数据业务，并特地为家庭小型网络进行了优化。

Home RF 是对现有无线通信标准的综合和改进：当进行数据通信时，采用 IEEE 802.11规范中的 TCP/IP 传输协议；当进行语音通信时，则采用数字增强型无绳通信标准。

Home RF 工作在 2.4 GHz 频段，采用数字跳频扩频技术。支持 TDMA 业务和 CSMA/CA业务，TDMA 用户传送交互式话音和其他时间敏感性业务，而 CSMA/CA 用于传送高速分组数据。

为了实现对数据包的高效传输，Home RF 采用了 IEEE 802.11 标准中的 CSMA/CA 模式，它与 CSMA/CD 类似，以竞争的方式来获取对信道的控制权，在一个时间点上只能有一个接入点在网络中传输数据。

不像其他的协议，Home RF 提供了对流媒体（Stream Media）的真正意义上的支持。由于对流媒体规定了高级别的优先权并采用了带有优先权的重发机制，这样就确保了实时性流媒体所需的带宽和低干扰、低误码。

7. WCDMA 接入技术

WCDMA 技术也就是第三代移动通信技术，是一种利用码分多址复用（或者 CDMA 通用复用技术，不是指 CDMA 标准）方法的宽带扩频 3G 移动通信空中接口。

WCDMA 主要起源于欧洲和日本的早期第三代无线研究活动，GSM 的巨大成功对第三代系统在欧洲的标准化产生重大影响。欧洲于 1988 年开展 RACE I（欧洲先进通信技术的研究）程序，并一直延续到 1992 年 6 月，它代表了第三代无线研究活动的开始。1992～1995 年之间欧洲开始了 RACE II 程序。ACTS（先进通信技术和业务）建立于 1995 年年底，为 UMTS（通用移动通信系统）建议了 FRAMES（未来无线宽带多址接入系统）方案。在这些早期研究中，对各种不同的接入技术包括 TDMA、CDMA、OFDM 等进行了实验和评估。为 WCDMA 奠定了技术基础。

作为一项新兴技术，WCDMA 也是基于 CDMA 技术的实践和应用衍生。WCDMA 曾经迅速风靡全球并占据 80% 的无线市场。截至 2013 年，全球 WCDMA 用户已超过 36 亿，遍布 170 个国家的 156 家运营商已经商用 3GWCDMA 业务。

WCDMA 技术能为用户带来最高 2 Mb/s 的数据传输速率，在这样的条件下，现在计算机中应用的任何媒体都能通过无线网络轻松地传递。WCDMA 的优势在于，码片速率高，有效地利用了频率选择性分集和空间的接收和发射分集，可以解决多径问题和衰落问题，采用 Turbo 信道编解码，提供较高的数据传输速率，FDD 制式能够提供广域的全覆盖，下行基站区分采用独有的小区搜索方法，无需基站间严格同步。采用连续导频技术，能够支持高速移动终端。相比第二代的移动通信技术，WCDMA 具有更大的系统容量、更优的话音质量、更高的频谱效率、更快的数据速率、更强的抗衰落能力、更好的抗多径性、能够应用于移动速度高达 500 km/h 的移动终端的技术优势，而且能够从 GSM 系统进行平滑过渡，保证运营商的投资，为 3G 运营提供了良好的技术基础。WCDMA 通过有效地利用宽频带，不仅能顺畅地处理声音、图像数据、与互联网快速连接，和 MPEG-4 技术结合起来还可以处理真实的动态图像。

8. 4G 通信技术

4G（LTE）技术是当前无线接入的最主要技术，几乎全球所有的电信运营商网络都已经采用该技术。中国移动已经建成了全球最大的 LTE 网络。现存的 2G、3G 无线接入网都已经在逐步向 LTE 网络过渡。

LTE（Long Term Evolution，长期演进）是由 3GPP（the 3rd Generation Partnership Project，第三代合作伙伴计划）组织制定的 UMTS（Universal Mobile Telecommunications System，通用移动通信系统）技术标准的长期演进，于 2004 年 12 月在 3GPP 多伦多会议上正式立项并启动。LTE 系统引入了 OFDM（Orthogonal Frequency Division Multiplexing，正交频分复用）和 MIMO（Multi-Input & Multi-Output，多输入多输出）等关键技术，显著增加了频谱效率和数据传输速率（20M 带宽 2X2MIMO 在 64QAM 情况下，理论下行最大传输速率为 201 Mb/s，除去信令开销后大概为 150 Mb/s，但根据实际组网以及终端能力限制，一般认为下行峰值速率为 100 Mb/s，上行为 50 Mb/s），并支持多种带宽分配：

1.4 MHz、3 MHz、5 MHz、10 MHz、15 MHz 和 20 MHz 等，且支持全球主流 2G/3G 频段和一些新增频段，因而频谱分配更加灵活，系统容量和覆盖也显著提升。LTE 系统网络架构更加扁平化简单化，减少了网络节点和系统复杂度，从而减小了系统时延，也降低了网络部署和维护成本。LTE 系统支持与其他 3GPP 系统互操作。根据双工方式不同，LTE 系统分为 FDD(Frequency Division Duplexing)- LTE 和 TDD(Time Division Duplexing)- LTE，二者技术的主要区别在于空口的物理层上(像帧结构、时分设计、同步等)。FDD 系统空口上下行采用成对的频段接收和发送数据，而 TDD 系统上下行则使用相同的频段在不同的时隙上传输，较 FDD 双工方式，TDD 有着较高的频谱利用率。

严格意义上来讲，LTE 只是 3.9G，尽管被宣传为 4G 无线标准，但它其实并未被 3GPP 认可为国际电信联盟所描述的下一代无线通信标准 IMT - Advanced，因此在严格意义上其还未达到 4G 的标准。只有升级版的 LTE Advanced 才满足国际电信联盟对 4G 的要求。

4G 集 3G 与 WLAN 于一体，并能够快速传输数据、音频、视频和图像等。4G 能够以 100 Mb/s 以上的速度下载，比目前的家用宽带 ADSL(4 兆)快 25 倍，并能够满足几乎所有用户对于无线服务的要求。此外，4G 可以在 DSL 和有线电视调制解调器没有覆盖的地方部署，然后再扩展到整个地区。很明显，4G 有着不可比拟的优越性。

4G 的核心技术包括以下几点：

1) 接入方式和多址方案

在无线通信系统中，多址方式允许多个移动用户同时共享有限的频谱资源。无线通信中三种主要的接入技术是频分多址(FDMA)、时分多址(TDMA)和码分多址(CDMA)。4G 采用的多址接入方式是正交频分复用(OFDM)。

正交频分复用是一种无线环境下的高速传输技术，其主要思想就是在频域内将给定信道分成许多正交子信道，在每个子信道上使用一个子载波进行调制，各子载波并行传输。尽管总的信道是非平坦的，即具有频率选择性，但是每个子信道是相对平坦的，在每个子信道上进行的是窄带传输，信号带宽小于信道的相应带宽。OFDM 技术的优点是可以消除或减小信号波形间的干扰，对多径衰落和多普勒频移不敏感，提高了频谱利用率，可实现低成本的单波段接收机。OFDM 的主要缺点是功率效率不高。

2) 调制与编码技术

4G 移动通信系统采用新的调制技术，如多载波正交频分复用调制技术以及单载波自适应均衡技术等调制方式，以保证频谱利用率和延长用户终端电池的寿命。4G 移动通信系统采用更高级的信道编码方案(如 Turbo 码、级连码和 LDPC 等)、自动重传请求(ARQ)技术和分集接收技术等，从而在低 E_b/N_0 条件下保证系统的性能。

3) 高性能的接收机

4G 移动通信系统对接收机提出了很高的要求。Shannon 定理给出了在带宽为 W 的信道中实现容量为 C 的可靠传输所需要的最小 SNR。按照 Shannon 定理可以计算出，对于 3G 系统，如果信道带宽为 5 MHz，数据速率为 2 Mb/s，所需的 SNR 为 1.2 dB；而对于 4G 系统，要在 5 MHz 的带宽上传输 20 Mb/s 的数据，则所需要的 SNR 为 12 dB。可见对于 4G 系统，由于速率很高，对接收机的性能要求也要高得多。

4）智能天线技术

智能天线具有抑制信号干扰、自动跟踪以及数字波束调节等智能功能，被认为是未来移动通信的关键技术。智能天线应用数字信号处理技术，产生空间定向波束，使天线主波束对准用户信号到达方向，旁瓣或零陷对准干扰信号到达方向，达到充分利用移动用户信号并消除或抑制干扰信号的目的。这种技术既能改善信号质量又能增加传输容量。

5）MIMO 技术

MIMO 技术是指利用多发射、多接收天线进行空间分集的技术，它采用的是分立式多天线，能够有效地将通信链路分解成为许多并行的子信道，从而大大提高容量。信息论已经证明，当不同的接收天线和不同的发射天线之间互不相关时，MIMO 系统能够很好地提高系统的抗衰落和噪声性能，从而获得巨大的容量。例如，当接收天线和发送天线数目都为 8 根，且平均信噪比为 20 dB 时，链路容量可以高达 42 $b \cdot s^{-1} \cdot Hz^{-1}$，这是单天线系统所能达到容量的 40 多倍。因此，在功率带宽受限的无线信道中，MIMO 技术是实现高数据速率、提高系统容量、提高传输质量的空间分集技术。在无线频谱资源相对匮乏的今天，MIMO 系统已经体现出其优越性，也会在 4G 移动通信系统中继续应用。

6）软件无线电技术

软件无线电是将标准化、模块化的硬件功能单元经过一个通用硬件平台，利用软件加载方式来实现各种类型的无线电通信系统的一种具有开放式结构的新技术。软件无线电的核心思想是在尽可能靠近天线的地方使用宽带 A/D 和 D/A 变换器，并尽可能多地用软件来定义无线功能，各种功能和信号处理都尽可能用软件实现。其软件系统包括各类无线信令规则与处理软件、信号流变换软件、信源编码软件、信道纠错编码软件、调制解调算法软件等。软件无线电使得系统具有灵活性和适应性，能够适应不同的网络和空中接口。软件无线电技术能支持采用不同空中接口的多模式手机和基站，能实现各种应用的可变 QoS。

7）基于 IP 的核心网

4G 移动通信系统的核心网是一个基于全 IP 的网络，同已有的移动网络相比具有根本性的优点，即可以实现不同网络间的无缝互联。核心网独立于各种具体的无线接入方案，能提供端到端的 IP 业务，能同已有的核心网和 PSTN 兼容。核心网具有开放的结构，能允许各种空中接口接入核心网；同时核心网能把业务、控制和传输等分开。采用 IP 后，所采用的无线接入方式和协议与核心网络(CN)协议、链路层是分离独立的。IP 与多种无线接入协议相兼容，因此在设计核心网络时具有很大的灵活性，不需要考虑无线接入究竟采用何种方式和协议。

8）多用户检测技术

多用户检测是宽带通信系统中抗干扰的关键技术。在实际的 CDMA 通信系统中，各个用户信号之间存在一定的相关性，这就是多址干扰存在的根源。由个别用户产生的多址干扰固然很小，可是随着用户数的增加或信号功率的增大，多址干扰就成为宽带 CDMA 通信系统的一个主要干扰。传统的检测技术完全按照经典直接序列扩频理论对每个用户的信号分别进行扩频码匹配处理，因而抗多址干扰能力较差；多用户检测技术在传统检测技术的基础上，充分利用造成多址干扰的所有用户信号信息对单个用户的信号进行检测，从而具有优良的抗干扰性能,解决了远近效应问题,降低了系统对功率控制精度的要求,因此可以更加有效地利用链路频谱资源,显著提高系统容量。随着多用户检测技术的不断发展,各种高性能又不是特别复杂的多用户检测器算法不断提出,在 4G 实际系统中采用多用户检测技术将是切实可行的。

9. 5G 移动通信技术

5G 网络作为第五代移动通信网络,其峰值理论传输速度可达每秒数十吉比特,这比 4G 网络的传输速度快数百倍,整部超高画质(UHD)电影可在 1 s 之内下载完成。

随着 5G 技术的诞生,用智能终端分享 3D 电影、游戏以及超高画质节目的时代已向我们走来。工信部此前发布的《信息通信行业发展规划(2016—2020 年)》明确提出,2020 年启动 5G 商用服务。根据工信部等部门提出的 5G 推进工作部署以及三大运营商的 5G 商用计划,我国将于 2019 年启动 5G 网络建设,最快 2020 年正式推出商用服务。5G 技术近几年的发展非常迅速,各大通信设备厂商和运营商都在加快自己的 5G 步伐。

2013 年 5 月 13 日,三星电子宣布,其已率先开发出了首个基于 5G 核心技术的移动传输网络,并表示将在 2020 年之前进行 5G 网络的商业推广。

2016 年 8 月 4 日,诺基亚与电信传媒公司贝尔再次在加拿大完成了 5G 信号的测试。在测试中诺基亚使用了 73 GHz 范围内的频谱,数据传输速度也达到了现有 4G 网络的 6 倍。

2017 年 8 月 22 日,德国电信联合华为在商用网络中成功部署基于最新 3GPP 标准的 5G 新空口连接,该 5G 新空口承载在 Sub 6 GHz(3.7 GHz),可支持移动性、广覆盖以及室内覆盖等场景,速率直达吉比特每秒级,时延低至毫秒级;同时采用 5G 新空口与 4G LTE 非独立组网架构,实现无处不在、实时在线的用户体验。

2017 年 12 月 21 日,在国际电信标准组织 3GPP RAN 第 78 次全体会议上,5G NR 首发版本正式发布,这是全球第一个可商用部署的 5G 标准。

5G 网络的主要目标是让终端用户始终处于联网状态。5G 网络将来支持的设备远远不止智能手机——它还要支持智能手表、健身腕带、智能家庭设备如鸟巢式室内恒温器等。5G 网络是指下一代无线网络。5G 网络将是 4G 网络的真正升级版,它的基本要求并不同于今天的无线网络。对于 5G,应该具备几个特征:峰值网络速率达到 10 Gb/s、网络传输速度比 4G 快 10~100 倍、网络时延从 4G 的 50 ms 缩短到 1 ms、满足 1000 亿量级的网络连接、整个移动网络的每比特能耗降低到原来的千分之一。5G 技术主要特点如下:

(1)高速率。5G 可以说是站在巨人的肩膀上,依托 4G 良好的技术架构,5G 可以比较方便地在其基础之上构建新的技术。未来的 5G 愿景最强烈的一个方面就是用户体验到的网络速率。4G 现在已经很快了,但是还不够,5G 要做到的目标是最大 10 Gb/s。

(2)大容量。物联网这个话题最近几年来一直受到较多关注,但是受限于终端的功耗以及无线网络的覆盖,广域物联网仍处于萌芽的状态,伴随着 5G 网络的出现,可以预见未来它必将得到快速发展。3GPP 专门推出了针对广域物联网的窄带物联网技术,通过限定终端的速率(物联网终端对通信的实时性一般要求不高),降低使用带宽,降低终端发射功率,降低天线复杂度(SISO),优化物理层技术(HARQ,降低盲编码尝试),半双工使终端的耗电量降低。5G 还会在这个基础上走得更远,通过降低信令开销使终端更加省电,使用非正交多址技术以支持更多的终端接入。

（3）低时延高可靠。LTE 网络的出现使移动网络的时延迈进了 100 ms 的关口，使对实时性要求比较高的应用如游戏、视频、数据电话成为可能。而 5G 网络的出现，将会使时延降到更低，会为更多对时延要求极高的应用提供生长的土壤。

5.4.3　无线网络标准

无线通信是利用电磁波信号可以在自由空间中传播的特性进行信息交换的一种通信方式，近些年信息通信领域中，发展最快、应用最广的就是无线通信技术。在移动中实现的无线通信又通称为移动通信，人们把二者合称为无线移动通信。

最初的无线网是作为有线以太网的一种补充，遵循了 IEEE 802.3 标准，使直接架构于 802.3 上的无线网产品存在着易受其他微波噪声干扰，性能不稳定，传输速率低且不易升级等弱点，不同厂商的产品相互也不兼容，这一切都限制了无线网的进一步应用。这样，制定一个有利于无线网自身发展的标准就提上了议事日程。到 1997 年 6 月，IEEE 终于通过了 802.11 标准。802.11 标准是 IEEE 制定的无线局域网标准，主要是对网络的物理层和媒质访问控制层进行了规定，其中对 MAC 层的规定是重点。各厂商的产品在同一物理层上可以互操作，逻辑链路控制层是一致的，即 MAC 层以下对网络应用是透明的。

常见标准已经在 5.1.1 小节介绍过，现补充下面几个标准：

- IEEE 802.11i：2004 年，无线网络的安全方面的补充。
- IEEE 802.11j：2004 年，根据日本规定做的升级。
- IEEE 802.11l：预留及准备不使用。
- IEEE 802.11m：维护标准；互斥及极限。
- IEEE 802.11p：2010 年，这个通信协定主要用在车用电子的无线通信上。它设定上是从 IEEE 802.11 来扩充延伸，来符合智慧型运输系统（Intelligent Transportation Systems，ITS）的相关应用。应用的层面包括高速率的车辆之间以及车辆与 5.9 GHz （5.85～5.925 GHz）波段的标准 ITS 路边基础设施之间的资料数据交换。
- IEEE 802.11k：2008 年，该协议规范规定了无线局域网络频谱测量规范。该规范的制订体现了无线局域网络对频谱资源智能化使用的需求。
- IEEE 802.11r：2008 年，快速基础服务转移，主要是用来解决客户端在不同无线网络 AP 间切换时的延迟问题。
- IEEE 802.11s：2007 年 9 月，拓扑发现、路径选择与转发、信道定位、安全、流量管理和网络管理。网状网络带来一些新的术语。
- IEEE 802.11w：2009 年，针对 802.11 管理帧的保护。
- IEEE 802.11x：包括 802.11a/b/g 等三个标准。
- IEEE 802.11y：2008 年，针对美国 3650～3700 MHz 的规定。

除了上面的 IEEE 标准，另外有一个被称为 IEEE 802.11b＋的技术，通过 PBCC 技术 （Packet Binary Convolutional Code）在 IEEE 802.11b（2.4 GHz 频段）基础上提供 22 Mb/s 的数据传输速率。但这事实上并不是一个 IEEE 的公开标准，而是一项产权私有的技术，产权属于美国德州仪器公司。

无线 LAN 中经常用到的一个特性是称为 SSID 的命名编号，它提供低级别上的访问控制。SSID 通常是无线 LAN 子系统中设备的网络名称；它用于在本地分割子系统。

IEEE 802.11b 标准规定了一种称为有线等效保密(WEP)的可选加密方案,提供了确保无线 LAN 数据流的机制。WEP 利用一个对称的方案,在数据的加密和解密过程中使用相同的密钥和算法。

5.4.4 无线局域网

1. WLAN 概述

无线局域网络(Wireless Local Area Networks,WLAN)是相当便利的数据传输系统,它利用射频(Radio Frequency,RF)的技术,使用电磁波,取代旧式的双绞铜线(Coaxial)所构成的局域网络,在空中进行通信连接,使得无线局域网络能利用简单的存取架构让用户透过它,达到"信息随身化、便利走天下"的理想境界。

该技术的出现绝不是用来取代有线局域网络,而是用来弥补有线局域网络之不足,以达到网络延伸的目的,实现无网线、无距离限制的通畅网络。

WLAN 通信系统作为有线 LAN 以外的另一种选择,一般用在同一座建筑内。WLAN 使用 ISM (Industrial、Scientific、Medical) 无线电广播频段通信。WLAN 的 802.11a 标准使用 5 GHz 频段,支持的最大速度为 54 Mb/s,而 802.11b 和 802.11g 标准使用 2.4 GHz 频段,分别支持最大 11 Mb/s 和 54 Mb/s 的速度。工作于 2.4 GHz 频带是不需要执照的,该频段属于工业、教育、医疗等专用频段,是公开的,工作于 5.15~8.825 GHz 频带需要执照。

目前 WLAN 所包含的协议标准有:IEEE 802.11b 协议、IEEE 802.11a 协议、IEEE 802.11g 协议、IEEE 802.11e 协议、IEEE 802.11i 协议、无线应用协议(WAP)。

WiFi 技术是一个基于 IEEE 802.11 系列标准的无线网络规范技术,目的是改善基于 IEEE 802.11 标准的无线网络产品之间的互通性,由 WiFi 联盟(WiFi Alliance)所持有。简单来说 WiFi 就是一种无线联网的技术,以前通过网络连接电脑,而现在则是通过无线电波来联网。而 WiFi 联盟(无线局域网标准化的组织 WECA)成立于 1999 年,当时的名称叫做 Wireless Ethernet Compatibility Alliance (WECA),在 2002 年 10 月,正式改名为 WiFi Alliance。WiFi 的最大优点就是传输速度较高,可以达到 11 Mb/s,另外它的有效距离也很长,同时也与已有的各种 802.11DSSS 设备兼容。

WiFi 与蓝牙技术一样,同属于在办公室和家庭中使用的短距离无线技术。该技术使用的是 2.4 GHz 附近的频段,该频段目前尚属没用许可的无线频段。其目前可使用的标准有两个,分别是 IEEE 802.11a 和 IEEE 802.11b。在信号较弱或有干扰的情况下,带宽可调整为 5.5 Mb/s、2 Mb/s 和 1 Mb/s,带宽的自动调整,有效地保障了网络的稳定性和可靠性。该技术由于有着自身的优点,因此受到厂商的青睐。

事实上 WiFi 就是 WLANA(无线局域网联盟)的一个商标,该商标仅保障使用该商标的商品互相之间可以合作,与标准本身实际上没有关系,但因为 WiFi 主要采用 802.11b 协议,因此人们逐渐习惯用 WiFi 来称呼 802.11b 协议。从包含关系上来说,WiFi 是 WLAN 的一个标准,WiFi 包含于 WLAN 中,属于采用 WLAN 协议中的一项新技术。

WiFi 的覆盖范围可达 300 ft 左右(约合 90 m),WLAN 最大(加天线)可以达到 5 km。

总之,WiFi 包含于 WLAN 中,发射信号的功率不同,覆盖范围不同。

2．WLAN 硬件设备

在无线局域网里，常见的设备有无线网卡、无线网桥、无线天线等。

1）无线网卡

无线网卡的作用类似于以太网中的网卡，作为无线局域网的接口，实现与无线局域网的连接。无线网卡根据接口类型的不同，主要分为三种类型，即 PCMCIA 无线网卡、PCI 无线网卡和 USB 无线网卡。

PCMCIA 无线网卡仅适用于笔记本电脑，支持热插拔，可以非常方便地实现移动无线接入。只是它们适合笔记本型电脑的 PC 卡插槽。同桌面计算机相似，用户可以使用外部天线来加强 PCMCIA 无线网卡。

PCI 无线网卡适用于普通的台式计算机。其实 PCI 无线网卡只是在 PCI 转接卡上插入一块普通的 PCMCIA 卡。可以不需要电缆而使微机和别的电脑在网络上通信。无线网卡与其他的网卡相似，不同的是，它通过无线电波而不是物理电缆收发数据。无线网卡为了扩大它们的有效范围需要加上外部天线。当 AP 变得负载过大或信号减弱时，网卡能更改与之连接的访问点 AP，自动转换到最佳可用的 AP，以提高性能。

USB 接口无线网卡适用于笔记本和台式机，支持热插拔，如果网卡外置有无线天线，那么，USB 接口就是一个比较好的选择。

2）无线网桥

从作用上来理解无线网桥，它可以用于连接两个或多个独立的网络段，这些独立的网络段通常位于不同的建筑内，相距几百米到几十千米。所以说它可以广泛应用在不同建筑物间的互联。同时，根据协议不同，无线网桥又可以分为 2.4 GHz 频段的 802.11b、802.11g 和 802.11n 以及采用 5.8 GHz 频段的 802.11a 和 802.11n 的无线网桥。无线网桥有三种工作方式，即点对点，点对多点，中继桥接。特别适用于城市中的远距离通信。

点对点的无线网桥可用来连接两个分别位于不同地点的网络，一般由一对无线网桥组成，该对网桥应该设置成相同的频道。点对多点的无线网桥能够把多个离散的远程网络连成一体。点对多点无线网桥通常以一个网络为中心点发送无线信号，其他接收点进行信号接收。当需要连接的两个局域网之间有障碍物遮挡而不可视时，可以使用中继桥接的方式绕开障碍物，来完成两点之间的无线桥接。

无线网桥通常是用于室外，主要用于连接两个网络，无线网桥不可能只使用一个，需要两个以上。无线网桥功率大，传输距离远(最大可达约 50 km)，抗干扰能力强等，不自带天线，一般配备抛物面天线实现长距离的点对点连接；一些新的集成设备也都涌现出来了，应有尽有。

3）无线天线

无线局域网天线可以扩展无线网络的覆盖范围，把不同的办公大楼连接起来。这样，用户可以随身携带笔记本电脑在大楼之间或在房间之间移动。

当计算机与无线 AP 或其他计算机相距较远时，随着信号的减弱，或者传输速率明显下降，或者根本无法实现与 AP 或其他计算机之间通信。此时，就必须借助于无线天线对所接收或发送的信号进行增益(放大)。

无线天线有多种类型，不过常见的有两种，一种是室内天线，优点是方便灵活，缺点是增益小，传输距离短；一种是室外天线。室外天线的类型比较多，例如栅栏式、平板式、抛物状等。室外天线的优点是传输距离远，比较适合远距离传输。

3. WLAN 接入方式

根据不同的应用环境，无线局域网采用的拓扑结构主要有网桥连接型、访问节点连接型、Hub 接入型和无中心型四种。

（1）网桥连接型。该结构主要用于无线或有线局域网之间的互联。当两个局域网无法实现有线连接或使用有线连接存在困难时，可使用网桥连接型实现点对点的连接。在这种结构中局域网之间的通信是通过各自的无线网桥来实现的，无线网桥起到了网络路由选择和协议转换的作用。

（2）访问节点连接型。这种结构采用移动蜂窝通信网接入方式，各移动站点间的通信是先通过就近的无线接收站将信息接收下来，然后将收到的信息通过有线网传入"移动交换中心"，再由移动交换中心传送到所有无线接收站上。这时在网络覆盖范围内的任何地方都可以接收到该信号，并可实现漫游通信。

（3）Hub 接入型。在有线局域网中利用 Hub 可组建星型网络结构。同样也可利用无线 AP 组建星型结构的无线局域网，其工作方式和有线星型结构很相似。但在无线局域网中一般要求无线 AP 应具有简单的网内交换功能。

（4）无中心型。该结构的工作原理类似于有线对等网的工作方式。它要求网中任意两个站点间均能直接进行信息交换。每个站点既是工作站，也是服务器。

4. WLAN 部署要求

由于无线局域网需要支持高速、突发的数据业务，在室内使用还需要解决多径衰落以及各子网间串扰等问题。具体来说，无线局域网必须实现以下技术要求：

（1）可靠性：无线局域网的系统分组丢失率应该低于 10^{-5}，误码率应该低于 10^{-8}。

（2）兼容性：对于室内使用的无线局域网，应尽可能使其跟现有的有线局域网在网络操作系统和网络软件上相互兼容。

（3）数据速率：为了满足局域网业务量的需要，无线局域网的数据传输速率应该在 54 Mb/s 以上。

（4）通信保密：由于数据通过无线介质在空中传播，无线局域网必须在不同层次采取有效的措施以提高通信保密和数据安全性能。

（5）移动性：支持全移动网络或半移动网络。

（6）节能管理：当无数据收发时使站点机处于休眠状态，当有数据收发时再激活，从而达到节省电力消耗的目的。

（7）小型化、低价格：这是无线局域网得以普及的关键。

（8）电磁环境：无线局域网应考虑电磁对人体和周边环境的影响问题。

5. WLAN 场景应用

WLAN 的典型应用场景如下：

（1）大楼之间：大楼之间建构网络的连接，取代专线，简单又便宜。

（2）餐饮及零售：餐饮服务业可使用无线局域网络产品，直接从餐桌即可输入并传送客人点菜内容至厨房、柜台。零售商促销时，无线局域网可使用无线局域网络产品设置临时收银柜台。

（3）医疗：使用附无线局域网络产品的手提式计算机取得实时信息，医护人员可避免对伤患救治的迟延、不必要的纸上作业、单据循环的迟延及误诊等，而提升对伤患照顾的品质。

（4）企业：当企业内的员工使用无线局域网络产品时，他们在办公室的任何一个角落，只要有无线局域网络产品，就能随意地发电子邮件、分享档案及上网络浏览。

（5）仓储管理：一般仓储人员的盘点事宜，透过无线网络的应用，能立即将最新的资料输入计算机仓储系统。

（6）货柜集散场：一般货柜集散场的桥式起重车，可于调动货柜时，将实时信息传回Office。

（7）监视系统：一般位于远方且需受监控的现场，由于布线困难，可由无线网络将远方的影像传回主控站。

（8）展示会场：诸如一般的电子展、计算机展，由于网络需求极高，而且布线又会让会场显得凌乱，最好使用无线网络。

6. WLAN 优缺点

1）WLAN 的优点

无线局域网的优点如下：

（1）灵活性和移动性。在有线网络中，网络设备的安放位置受网络位置的限制，而无线局域网在无线信号覆盖区域内的任何一个位置都可以接入网络。无线局域网另一个最大的优点在于其移动性，连接到无线局域网的用户可以移动且能同时与网络保持连接。

（2）安装便捷。无线局域网可以免去或最大限度地减少网络布线的工作量，一般只要安装一个或多个接入点设备，就可建立覆盖整个区域的局域网络。

（3）易于进行网络规划和调整。对于有线网络来说，办公地点或网络拓扑的改变通常意味着重新建网。重新布线是一个昂贵、费时、浪费和琐碎的过程，无线局域网可以避免或减少以上情况的发生。

（4）故障定位容易。有线网络一旦出现物理故障，尤其是由于线路连接不良而造成的网络中断，往往很难查明，而且检修线路需要付出很大的代价。无线网络则很容易定位故障，只需更换故障设备即可恢复网络连接。

（5）易于扩展。无线局域网有多种配置方式，可以很快从只有几个用户的小型局域网扩展到上千用户的大型网络，并且能够提供节点间"漫游"等有线网络无法实现的特性。由于无线局域网有以上诸多优点，因此其发展十分迅速。最近几年，无线局域网已经在企业、医院、商店、工厂和学校等场合得到了广泛的应用。

2）WLAN 的缺点

无线局域网在能够给网络用户带来便捷和实用的同时，也存在着一些缺陷。无线局域网的不足之处体现在以下几个方面：

（1）性能。无线局域网是依靠无线电波进行传输的。这些电波通过无线发射装置进行发射，而建筑物、车辆、树木和其他障碍物都可能阻碍电磁波的传输，所以会影响网络的性能。

（2）速率。无线信道的传输速率与有线信道相比要低得多。无线局域网的最大传输速率为 1 Gb/s，只适合于个人终端和小规模网络应用。

（3）安全性。本质上无线电波不要求建立物理的连接通道，无线信号是发散的。从理论上讲，很容易监听到无线电波广播范围内的任何信号，造成通信信息泄露。

目前无线网络还不能完全脱离有线网络，无线网络与有线网络只是互补的关系。尽管如此，无线局域网发展十分迅速，已经能够通过与广域网相结合的形式提供移动互联网的多媒体业务，在医院、商店、工厂和学校等场合都得到广泛应用。相信在未来，无线局域网将以它方便传输和灵活使用等优点取代有线局域网，成为网络技术中的"新领主"。

5.5 SDN 网 络

5.5.1 SDN 的概念

软件定义网络（Software Defined Network，SDN）是一种新型网络创新架构，是网络虚拟化的一种实现方式，其核心技术 OpenFlow 通过将网络设备控制面与数据面分离开来，从而实现了网络流量的灵活控制，使网络作为管道变得更加智能。

5.5.2 SDN 发展历程

2006 年，SDN 诞生于美国 GENI 项目资助的斯坦福大学 Clean Slate 课题，斯坦福大学以 Nick McKeown 教授为首的研究团队提出了 OpenFlow 的概念用于校园网络的试验创新，后续基于 OpenFlow 给网络带来可编程的特性，SDN 的概念应运而生。Clean Slate 项目的最终目的是要重新发明因特网，旨在改变设计已略显不合时宜，且难以进化发展的现有网络基础架构。

2007 年，斯坦福大学的学生 Martin Casado 领导了一个关于网络安全与管理的项目 Ethane，该项目试图通过一个集中式的控制器，让网络管理员可以方便地定义基于网络流的安全控制策略，并将这些安全策略应用到各种网络设备中，从而实现对整个网络通信的安全控制。

2008 年，基于 Ethane 及其前续项目 Sane 的启发，Nick McKeown 教授等人在 ACM SIGCOMM 上发表了题为"OpenFlow: Enabling Innovation in Campus Networks"的论文，首次详细地介绍了 OpenFlow 的概念。该篇论文除了阐述 OpenFlow 的工作原理外，还列举了 OpenFlow 几大应用场景。

基于 OpenFlow 为网络带来的可编程的特性，Nick McKeown 教授和他的团队进一步提出了 SDN 的概念。2009 年，SDN 概念入围 Technology Review 年度十大前沿技术，自此获得了学术界和工业界的广泛认可和大力支持。

2009 年 12 月，OpenFlow 规范发布了具有里程碑意义的可用于商业化产品的 1.0 版本。如 OpenFlow 在 Wireshark 抓包分析工具上的支持插件、OpenFlow 的调试工具（Liboftrace）、OpenFlow 虚拟计算机仿真（OpenFlow VMS）等也已日趋成熟。

2012 年，SDN 完成了从实验技术向网络部署的重大跨越：覆盖美国上百所高校的 INTERNET2 部署 SDN；德国电信等运营商开始开发和部署 SDN；成功推出 SDN 商用产品的新兴的创业公司在资本市场上备受瞩目，BIG Switch 两轮融资超过 3800 万元。

2012 年 4 月，ONF 发布了 SDN 白皮书（Software Defined Networking：The New Norm for Networks），其中的 SDN 三层模型获得了业界广泛认同。

2012 年 4 月，谷歌宣布其主干网络已经全面运行在 OpenFlow 上，并且通过 10G 网络链接分布在全球各地的 12 个数据中心，使广域线路的利用率从 30％提升到接近饱和。从而证明了 OpenFlow 不再仅仅是停留在学术界的一个研究模型，而是已经完全具备了可以在产品环境中应用的技术成熟度。

2012 年 7 月，软件定义网络先驱者、开源政策网络虚拟化私人控股企业 Nicira 以 12.6 亿被 VMware 收购。Nicira 是一家颠覆数据中心的创业公司，它基于开源技术 OpenFlow 创建了网络虚拟平台（NVP）。OpenFlow 是 Nicira 联合创始人 Martin Casado 在斯坦福攻读博士学位期间创建的开源项目，Martin Casado 的两位斯坦福大学教授 Nick McKeown 和 Scott Shenker 同时也成为了 Nicira 的创始人。VMware 的收购将 Casado 十几年来所从事的技术研发全部变成了现实——把网络软件从硬件服务器中剥离出来，也是 SDN 走向市场的第一步。

5.5.3　SDN 体系架构

一般来说，SDN 网络体系结构主要包括 SDN 网络应用、北向接口、SDN 控制器、南向接口和 SDN 数据平面共五部分，具体如图 5－3 所示。

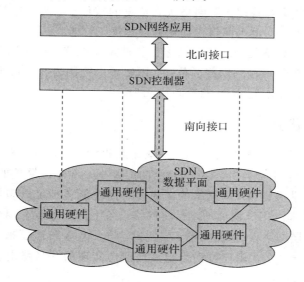

图 5－3　SDN 网络体系结构

SDN 网络应用层实现了对应的网络功能应用。这些应用程序通过调用 SDN 控制器的北向接口，实现对网络数据平面设备的配置、管理和控制。

北向接口是 SDN 控制器与网络应用之间的开放接口，它将数据平面资源和状态信息抽象成统一的开放编程接口。

SDN 控制器是 SDN 的大脑，也称为网络操作系统。控制器不仅要通过北向接口给上层网络应用提供不同层次的可编程能力，还要通过南向接口对 SDN 数据平面进行统一配置、管理和控制。

南向接口是 SDN 控制器与数据平面的开放接口。SDN 控制器通过南向接口对数据平面进行编程控制，实现数据平面的转发等网络行为。

SDN 数据平面包括基于软件实现的和基于硬件实现的数据平面设备。数据平面设备通过南向接口接收来自控制器的指令，并按照这些指令完成特定的网络数据处理。同时，SDN 数据平面设备也可以通过南向接口给控制器反馈网络配置和运行时的状态信息。

5.5.4 SDN 的特征

SDN 的特征如下：

（1）网络开放可编程：SDN 建立了新的网络抽象模型，为用户提供一套完整的通用 API，使用后可以在控制器上编程实现对网络的配置、控制和管理，从而加快网络业务部署的进程。

（2）控制平面与数据平面的分离：此处的分离是指控制平面与数据平面的解耦合。控制平面和数据平面之间不再相互依赖，两者可以独立完成体系结构的演进，类似于计算机工业的 Wintel 模式，双方只需要遵循统一的开放接口进行通信即可。控制平面与数据平面的分离是 SDN 架构区别于传统网络体系结构的重要标志，是网络获得更多可编程能力的架构基础。

（3）逻辑上的集中控制：主要是指对分布式网络状态的集中统一管理。在 SDN 架构中，控制器会负担起收集和管理所有网络状态信息的重任。逻辑集中控制为软件编程定义网络功能提供了架构基础，也为网络自动化管理提供了可能。

只要符合以上三个特征的网络都可以称为软件定义网络。在这三个特征中，控制平面和数据平面分离为逻辑集中控制创造了条件，逻辑集中控制为开放可编程控制提供了架构基础，而网络开放可编程才是 SDN 的核心特征。

5.5.5 部署 SDN 优势

传统 IT 架构中的网络，根据业务需求部署上线以后，如果业务需求发生变动，重新修改相应网络设备（路由器、交换机、防火墙）上的配置是一件非常繁琐的事情。在互联网/移动互联网瞬息万变的业务环境下，网络的高稳定与高性能还不足以满足业务需求，灵活性和敏捷性反而更为关键。SDN 所做的事是将网络设备上的控制权分离出来，由集中的控制器管理，无须依赖底层网络设备（路由器、交换机、防火墙），屏蔽了来自底层网络设备的差异。而控制权是完全开放的，用户可以自定义任何想实现的网络路由和传输规则策略，从而更加灵活和智能。

进行 SDN 改造后，无须对网络中每个节点的路由器反复进行配置，网络中的设备本身就是自动化连通的。只需要在使用时定义好简单的网络规则即可。如果用户不喜欢路由器自身内置的协议，可以通过编程的方式对其进行修改，以实现更好的数据交换性能。

假如网络中有 SIP、FTP、流媒体几种业务，网络的总带宽是一定的，那么如果某个时刻流媒体业务需要更多的带宽和流量，在传统网络中很难处理，在 SDN 改造后的网络中这很容易实现。SDN 可以将流量整形、规整，临时让流媒体的"管道"更粗一些，让流媒体的带宽更大些，甚至关闭 SIP 和 FTP 的"管道"，待流媒体需求减少时再恢复原先的带宽占比。

正是因为这种业务逻辑的开放性，使得网络作为"管道"的发展空间变为无限可能。如果未来云计算的业务应用模型可以简化为"云—管—端",那么 SDN 就是"管"这一环的重要技术支撑。

5.5.6　SDN 与网络虚拟化

1. 网络虚拟化的概念

网络虚拟化即网络功能虚拟化(Network Function Virtualization,NFV),通过使用 x86 等通用性硬件以及虚拟化技术,来承载很多功能的软件处理,从而降低网络昂贵的设备成本。可以通过软硬件解耦及功能抽象,使网络设备功能不再依赖于专用硬件,资源可以充分灵活共享,实现新业务的快速开发和部署,并基于实际业务需求进行自动部署、弹性伸缩、故障隔离和自愈等。

2. SDN 与网络虚拟化的区别

NFV 的初衷是通过使用 x86 等通用性硬件以及虚拟化技术,来承载很多功能的软件处理。典型应用是一些 CPU 密集型功能,并且对网络吞吐量要求不高的情形。主要评估的功能虚拟化有:WAN 加速器,信令会话控制器,消息路由器,IDS,DPI,防火墙,CG - NAT,SGSN/GGSN,PE,BNG,RAN 等。

SDN 的核心理念是,将网络功能和业务处理抽象化,并且通过外置控制器来控制这些抽象化的对象。SDN 将网络业务的控制和转发进行分离,分为控制平面和转发平面,并且控制平面和转发平面之间提供一个标准接口。需要指出的是,控制平面和转发平面的分离,类似于现代路由器的架构设计方法,但是 SDN 的设计理念和路由器的控制转发分离完全不同。

从上面可以看出,NFV 可以采用 SDN 进行实现(如采用控制转发分离的方法来搭建服务器网络),但是 NFV 也可以采用普通数据中心技术来实现。

5.6　物　联　网

5.6.1　物联网的概念

物联网这个概念,在美国早在 2000 年就提出来了,当时叫传感网。其定义是:通过射频识别(RFID)、红外感应器、全球定位系统、激光扫描器等信息传感设备,按约定的协议,把任何物品通过物联网域名相连接,进行信息交换和通信,以实现智能化识别、定位、跟踪、监控和管理的一种网络概念。

物联网概念是在互联网概念的基础上,将其用户端延伸和扩展到任何物品与物品之间进行信息交换和通信的一种网络概念。

物联网,国内外普遍公认的是 MIT Auto - ID 中心 Ashton 教授 1999 年在研究 RFID 时最早提出来的。在 2005 年国际电信联盟(ITU)发布的同名报告中,物联网的定义和范围已经发生了变化,覆盖范围有了较大的拓展,不再只是指基于 RFID 技术的物联网。

物联网是新一代信息技术的重要组成部分,也是"信息化"时代的重要发展阶段。其英文名称是 Internet of Things(IoT)。顾名思义,物联网就是物物相连的互联网。这有两层意思：其一，物联网的核心和基础仍然是互联网，是在互联网基础上延伸和扩展的网络；其二，其用户端延伸和扩展到了任何物品与物品之间，进行信息交换和通信，也就是物物相息。物联网通过智能感知、识别技术与普适计算等通信感知技术，广泛应用于网络的融合中，也因此被称为继计算机、互联网之后世界信息产业发展的第三次浪潮。物联网是互联网的应用拓展，与其说物联网是网络，不如说物联网是业务和应用。因此，应用创新是物联网发展的核心，以用户体验为核心的创新 2.0 是物联网发展的灵魂。

物联网最简洁明了的定义：物联网是一个基于互联网、传统电信网等信息承载体，让所有能够被独立寻址的普通物理对象实现互联互通的网络。它具有普通对象设备化、自治终端互联化和普适服务智能化 3 个重要特征。

其他的定义：物联网指的是将无处不在（Ubiquitous）的末端设备（Devices）和设施（Facilities），包括具备"内在智能"的传感器、移动终端、工业系统、楼控系统、家庭智能设施、视频监控系统等，和具备"外在使能"（Enabled）的，如贴上 RFID 的各种资产（Assets）、携带无线终端的个人与车辆等"智能化物件或动物"或"智能尘埃"（Mote），通过各种无线和/或有线的长距离和/或短距离通信网络连接物联网域名实现互联互通（M2M）、应用大集成（Grand Integration）以及基于云计算的 SaaS 营运等模式，在内网（Intranet）、专网（Extranet）和/或互联网（Internet）环境下，采用适当的信息安全保障机制，提供安全可控乃至个性化的实时在线监测、定位追溯、报警联动、调度指挥、预案管理、远程控制、安全防范、远程维保、在线升级、统计报表、决策支持、领导桌面（集中展示的 Cockpit Dashboard）等管理和服务功能，实现对"万物"的"高效、节能、安全、环保"的"管、控、营"一体化。

5.6.2 物联网的关键技术及层次

1. 关键技术

针对物联网的特性，总结了物联网应用中的三项关键技术：

（1）传感器技术：这是计算机应用中的关键技术。到目前为止，绝大部分计算机处理的都是数字信号。自从有计算机以来就需要传感器把模拟信号转换成数字信号计算机才能处理。

（2）RFID 标签：也是一种传感器技术。RFID 技术是融合了无线射频技术和嵌入式技术的综合技术，在自动识别、物品物流管理方面有着广阔的应用前景。

（3）嵌入式系统技术：是综合了计算机软硬件、传感器技术、集成电路技术、电子应用技术的复杂技术。经过几十年的演变，以嵌入式系统为特征的智能终端产品随处可见；小到人们身边的 MP3，大到航天航空的卫星系统。嵌入式系统正在改变着人们的生活，推动着工业生产以及国防工业的发展。

如果把物联网用人体做一个简单比喻，传感器相当于人的眼睛、鼻子、皮肤等感官，网络就是神经系统，用来传递信息，嵌入式系统则是人的大脑，在接收到信息后要进行分类处理。这个例子很形象地描述了传感器、嵌入式系统在物联网中的位置与作用。

2. 三大层次

物联网架构可分为三层：感知层、网络层和应用层。

（1）感知层由各种传感器构成，包括温湿度传感器、二维码标签、RFID 标签和读写器、摄像头、红外线、GPS 等感知终端。感知层是物联网识别物体、采集信息的来源。

（2）网络层由各种网络，包括互联网、广电网、网络管理系统和云计算平台等组成，是整个物联网的中枢，负责传递和处理感知层获取的信息。

（3）应用层是物联网和用户的接口，它与行业需求结合，实现物联网的智能应用。

5.6.3　物联网的应用

物联网用途广泛，遍及智能交通、环境保护、政府工作、公共安全、平安家居、智能消防、工业监测、环境监测、路灯照明管控、景观照明管控、楼宇照明管控、广场照明管控、老人护理、个人健康、花卉栽培、水系监测、食品溯源、敌情侦查和情报搜集等多个领域。

（1）与防入侵系统结合。物联网传感器产品已率先在上海浦东国际机场防入侵系统中得到应用。系统铺设了 3 万多个传感节点，覆盖了地面、栅栏和低空探测，可以防止人员的翻越、偷渡、恐怖袭击等攻击性入侵。

（2）与路灯控制系统结合。ZigBee 路灯控制系统点亮济南园博园。ZigBee 无线路灯照明节能环保技术的应用是园博园中的一大亮点。园区所有的功能性照明都采用了 ZigBee 无线技术达成的无线路灯控制。

（3）将移动终端与电子商务相结合。将移动终端与电子商务相结合的模式，让消费者可以与商家进行便捷的互动交流，随时随地体验品牌品质，传播分享信息，实现互联网向物联网的从容过渡，缔造出一种全新的零接触、高透明、无风险的市场模式。手机物联网购物其实就是闪购。广州闪购通过手机扫描条形码、二维码等方式，可以进行购物、比价、鉴别产品等功能。随着互联网的普及，电子商务得到了井喷式的发展，这使其在市场规模和盈利能力得到快速发展的同时，也对电子商务产业的各个环节提出了新的要求。物联网技术的核心是互联网，通过各种有线和无线网络与互联网融合，将物体的信息实时准确地传递出去。可以和移动电子商务进行密切的联系并创造出一种新的商务模式。这种智能手机和电子商务的结合，是"手机物联网"中的一项重要功能。

（4）与门禁系统结合。一个完整的门禁系统由读卡器、控制器、电锁、出门开关、门磁、电源、处理中心这几个模块组成，无线物联网门禁将设备简化到了极致：一把电池供电的锁具。除了门上面要开孔装锁外，门的四周不需要任何辅佐设备。整个系统简洁明了，大幅缩短施工工期，也能降低后期维护的成本。无线物联网门禁系统的安全与可靠首要体现为：无线数据通信的安全性包管和传输数据的安稳性。

（5）与云计算结合。物联网的智能处理依靠先进的信息处理技术，如云计算、模式识别等技术。云计算可以从两个方面促进物联网和智慧地球的实现：首先，云计算是实现物联网的核心；其次，云计算促进物联网和互联网的智能融合。

（6）与 TD-LTE 结合。物联网发展是确保 TD 成功的重大契机。TD-LTE 是我国拥有自主知识产权的第四代移动通信系统，是宽带无线通信网络，TD 的发展需要数据业务的拉动。物联网应用是需求最迫切的增强型数据业务，具有广阔的应用前景，能够充分发挥 TD 网络优势，有助于促进 TD 产业链的成熟。完善现有网络，发挥 TD 优势，积极推动无线传感器网络与 TD 网络融合，构建适于物联网应用的 GPRS/TD/WSN（无线传感器网络)融合网络，大力发展适于 TD 网络承载的物联网业务，提升 TD 的核心竞争力，给物联网的发展以强有力的支撑，是中国移动的发展思路。

（7）与移动互联结合。物联网的应用在与移动互联相结合后，发挥了巨大的作用。智能家居使得物联网的应用更加生活化，具有网络远程控制、遥控器控制、触摸开关控制、自动报警和自动定时等功能，普通电工即可安装，变更扩展和维护非常容易，开关面板颜色多样，图案个性，给每一个家庭带来不一样的生活体验。

（8）与指挥中心结合。物联网在指挥中心已得到很好的应用，物联网智能控制系统可以控制指挥中心的大屏幕、窗帘、灯光、摄像头、DVD、电视机、电视机顶盒、电视电话会议，也可以调度马路上的摄像头图像到指挥中心，还可以控制摄像头的转动。另外，物联网智能控制系统可以通过移动通信网络进行控制，可以多个指挥中心分级控制，也可以联网控制。该系统还可以显示机房温度湿度，可以远程控制需要控制的各种设备开关电源。

5.6.4　NB－IoT 介绍

1．NB－IoT 的概念

基于蜂窝的窄带物联网（Narrow Band Internet of Things，NB－IoT）成为万物互联网络的一个重要分支。NB－IoT 构建于蜂窝网络，只消耗大约 180 kHz 的带宽，可直接部署于 GSM 网络、UMTS 网络或 LTE 网络，以降低部署成本、实现平滑升级。

NB－IoT 是 IoT 领域一个新兴的技术，支持低功耗设备在广域网的蜂窝数据连接。NB－IoT支持待机时间长、对网络连接要求较高设备的高效连接。NB－IoT 设备电池寿命可以提高至至少 10 年，同时还能提供非常全面的室内蜂窝数据连接覆盖。

2．NB－IoT 的优势

对于电信运营商而言，车联网、智慧医疗、智能家居等物联网应用将产生海量连接，远远超过人与人之间的通信需求。

NB－IoT 具备四大特点：

- 一是广覆盖，将提供改进的室内覆盖。在同样的频段下，NB－IoT 比现有的网络增益 20 dB，相当于提升了 100 倍覆盖区域的能力。
- 二是具备支撑海量连接的能力。NB－IoT 一个扇区能够支持 10 万个连接，支持低延时敏感度、超低的设备成本、低设备功耗和优化的网络架构。
- 三是更低功耗。NB－IoT 终端模块的待机时间可长达 10 年。
- 四是更低的模块成本。企业预期的单个接连模块不超过 5 美元。

NB－IoT 聚焦于低功耗广覆盖物联网市场，是一种可在全球范围内广泛应用的新兴技术。其具有覆盖广、连接多、速率低、成本低、功耗低、架构优等特点。NB－IoT 使用 License频段，可采取带内、保护带或独立载波三种部署方式，与现有网络共存。

3．NB－IoT 的标准和进展

2016 年 6 月，NB－IoT 作为 3GPP R13 一项重要课题，其对应的 3GPP 协议相关内容获得了 RAN 全会批准，正式宣告了这项受无线产业广泛支持的 NB－IoT 标准核心协议历经两年多的研究终于全部完成。

物联网的无线通信技术很多，主要分为两类：一类是 Zigbee、WiFi、蓝牙、Z－wave 等短距离通信技术；另一类是 LPWAN（Low－Power Wide－Area Network，低功耗广域网），

即广域网通信技术。LPWAN 又可分为两类：一类是工作于未授权频谱的 LoRa、SigFox 等技术；另一类是工作于授权频谱下，3GPP 支持的 2/3/4G 蜂窝通信技术，比如 EC - GSM、LTE Cat - m、NB - IoT 等。

2014 年 5 月，华为收购了 Nuel 公司，开始和沃达丰进行窄带蜂窝物联技术的研究，提出了窄带技术 NB M2M。2015 年 5 月，华为、沃达丰联合高通共同制定了相关的上下行技术标准，融合 NB OFDMA 形成了 NB - CIoT。

NB - CIoT 提出了全新的空口技术，相对来说在 LTE 网络上改动较大，但 NB - CIoT 是提出的 6 大 Clean Slate 技术中，唯一一个满足在 TSG GERAN ♯67 会议中提出的 5 大目标(提升室内覆盖性能、支持大规模设备连接、减小设备复杂性、减小功耗和时延)的蜂窝物联网技术，特别是 NB - CIoT 的通信模块成本低于 GSM 模块和 NB - LTE 模块。

爱立信和诺基亚联合推出窄带蜂窝技术 NB - LTE，与 NB - CIoT 的定位较为相似，但 NB - LTE 更倾向于与现有 LTE 兼容，其主要优势在于容易部署。2015 年 7 月，爱立信和华为分别向 3GPP 提交标准提案。最终，在 2015 年 9 月的 RAN ♯69 会议上经过激烈讨论后协商统一，由 3GPP 在 Rel - 13 版本中将两种技术融合形成了 NB - IoT 标准。

NB - IoT 从窄带技术演变为 3GPP 的正式标准的过程中，相关厂商、运营商积极的推动和市场真实存在的需求是两个不可忽略的因素。

4. LoRa 技术简介

目前，国际上主流的低功耗物联网候选技术主要有 4 种：3GPP LTE 演进技术 LTE eMTC、3GPP 的 NB - IoT 窄带物联网技术以及非 3GPP 技术中 Sigfox 主导的技术和 LoRa 联盟主导的技术。在中国，NB - IoT 与 LoRa 是最热门的低功耗广域网技术，这两者作为最典型的代表，被广泛应用于各大领域。两者形成了两大技术阵营，一方是以华为为代表的 NB - IoT，另一方是以中兴为代表的 LoRa。物联网技术 NB - IoT 与 LoRa 的区别主要有以下几点：

第一，频段。毫无疑问，无线电频谱是一种国家资源，是一种有限的资源，不可以再生，只能合理地利用。NB - IoT 使用了授权频段，有三种部署方式：独立部署、保护带部署、带内部署。全球主流的频段是 800 MHz 和 900 MHz。中国电信会把 NB - IoT 部署在 800 MHz 频段上，而中国联通会选择 900 MHz 来部署 NB - IoT，中国移动则可能会重耕现有 900 MHz 频段。

NB - IoT 既然属于授权频段，如同 2G/3G/4G 一样，是专门规划的频段，频段干扰相对少。NB - IoT 网络具有电信级网络的标准，可以提供更好的信号服务质量、安全性和认证等的网络标准。可与现有的蜂窝网络基站融合，更有利于快速大规模部署。运营商有成熟的电信网络产业生态链和经验，可以更好地运营 NB - IoT 网络。

LoRa 使用的是免授权 ISM 频段，但各国或地区的 ISM 频段使用情况是不同的。

在中国市场，由中兴主导的中国 LoRa 应用联盟(CLAA)推荐使用了 470～518 MHz。而 470～510 MHz 这个频段是无线电计量仪表使用频段。《微功率(短距离)无线电设备的技术要求》中提到：在满足传输数据时，其发射机工作时间不超过 5 s 的条件下，470～510 MHz 频段可作为民用无线电计量仪表使用频段。使用频率是 470～510 MHz，630～787 MHz。发射功率限值：50 mW(e. r. p)。

由于 LoRa 是工作在免授权频段的，无须申请即可进行网络的建设，网络架构简单，运营成本也低。LoRa 联盟正在全球大力推进标准化的 LoRaWAN 协议，使得符合 LoRaWAN 规范的设备可以互联互通。中国 LoRa 应用联盟在 LoRa 基础上做了改进优化，形成了新的网络接入规范。

总之，LoRa 工作在 1 GHz 以下的非授权频段，在应用时不需要额外付费，NB-IoT 和蜂窝通信使用 1 GHz 以下的频段是授权的，是需要收费的。处于 500 MHz 和 1 GHz 之间的频段对于远距离通信是最优的选择，因为天线的实际尺寸和效率是具有相当优势的。

第二，电池供电寿命。LoRa 模块在处理干扰、可伸缩性等方面具有独特的特性，但却不能提供像蜂窝协议一样的服务质量。NB-IoT 出于对服务质量的考虑，不能提供类似 LoRa 一样的电池寿命。如果需要确保应用场景，推荐使用 NB-IoT，而低成本和大量连接是首选项的话，LoRa 是不错的选择。

关于电池寿命方面有两个重要的因素需要考虑，即节点的电流消耗以及协议内容。LoRa 是一种异步的基于 ALOHA 的协议，也就是说节点可以根据具体应用场景需求进行或长或短的睡眠；而蜂窝等同步协议的节点必须定期地联网，这样就额外消耗了电池的电量。

所以对于需要频繁通信、较短的延迟或者较大数据量的应用来说，NB-IoT 或许是更好的选择，而对于需要较低的成本、较高的电池寿命和通信并不频繁的场景来说 LoRa 更好。

第三，设备成本。对终端节点来说，LoRa 协议比 NB-IoT 更简单，更容易开发并且对于微处理器的适用和兼容性更好。同时低成本、技术相对成熟的 LoRa 模块已经可以在市场上找到了，并且还会有升级版本陆续出来。

LoRa 无线收发模块市场价格比较合理，大概 7～10 美元。LoRa 可以利用传统的信号塔、工业基站甚至是便携式家庭网关来进行。构建基站和家庭网关价格便宜。但是对于 NB-IoT 来说，升级现有的 4G LTE 基站的价格保守估计每个不少于 15 000 美元。

第四，网络覆盖和部署时间表。NB-IoT 标准在 2016 年公布，除网络部署之外，相应的商业化和产业链的建立还需要更长的时间和努力去探索。LoRa 的整个产业链相对已经较为成熟了，产品也处于"蓄势待发"的状态，同时全球很多国家正在进行或者已经完成了全国性的网络部署。当然，NB-IoT 产业链还会受到频段、运营商等限制。

总之，NB-IoT 与 LoRa 都拥有自己的独特优势，在不同的项目中需根据实际情况合理选择最优的技术，在迅速发展起来的物联网企业，两者都将有自己广阔的应用市场，未来人们的生活也因这两种低功耗广域网技术而改变。

5.6.5　ThingxCloud 兴云平台

中兴通讯于上海召开 2017 物联网产业峰会，发布新一代物联网平台 ThingxCloud 兴云。ThingxCloud 兴云作为专为使能而生的 IoT PaaS 平台，上承应用、下联设备、内生数据、赋能物联网、助力生态圈，开启了物联网共建、共享、共赢新模式。

中兴通讯新一代 ThingxCloud 兴云物联网平台采用业界主流的 PaaS 技术架构，基于大数据、AI、安全基础能力，实现了物联网的设备管理、连接管理以及应用使能管理，适配各种通信协议，屏蔽网络技术差异，使底层网络对上层应用透明，为物联网行业提供终端连接、应用创新、数据共享、运营支撑、集成服务等能力。

　　该平台通过 SDK（Software Development Kit）/API（Application Programming Interface）规范并简化海量终端的接入，对上层物联网应用开放公共基础能力；消除了物联网应用以往相互独立，各自单独部署，烟囱式的建设模式，使各种物联网应用在架构上得到极大的优化，并降低了开发难度，节省了运营成本；帮助合作伙伴专注于开发用户所需应用，如资产跟踪、远程安全、车联网、远程医疗和健康管理、车队管理、农业及工厂自动化、智能资源管理、智慧家庭和智慧楼宇等。

　　该平台通过丰富的 AI 和大数据能力，使上层应用开发更智能，在协议、数据、API 接口以及系统等多层面进行安全管控设计，确保了整个物联网应用建设在更安全、稳定、可靠的环境中。

　　中兴通讯新一代 ThingxCloud 兴云物联网平台适配各种通信协议。同时推出两个系列物联网芯片，分别是迅龙和朱雀，其中迅龙主要针对高速率的物联网应用，朱雀主要是 NB-IoT 等低速低能耗的物联网应用。

本 章 练 习 题

一、填空题

1. 局域网是一种在_____的地理范围内将大量 PC 机及各种设备互联在一起。实现根据_____和资源_____的计算机网络。

2. 从介质访问控制方法的角度，局域网可分为_____和_____两种类型。

3. 10Base-5 中，"10"代表_____，"Base"代表_____。

4. 采用交换技术形成的交换式以太网，其核心设备是_____，可以在它的端口之间建立多个_____连接。

5. 广域网的类型可分为_____、_____和_____三大类型。

6. 互联网是一个_____的网络，它以_____网络协议将各种不同类型、不同规模、位于不同地理位置的物理网络连接成一个整体。

7. 互联网主要是由_____、_____、_____与信息资源等部分组成的。

8. 互联网接入技术包含_____、_____和_____三种技术。

9. WLAN 硬件设备包括_____、_____和_____。

10. WLAN 接入方式包括_____、_____、_____和_____。

二、选择题

1. 局域网的体系结构包括（　　）。

A. 物理层、数据链路层、网络层　　　　　　B. 物理层、LLC 和 MAC 子层

C. LLC 和 MAC 子层　　　　　　　　　　　D. 物理层

2. CSMA/CD 介质访问控制方法和物理层技术规范是由（　　）描述的。

A. IEEE 802.2　　　B. IEEE 802.3　　　C. IEEE 802.4　　　D. IEEE 802.5

3. 令牌环的介质访问控制方法和物理层技术规范是由（　　）描述的。

A. IEEE 802.2　　　B. IEEE 802.3　　　C. IEEE 802.4　　　D. IEEE 802.5

4. 以下哪一项不是局域网的拓扑结构？（　　）

A. 总线型　　　　　B. 星型　　　　　　C. 环型　　　　　　D. 全连通型

5. 广域网是指利用（　　）连接各主机而构成的网络。

    A. 节点交换机　　　　　B. 路由器　　　　　　C. 网关　　　　　　　　D. 网桥

6. 将用户计算机与远程主机连接起来，并作为远程主机的终端来使用，支持该服务的协议是（　　）。

    A. E-mail　　　　　　　B. Telnet　　　　　C. WWW　　　　　　D. BBS

7. 网络互联的层次在数据链路层，采用的互联设备是（　　）。

    A. 中继器　　　　　　　B. 路由器　　　　　　C. 网桥　　　　　　　D. 网关

8. 采用 CSMA/CD 介质访问控制方法的局域网中某一站点要发送数据，则必须（　　）。

    A. 立即发送　　　　　B. 等到总线空闲　　　C. 等到空令牌　　　D. 等发送时间到

三、判断题

1. IEEE 802 局域网的 LLC 层都是一样的。（　　）

2. 基于集线器的网络属于交换式局域网。（　　）

3. 所有以太网交换机端口既支持 10Base-T 标准，又支持 100Base-T 标准。（　　）

4. 10Base-T 和 100Base-T 具有不同的 MAC 层。（　　）

5. 网络互联是基础，互通是网络互联的手段，互操作是网络互联的目的。（　　）

6. 以太网接入具有的高带宽和低成本的特点，可适合各种条件的互联网接入。（　　）

7. 软交换设备位于业务层，它独立于传送网络，主要完成呼叫控制、资源分配、协议处理、路由、认证和计费等功能。（　　）

8. 第二代无线局域网是基于 IEEE 802.11 标准的无线局域网。（　　）

9. 交换式以太网关键设备是交换机，交换机为每个端口提供专用宽带，网络总带宽是各端口带宽之和。（　　）

四、简答题

1. 什么是计算机局域网，它有哪些特点？

2. 局域网最常用的介质访问控制方法有哪 3 种，各有什么特点？

3. 交换式以太网技术具有哪些优点？

4. 请简要说明 SDN 体系架构及相关特征。

5. 请说明 NB-IoT 技术的优势和特点。

6. 请简述无线局域网的优点和不足之处。

7. 请说明 WLAN 部署要求。

8. 请说明以太网技术的分类及详细内容。

本 章 小 结

本章主要介绍了局域网、广域网、互联网、无线网络、SDN 网络、物联网等各个网络体系的相关原理、概念、关键技术及其特点。

局域网是目前应用最为广泛的计算机网络，主要工作在物理层和数据链路层。局域网的主要介质访问控制方法有 CSMA/CD、令牌环访问控制、令牌总线访问控制。在局域网中随着 100 Mb/s 以太网、1000 Mb/s 以太网相继投入市场，交换式以太网通过以太网交换机支持交换机端口的并发连接，实现多节点之间数据的并发传输。

互联网是全球性的、最具影响力的计算机互联网络，也是世界范围的信息资源宝库。它的关键技术主要包括了 TCP/IP 模型技术和标识技术。互联网又称网际网络，或音译因特网(Internet)，始于 1969 年美国的阿帕网。互联网是网络与网络之间所串连成的庞大网络，这些网络以一组通用的协议相连，形成逻辑上的单一巨大国际网络。这种将计算机网络互相连接在一起的方法可称作"网络互联"，在这基础上发展出覆盖全世界的全球性互联网络称互联网，即是互相连接在一起的网络结构。

无线网络既包括允许用户建立远距离无线连接的全球语音和数据网络，也包括为近距离无线连接进行优化的红外线技术及射频技术，与有线网络的用途十分类似，最大的不同在于传输媒介的不同。利用无线电技术取代网线，可以和有线网络互为备份。无线网络技术经历了 2G、3G、4G 的发展，正在向 5G 技术迈进。

SDN 网络、物联网也已经进入实践和发展阶段，并取得了良好的经济和社会效益，未来的社会会真正成为"万物互联"的时代。

第6章 网络操作系统

【本章内容简介】

网络操作系统是网络的心脏和灵魂,本章介绍了整个操作系统的发展历史、操作系统的基本概念、特点、功能、作用、分类等相关知识和内容。

【本章重点难点】

重点掌握各类操作系统如 Windows、Linux、UNIX 等系统的定义、特点、发展史、功能、概念、命令等相关知识。

6.1 操作系统概述

6.1.1 基本概念

操作系统(Operating System,OS)是管理和控制计算机硬件与软件资源的计算机程序,是直接运行在"裸机"上的最基本的系统软件,任何其他软件都必须在操作系统的支持下才能运行。

操作系统是用户和计算机的接口,同时也是计算机硬件和其他软件的接口。操作系统的功能包括管理计算机系统的硬件、软件及数据资源,控制程序运行,改善人机界面,为其他应用软件提供支持,让计算机系统所有资源最大限度地发挥作用,提供各种形式的用户界面,使用户有一个好的工作环境,为其他软件的开发提供必要的服务和相应的接口等。实际上,用户是不用接触操作系统的,操作系统管理着计算机硬件资源,同时按照应用程序的资源请求,分配资源,如划分 CPU 时间,内存空间的开辟,调用打印机等。

6.1.2 系统特点

网络操作系统是网络用户与计算机网络之间的接口。网络用户通过网络操作系统请求网络服务。网络操作系统具有处理机管理、存储器管理、设备管理、文件管理、作业管理、网络管理等功能。一个典型的网络操作系统一般具有以下特征。

(1)硬件独立。网络操作系统可以在不同的网络硬件上运行,即它应当独立于具体的硬件平台,如用户使用不同类型的网卡。

(2)共享资源。网络操作系统为多用户多任务共享资源的操作系统,能提供良好的用户界面,管理共享资源,包括打印机处理、网络通信处理等。

(3)网络管理。网络操作系统支持网络实用程序及其管理功能,如用户注册、系统备份、网络状态监视、服务器性能控制等。

（4）多任务、多用户支持。网络操作系统应能同时支持多用户对网络的访问。

（5）系统容错。容错是指网络服务器出现故障后不会使整个网络系统瘫痪或丢失用户数据。网络服务器的硬盘是最容易出现故障的部件，因此服务器的可靠性往往表现在硬盘的容错性能上。为防止服务器因故障而影响网络正常运行，可采用 UPS 电源监控保护、双机热备份、磁盘镜像、双机备份、热插拔等措施。

（6）安全性和存取控制。网络操作系统提供的安全管理功能不同于普通的"桌面操作系统"。除了注册和登录外，一个突出的安全管理措施是对系统内的文件设置访问控制表，使得不同类型的用户对同一资源的访问可以受到控制。一般的网络操作系统安全性分为登录安全性、资源访问权限控制和文件服务器安全性几个方面。

（7）支持不同类型的客户端。在同一个网络汇总，可能包含使用不同类型的操作系统的用户，如 Windows、Linux 或 UNIX 客户端，为方便用户访问网络，要求网络操作系统支持的网络类型越多越好。

（8）广域网连接。网络操作系统还可以通过网卡、网桥、路由器等设备与其他网络连接，并支持 DHCP、IP 路由、DNS 等广域网功能。

6.1.3　主要功能

操作系统的主要功能是资源管理、程序控制和人机交互等。计算机系统的资源可分为设备资源和信息资源两大类。设备资源指的是组成计算机的硬件设备，如中央处理器、主存储器、磁盘存储器、打印机、磁带存储器、显示器、键盘输入设备和鼠标等。信息资源指的是存放于计算机内的各种数据，如文件、程序库、知识库、系统软件和应用软件等。

操作系统位于底层硬件与用户之间，是两者沟通的桥梁。用户可以通过操作系统的用户界面输入命令。操作系统则对命令进行解释，驱动硬件设备，实现用户要求。以现代观点而言，一个标准个人电脑的 OS 应该提供以下功能：

- 进程管理（Processing Management）；
- 内存管理（Memory Management）；
- 文件系统（File System）；
- 网络通信（Networking）；
- 安全机制（Security）；
- 用户界面（User Interface）；
- 驱动程序（Device Drivers）。

1. 资源管理

系统的设备资源和信息资源都是操作系统根据用户需求按一定的策略来进行分配和调度的。操作系统的存储管理就负责把内存单元分配给需要内存的程序以便让它执行，在程序执行结束后将它占用的内存单元收回以便再使用。对于提供虚拟存储的计算机系统，操作系统还要与硬件配合做好页面调度工作，根据执行程序的要求分配页面，在执行中将页面调入和调出内存以及回收页面等。

处理器管理或称处理器调度，是操作系统资源管理功能的另一个重要内容。在一个允许多道程序同时执行的系统里，操作系统会根据一定的策略将处理器交替地分配给系统内等待运行的程序。一道等待运行的程序只有在获得了处理器后才能运行。一道程序在运行中若遇到某个事件，例如启动外部设备而暂时不能继续运行下去，或一个外部事件的发生等，操作系统就要来处理相应的事件，然后将处理器重新分配。

操作系统的设备管理功能主要是分配和回收外部设备以及控制外部设备按用户程序的要求进行操作等。对于非存储型外部设备，如打印机、显示器等，它们可以直接作为一个设备分配给一个用户程序，在使用完毕后回收以便给另一个有需求的用户使用。对于存储型的外部设备，如磁盘、磁带等，则是提供存储空间给用户，用来存放文件和数据。存储性外部设备的管理与信息管理是密切结合的。

信息管理是操作系统的一个重要的功能，主要是向用户提供一个文件系统。一般情况下，一个文件系统向用户提供创建文件、撤销文件、读写文件、打开和关闭文件等功能。有了文件系统后，用户可按文件名存取数据而无须知道这些数据存放在哪里。这种做法不仅便于用户使用，而且还有利于用户共享公共数据。此外，由于文件建立时允许创建者规定使用权限，这就可以保证数据的安全性。

2. 程序控制

一个用户程序的执行自始至终是在操作系统控制下进行的。一个用户将他要解决的问题用某一种程序设计语言编写了一个程序后就将该程序连同对它执行的要求输入到计算机内，操作系统就根据要求控制这个用户程序的执行直到结束。操作系统控制用户的执行主要有以下一些内容：调入相应的编译程序，将用某种程序设计语言编写的源程序编译成计算机可执行的目标程序，分配内存储等资源将程序调入内存并启动，按用户指定的要求处理执行中出现的各种事件以及与操作员联系请示有关意外事件的处理等。

3. 人机交互

操作系统的人机交互功能是决定计算机系统"友善性"的一个重要因素。人机交互功能主要靠可输入输出的外部设备和相应的软件来完成。可供人机交互使用的设备主要有键盘显示、鼠标、各种模式识别设备等。与这些设备相应的软件就是操作系统提供人机交互功能的部分。人机交互部分的主要作用是控制有关设备的运行和理解并执行通过人机交互设备传来的有关的各种命令和要求。

4. 虚拟内存

虚拟内存是计算机系统内存管理的一种技术。它使得应用程序认为它拥有连续的可用的内存(一个连续完整的地址空间)，而实际上，它通常被分隔成多个物理内存碎片，还有部分暂时存储在外部磁盘存储器上，在需要时进行数据交换。

5. 用户接口

用户接口包括作业一级接口和程序一级接口。作业一级接口为了便于用户直接或间接地控制自己的作业而设置。它通常包括联机用户接口与脱机用户接口。程序一级接口是为用户程序在执行中访问系统资源而设置的，通常由一组系统调用组成。

在早期的单用户单任务操作系统(如 DOS)中，每台计算机只有一个用户，每次运行一个程序，且单个程序完全可以存放在实际内存中。这时虚拟内存并没有太大的用处。但随着程序占用存储器容量的增长和多用户多任务操作系统的出现，在程序设计时，在程序所需要的存储量与计算机系统实际配备的主存储器的容量之间往往存在着矛盾。例如，在某些低档的计算机中，物理内存的容量较小，而某些程序却需要很大的内存才能运行；而在多用户多任务系统中，多个用户或多个任务更新全部主存，要求同时执行独断程序。这些同时运行的程序到底占用实际内存中的哪一部分，在编写程序时是无法确定的，必须等到程序运行时才动态分配。

6. 用户界面

用户界面(User Interface，UI，亦称使用者界面)是系统和用户之间进行交互和信息交换的媒介，它实现信息的内部形式与人类可以接受形式之间的转换。

用户界面是指对软件的人机交互、操作逻辑、界面美观的整体设计。目的在于使用户能够方便有效地去操作硬件以达成双向交互，完成所希望借助硬件完成的工作。用户界面定义广泛，包含了人机交互与图形用户接口，凡参与人类与机械的信息交流的领域都存在着用户界面。用户和系统之间一般用面向问题的受限自然语言进行交互。目前有系统开始利用多媒体技术开发新一代的用户界面。

6.1.4　系统作用

系统作用主要体现在两方面：

(1) 屏蔽硬件物理特性和操作细节，为用户使用计算机提供了便利指令系统(成千上万条机器指令，它们的执行是由微程序的指令解释系统实现的)。计算机问世初期，计算机工作者就是在裸机上通过手工操作方式进行工作的。计算机硬件体系结构越来越复杂。

(2) 有效管理系统资源，提高系统资源使用效率。如何有效地管理、合理地分配系统资源，提高系统资源的使用效率是操作系统必须发挥的主要作用。资源利用率、系统吞吐量是两个重要的指标。

6.1.5　系统分类

1. Windows 系统

Windows 是由微软公司成功开发的操作系统。Windows 是一个多任务的操作系统，采用图形窗口界面，用户对计算机的各种复杂操作只需通过点击鼠标就可以实现。

Microsoft Windows 系列操作系统是在微软给 IBM 机器设计的 MS－DOS 的基础上设计的图形操作系统。Windows 系统，如 Windows 2000、Windows XP 皆是创建于现代的 Windows NT 内核。NT 内核是从 OS/2 和 OpenVMS 等系统上借用来的。Windows 可以在 32 位和 64 位的 Intel 和 AMD 的处理器上运行，但是早期的版本也可以在 DEC Alpha、MIPS 与 PowerPC 架构上运行。由于人们对于开放源代码作业系统兴趣的提升，使得 Windows 的市场占有率有所下降。

Windows XP 在 2001 年 10 月 25 日发布，2004 年 8 月 24 日发布服务包 2，2008 年 4 月 21 日发布最新的服务包 3。微软上一款操作系统 Windows Vista(开发代码为 Longhorn) 于 2007 年 1 月 30 日发售。Windows Vista 增加了许多功能，尤其是系统的安全性和网络管理功能，并且其拥有界面华丽的 Aero Glass。但是整体而言，其在全球市场上的口碑却并不是很好。Windows 8 在 2012 年 10 月正式推出，系统有着独特的 Metro 开始界面和触控式交互系统。2013 年 10 月 17 日 19 点，Windows 8.1 在全球范围内，通过 Windows 上的应用商店进行更新推送。2014 年 1 月 22 日，微软在美国旧金山举行发布会，发布了

Windows 10消费者预览版，2015 年 7 月 29 日，微软正式发布 Windows 10。

2. Linux 系统

基于 Linux 的操作系统是 1991 年推出的一个多用户、多任务的操作系统。它与 UNIX 完全兼容。Linux 最初是由芬兰赫尔辛基大学计算机系学生 Linus Torvalds 在基于 UNIX 的基础上开发的一个操作系统的内核程序，Linux 的设计是为了在 Intel 微处理器上更有效地运用。其后在理查德·斯托曼的建议下以 GNU 通用公共许可证发布，成为自由软件 UNIX 变种。它的最大特点在于它是一个源代码公开的自由及开放源码的操作系统，其内核源代码可以自由传播。

经历数年的披荆斩棘，自由开源的 Linux 系统逐渐蚕食以往专利软件的专业领域，例如以往计算机动画运算巨擘——SGI 的 IRIX 系统已被 Linux 家族及贝尔实验室研发小组设计的九号计划与 Inferno 系统取代，皆用于分散表达式环境。它们并不像其他 UNIX 系统，而是选择自带图形用户界面。九号计划原先并不普及，因为它刚推出时并非自由软件。Linux 有各类发行版，通常为 GNU/Linux，如 Debian（及其衍生系统 Ubuntu、Linux Mint）、Fedora、openSUSE 等。Linux 发行版作为个人计算机操作系统或服务器操作系统，在服务器上已成为主流的操作系统。

3. UNIX 系统

UNIX 是一个强大的多用户、多任务操作系统，支持多种处理器架构，按照操作系统的分类，属于分时操作系统。UNIX 最早由 Ken Thompson 和 Dennis Ritchie 于 1969 年在美国 AT＆T 的贝尔实验室开发。

类 UNIX（UNIX－like）操作系统指各种传统的 UNIX 以及各种与传统 UNIX 类似的系统。它们虽然有的是自由软件，有的是商业软件，但都继承了原始 UNIX 的特性，有许多相似处，并且都在一定程度上遵守 POSIX 规范。类 UNIX 系统可在非常多的处理器架构下运行，在服务器系统上有很高的使用率，例如大专院校或工程应用的工作站。

4. iOS 系统

iOS 操作系统是由苹果公司开发的手持设备操作系统。iOS 与苹果的 Mac OS X 操作系统一样，它也是以 Darwin 为基础的，因此同样属于类 UNIX 的商业操作系统。原本这个系统名为 iPhone OS，直到 2010 年 6 月 7 日 WWDC 大会上宣布改名为 iOS。

6.1.6　主要类型

1. 批处理操作系统

批处理操作系统（Batch Processing Operating System）的工作方式是：用户将作业交给系统操作员，系统操作员将许多用户的作业组成一批作业，之后输入到计算机中，在系统中形成一个自动转接的连续的作业流，然后启动操作系统，系统自动、依次执行每个作业。最后由操作员将作业结果交给用户。批处理操作系统的特点是多道和成批处理。

2. 分时操作系统

分时操作系统（Time Sharing Operating System，TSOS）的工作方式是：一台主机连接了若干个终端，每个终端有一个用户在使用。用户交互式地向系统提出命令请求，系统接受每个用户的命令，采用时间片轮转方式处理服务请求，并通过交互方式在终端上向用户显示结果。用户根据上步结果发出下道命令。分时操作系统将 CPU 的时间划分成若干个片段，称为时间片。操作系统以时间片为单位，轮流为每个终端用户服务。每个用户轮流使用一个时间片而使每个用户并不感到有别的用户存在。分时系统具有多路性、交互性、"独占"性和及时性的特征。多路性指有多个用户使用一台计算机，宏观上看是多个人同时使用一个 CPU，微观上是多个人在不同时刻轮流使用 CPU。交互性是指用户根据系统响应结果进一步提出新请求（用户直接干预每一步）。"独占"性是指用户感觉不到计算机为其他人服务，就像整个系统为他所独占。及时性指系统对用户提出的请求及时响应。

常见的通用操作系统是分时系统与批处理系统的结合。其原则是：分时优先，批处理在后。"前台"响应需频繁交互的作业，如终端的要求；"后台"处理时间性要求不强的作业。

3. 实时操作系统

实时操作系统（Real Time Operating System，RTOS）是指使计算机能及时响应外部事件的请求，在规定的严格时间内完成对该事件的处理，并控制所有实时设备和实时任务协调一致地工作的操作系统。实时操作系统要追求的目标是：对外部请求在严格时间范围内做出反应，有高可靠性和完整性。其主要特点是资源的分配和调度首先要考虑实时性，然后才是效率。此外，实时操作系统应有较强的容错能力。

4. 网络操作系统

网络操作系统（Network Operating System，NOS），是向网络计算机提供服务的特殊的操作系统。网络操作系统分为服务器（Server）及客户端（Client）。服务器的主要功能是管理服务器和网络上的各种资源及网络设备的共用，加以统合并控管流量，避免有瘫痪的可能性，而客户端就是有着能接收服务器所传递的数据并进行运用的功能，以便让客户端可以清楚地搜索所需的资源。

网络操作系统与运行在工作站上的单用户操作系统（如 Windows 系列）或多用户操作系统（UNIX、Linux）由于提供的服务类型不同而有差别。一般情况下，网络操作系统以使网络相关特性达到最佳为目的，如共享数据文件、软件应用，以及共享硬盘、打印机、调制解调器、扫描仪和传真机等。一般计算机的操作系统，如 DOS 和 OS/2 等，其目的是让用户与系统及在此操作系统上运行的各种应用之间的交互作用达到最佳。

为防止一次由一个以上的用户对文件进行访问，一般网络操作系统都具有文件加锁功能。如果系统没有这种功能，用户将不会正常工作。文件加锁功能可跟踪使用中的每个文件，并确保一次只能有一个用户对其进行编辑。文件也可由用户的口令加锁，以维持专用文件的专用性。

网络操作系统还负责管理 LAN 用户和 LAN 打印机之间的连接。网络操作系统总是跟踪每一个可供使用的打印机，以及每个用户的打印请求，并对如何满足这些请求进行管理，使每个端用户感到进行操作的打印机犹如与其计算机直接相连。

由于网络计算的出现和发展，现代操作系统的主要特征之一就是具有上网功能，因此，除了在 20 世纪 90 年代初期，Novell 公司的 Netware 等系统被称为网络操作系统之外，人们一般不再特指某个操作系统为网络操作系统。

5. 分布式操作系统

分布式操作系统（Distributed Software Systems）是为分布计算系统配置的操作系统。

大量的计算机通过网络被连在一起，可以获得极高的运算能力及广泛的数据共享。这种系统被称为分布式系统(Distributed System)。它在资源管理、通信控制和操作系统的结构等方面都与其他操作系统有较大的区别。由于分布计算机系统的资源分布于系统的不同计算机上，操作系统对用户的资源需求不能像一般的操作系统那样等待有资源时直接分配，而是要在系统的各台计算机上搜索，找到所需资源后才可进行分配。对于有些资源，如具有多个副本的文件，还必须考虑一致性。所谓一致性是指若干个用户对同一个文件所同时读出的数据是一致的。为了保证一致性，操作系统须控制文件的读、写操作，使得多个用户可同时读一个文件，而任一时刻最多只能有一个用户在修改文件。分布式操作系统的通信功能类似于网络操作系统。由于分布计算机系统不像网络分布得很广，同时分布式操作系统还要支持并行处理，因此它提供的通信机制和网络操作系统提供的有所不同，它要求通信速度高。分布式操作系统的结构也不同于其他操作系统，它分布于系统的各台计算机上，能并行地处理用户的各种需求，有较强的容错能力。

分布式操作系统是网络操作系统的更高形式，它保持了网络操作系统的全部功能，而且还具有透明性、可靠性和高性能等。网络操作系统和分布式操作系统虽然都用于管理分布在不同地理位置的计算机，但最大的差别是：网络操作系统知道确切的网址，而分布式系统则不知道计算机的确切地址；分布式操作系统负责整个的资源分配，能很好地隐藏系统内部的实现细节，如对象的物理位置等。

6. 嵌入式操作系统

嵌入式操作系统(Embedded Operating System)是用在嵌入式系统的操作系统，是一种用途广泛的系统软件，通常包括与硬件相关的底层驱动软件、系统内核、设备驱动接口、通信协议、图形界面、标准化浏览器等。嵌入式操作系统负责嵌入式系统的全部软、硬件资源的分配、任务调度，控制、协调并发活动。它必须体现其所在系统的特征，能够通过装卸某些模块来达到系统所要求的功能。

目前在嵌入式领域广泛使用的操作系统有：嵌入式实时操作系统 C/OS-II、嵌入式 Linux、Windows Embedded、VxWorks 等，以及应用在智能手机和平板电脑的 Android、iOS 等。

7. 服务器操作系统

服务器操作系统一般指的是安装在大型计算机上的操作系统，比如 Web 服务器、应用服务器和数据库服务器等。服务器操作系统主要集中在三大类：

(1) UNIX 系列：SUNSolaris、IBM-AIX、HP-UX、FreeBSD、OS X Server 等；

(2) Linux 系列：Red Hat Linux、CentOS、Debian、Ubuntu Server 等；

(3) Windows 系列：Windows NT Server、Windows Server 2003、Windows Server 2008、Windows Server 2008 R2、Windows Server 2012、Windows Server Technical 等。

6.2 主流操作系统

6.2.1 Windows 操作系统

Microsoft Windows 是美国微软公司研发的一套操作系统，它问世于 1985 年，起初仅仅是 Microsoft – DOS 模拟环境，后续的系统版本由于微软不断更新升级，不但易用，也慢慢成为人们喜爱的操作系统。

Windows 采用了图形化模式 GUI，比起从前的 DOS 需要键入指令使用的方式更为人性化。随着电脑硬件和软件的不断升级，微软的 Windows 也在不断升级，从架构的 16 位、32 位再到 64 位，系统版本从最初的 Windows 1.0 到大家熟知的 Windows 95、Windows 98、Windows ME、Windows 2000、Windows 2003、Windows XP、Windows Vista、Windows 7、Windows 8、Windows 8.1、Windows 10 和 Windows Server 服务器企业级操作系统，不断持续更新，微软一直在致力于 Windows 操作系统的开发和完善。

1. Windows NT 系统

Microsoft Windows NT(New Technology)是 Microsoft 在 1993 年推出的面向工作站、网络服务器和大型计算机的网络操作系统，也可做 PC 操作系统。它与通信服务紧密集成，基于 OS/2 NT 基础编制。OS/2 由微软和 IBM 联合研制，分为微软的 Microsoft OS/2 NT 与 IBM 的 IBM OS/2。协作后来不欢而散，IBM 继续向市场提供先前的 OS/2 版本，微软则把自己的 OS/2 NT 的名称改为 Windows NT，即第一代的 Windows NT 3.1。微软公司从数字设备公司（Digital Equipment Corporation）雇佣了一批人员来开发这个新系统。"NT"所指的便是"新技术"（New Technology）之意。"NT"除了可以解释为"新技术"之外，有另一种说法指"NT"是来自微软在 i860 上开发 NT 时所使用的模拟器"N10"（N – Ten）。

2. Windows Server 2000 系统

Windows Server 2000 是 Windows 2000 服务器版，面向小型企业的服务器领域。它的原名就是 Windows NT 5.0 Server。支持每台机器上最多拥有 4 个处理器，最低支持 128 MB内存，最高支持 4 GB 内存。微软通过 Windows Server 2000 操作系统达到了软件业很少实现的一个目标：提供一种同时具有改进性和创新性的产品。改进性表现为 Windows Server 2000 建立于 Windows NT 4.0 操作系统的良好基础之上；创新性表现为 Windows Server 2000 设置了操作系统与 Web、应用程序、网络、通信和基础设施服务之间良好集成的一个新标准。

3. Windows Server 2003 系统

Windows Server 2003 有多种版本，每种都适合不同的商业需求。各版本介绍如下：

1）Windows Server 2003 Web 版

该版本标准的英文名称为 Windows Server 2003 Web Edition，用于构建和存放 Web 应用程序、网页和 XMLWeb Services。它主要使用 IIS6.0 Web 服务器并提供快速开发和部署使用 ASP. NET 技术的 XMLWeb Services 和应用程序。支持双处理器，最低支持 256 MB的内存，最高支持 2 GB 的内存。请注意：即使使用的是 4 GB 内存，该版本也只能识别到 2 GB，如需识别大内存则需要特殊设置，为桌面虚拟化提供平台。

2）Windows Server 2003 标准版

该版本标准的英文名称为 Windows Server 2003 Standard Edition，其销售目标是中小型企业，支持文件和打印机共享，提供安全的 Internet 连接，允许集中的应用程序部署。支持 4 个处理器；最低支持 256 MB 的内存，最高支持 4 GB 的内存。

3）Windows Server 2003 企业版

该版本标准的英文名称为 Windows Server 2003 Enterprise Edition，其与 Windows Server 2003 标准版的主要区别在于 Windows Server 2003 企业版支持高性能服务器，并且可以群集服务器，以便处理更大的负荷。通过这些功能实现了可靠性，有助于确保系统即使在出现问题时仍可用。

4．Windows Server 2008 系统

Windows Server 2008 发行了多种版本，以支持各种规模的企业对服务器不断变化的需求。Windows Server 2008 有 5 种不同版本，另外还有 3 种不支持 Windows Server Hyper－V技术的版本，因此总共有 8 种版本。

Windows Server 2008 Standard 是迄今最稳固的 Windows Server 操作系统，其内置的强化 Web 和虚拟化功能，是专为增加服务器基础架构的可靠性和弹性而设计的，亦可节省时间及降低成本。该系统利用功能强大的工具，让用户拥有更好的服务器控制能力，并简化设定和管理工作；而增强的安全性功能则可强化操作系统，以协助保护数据和网络，并可为企业提供扎实且可高度信赖的基础。

Windows Server 2008 Enterprise 可提供企业级的平台，部署企业关键应用。其所具备的群集和热添加（Hot－Add)处理器功能，可协助改善可用性，而整合的身份管理功能，可协助改善安全性，利用虚拟化授权权限整合应用程序，则可减少基础架构的成本，因此 Windows Server 2008 Enterprise 能为高度动态、可扩充的 IT 基础架构提供良好的基础。

Windows Server 2008 Datacenter 所提供的企业级平台，可在小型和大型服务器上部署，满足企业关键应用，具备大规模的虚拟化的能力。其所具备的群集和动态硬件分割功能，可改善可用性，而通过无限制的虚拟化许可授权来巩固应用，可减少基础架构的成本。此外，此版本亦可支持 2 到 64 颗处理器，因此 Windows Server 2008 Datacenter 能够提供良好的基础，用以建立企业级虚拟化和扩充解决方案。

6.2.2　Linux 操作系统

Linux 是一套免费使用和自由传播的类 UNIX 操作系统，是一个基于 POSIX 和 UNIX 的多用户、多任务、支持多线程和多 CPU 的操作系统。它能运行主要的 UNIX 工具软件、应用程序和网络协议。它支持 32 位和 64 位硬件。Linux 继承了 Unix 以网络为核心的设计思想，是一个性能稳定的多用户网络操作系统。

Linux 操作系统诞生于 1991 年 10 月 5 日(这是第一次正式向外公布的时间)。Linux 存在着许多不同的版本，但它们都使用了 Linux 内核。Linux 可安装在各种计算机硬件设备中，比如手机、平板电脑、路由器、视频游戏控制台、台式计算机、大型机和超级计算机。

严格来讲，Linux 这个词本身只表示 Linux 内核，但实际上人们已经习惯了用 Linux 来形容整个基于 Linux 内核，并且使用 GNU 工程各种工具和数据库的操作系统。

1．Linux 发展史

Linux 操作系统的诞生、发展和成长过程始终依赖着五个重要支柱：UNIX 操作系统、MINIX 操作系统、GNU 计划、POSIX 标准和 Internet 网络。

1981 年，IBM 公司推出微型计算机 IBM PC。

1991 年，GNU 计划已经开发出了许多工具软件，最受期盼的 GNU C 编译器已经出现，GNU 的操作系统核心 HURD 一直处于实验阶段，没有任何可用性，实质上也没能开发出完整的 GNU 操作系统，但是 GNU 奠定了 Linux 用户基础和开发环境。

1991 年年初，林纳斯·托瓦兹开始在一台 386sx 兼容微机上学习 Minix 操作系统。1991 年 4 月，林纳斯·托瓦兹开始酝酿并着手编制自己的操作系统。

1991 年 4 月 13 日，林纳斯·托瓦兹在 comp. os. minix 上发布说自己已经成功地将 Bash 移植到了 Minix 上，而且已经爱不释手、不能离开这个 Shell 软件了。

1991 年 7 月 3 日，第一个与 Linux 有关的消息是在 comp. os. minix 上发布的（当然此时还不存在 Linux 这个名称，当时林纳斯·托瓦兹的脑子里想的可能是 Freax，Freax 的英文含义是怪诞的、怪物、异想天开等）。

1991 年 10 月 5 日，林纳斯·托瓦兹在 comp. os. minix 新闻组上发布消息，正式向外宣布 Linux 内核的诞生（Freeminix – like kernel sources for 386 – AT）。

1993 年，大约有 100 余名程序员参与了 Linux 内核代码编写/修改工作，其中核心组由 5 人组成，此时 Linux 0.99 的代码大约有十万行，用户大约有 10 万。

1994 年 3 月，Linux 1.0 发布，代码量 17 万行，当时是按照完全自由免费的协议发布，随后正式采用 GPL 协议。

1995 年 1 月，Bob Young 创办了 RedHat（小红帽），以 GNU/Linux 为核心，集成了 400 多个源代码开放的程序模块，设计出了一种冠以品牌的 Linux，即 RedHat Linux，称为 Linux "发行版"，在市场上出售。这在经营模式上是一种创举。

1996 年 6 月，Linux 2.0 内核发布，此内核有大约 40 万行代码，并可以支持多个处理器。此时的 Linux 已经进入了实用阶段，全球大约有 350 万人使用。

1998 年 2 月，以 Eric Raymond 为首的一批年轻的"老牛羚骨干分子"终于认识到 GNU/Linux 体系的产业化道路的本质并非什么自由哲学，而是市场竞争的驱动，创办了 "Open Source Intiative"（开放源代码促进会），扛起了 Linux "复兴"的大旗，在互联网世界里展开了一场历史性的 Linux 产业化运动。

2001 年 1 月，Linux 2.4 发布，它进一步地提升了 SMP 系统的扩展性，同时它也集成了很多用于支持桌面系统的特性：USB、PC 卡（PCMCIA）的支持，内置的即插即用等功能。

2003 年 12 月，Linux 2.6 版内核发布，相对于 2.4 版内核，2.6 版在对系统的支持上有很大的变化。

2004 年 3 月，SGI 宣布成功实现了 Linux 操作系统支持 256 个 Itanium 2 处理器。

2. Linux 主要特性

1）基本思想

Linux 的基本思想有两点：第一，一切都是文件；第二，每个软件都有确定的用途。其中第一条详细来讲就是系统中的所有都归结为一个文件，包括命令、硬件和软件设备、操作系统、进程等等对于操作系统内核而言，都被视为拥有各自特性或类型的文件。至于说 Linux 是基于 UNIX 的，很大程度上也是因为这两者的基本思想十分相近。

2）完全免费

Linux 是一款免费的操作系统，用户可以通过网络或其他途径免费获得，并可以任意修改其源代码。这是其他的操作系统所做不到的。正是由于这一点，来自全世界的无数程序员参与了 Linux 的修改、编写工作，程序员可以根据自己的兴趣和灵感对其进行改变，这让 Linux 不断壮大。

3）完全兼容 POSIX 1.0 标准

Linux 完全兼容 POSIX 1.0，这使得可以在 Linux 下通过相应的模拟器运行常见的 DOS、Windows 的程序。这为用户从 Windows 转到 Linux 奠定了基础。许多用户在考虑使用 Linux 时，就想到以前在 Windows 下常见的程序是否能正常运行，这一点就消除了他们的疑虑。

4）多用户、多任务

Linux 支持多用户，各个用户对于自己的文件设备有自己特殊的权利，保证了各用户之间互不影响。多任务则是现在电脑最主要的一个特点，Linux 可以使多个程序同时并独立地运行。

5）良好的界面

Linux 同时具有字符界面和图形界面。在字符界面用户可以通过键盘输入相应的指令来进行操作。它同时也提供了类似 Windows 图形界面的 X-Window 系统，用户可以使用鼠标对其进行操作。在 X-Window 环境中就和在 Windows 中相似，可以说是一个 Linux 版的 Windows。

6）支持多种平台

Linux 可以运行在多种硬件平台上，如具有 x86、680x0、SPARC、Alpha 等处理器的平台。此外，Linux 还是一种嵌入式操作系统，可以运行在掌上电脑、机顶盒或游戏机上。2001 年 1 月发布的 Linux 2.4 版内核已经能够完全支持 Intel 64 位芯片架构。同时 Linux 也支持多处理器技术。多个处理器同时工作，使系统性能大大提高。

3. 桌面环境

在图形计算中，一个桌面环境（Desktop Environment，有时称为桌面管理器）为计算机提供一个图形用户界面（GUI）。但严格来说窗口管理器和桌面环境是有区别的。桌面环境就是桌面图形环境，它的主要目标是为 Linux/UNIX 操作系统提供一个更加完备的界面以及大量各类整合工具和使用程序，其基本易用性吸引着大量的新用户。桌面环境名称来自桌面比拟，对应于早期的文字命令行界面（CLI）。一个典型的桌面环境提供图标、视窗、工具栏、文件夹、壁纸以及像拖放这样的能力。整体而言，桌面环境在设计和功能上的特性，赋予了它与众不同的外观和感觉。

现今主流的桌面环境有 KDE、GNOME、Xfce、LXDE 等，除此之外还有 Ambient、EDE、IRIX Interactive Desktop、Mezzo、Sugar、CDE 等。下面进行简单介绍。

1）GNOME

GNOME 即 GNU 网络对象模型环境（the GNU Network Object Model Environment），

GNU 计划的一部分,开放源码运动的一个重要组成部分。它是一种让使用者容易操作和设定电脑环境的工具,其目标是基于自由软件,为 UNIX 或者类 UNIX 操作系统构造一个功能完善、操作简单以及界面友好的桌面环境。GNOME 是 GNU 计划的正式桌面。

2) Xfce

Xfce 即 XForms Common Environment,创建于 2007 年 7 月,类似于商业图形环境 CDE,是一个运行在各类 UNIX 下的轻量级桌面环境。原作者 Olivier Fourdan 最先设计 XFce 是基于 XForms 三维图形库。Xfce 设计目的是用来提高系统的效率,在节省系统资源的同时,能够快速加载和执行应用程序。

3) Fluxbox

Fluxbox 是一个基于 GNU/Linux 的轻量级图形操作界面,它虽然没有 GNOME 和 KDE 那样精致,但由于它的运行对系统资源和配置要求极低,所以被安装到很多较旧的或是对性能要求不高的机器上,其菜单和有关配置被保存于用户根目录下的.fluxbox 目录里,这样使得它的配置极为便利。

4) Enlightenment

Enlightenment 是一个功能强大的窗口管理器,它的目标是让用户能够轻而易举地配置桌面图形界面。现在 Enlightenment 的界面拥有像 AfterStep 一样的可视化时钟以及其他浮华的界面效果,用户不仅可以任意选择边框和动感的声音效果,而且由于它开放的设计思想,每一个用户可以根据自己的喜好,任意地配置窗口的边框、菜单以及屏幕上其他各个部分,而不需要接触源代码,也不需要编译任何程序。

4. 文件系统

1) 文件类型

(1) 普通文件(Regular File):就是一般存取的文件,由 ls - al 显示出来的属性中,第一个属性为 [-],例如 [- rwxrwxrwx]。另外,依照文件的内容,普通文件又大致可以分为以下三种:

• 纯文本文件。这是 UNIX 系统中最多的一种文件类型,之所以称为纯文本文件,是因为内容可以直接读到的数据,例如数字、字母等等。设置文件几乎都属于这种文件类型。举例来说,使用命令"cat ~/.bashrc"就可以看到该文件的内容(cat 是将文件内容读出来)。

• 二进制文件。系统其实仅认识且可以执行二进制文件(Binary File)。Linux 中的可执行文件(脚本,文本方式的批处理文件不算)就是这种格式的。举例来说,命令 cat 就是一个二进制文件。

• 数据格式的文件。有些程序在运行过程中,会读取某些特定格式的文件,那些特定格式的文件可以称为数据文件(Data File)。举例来说,Linux 在用户登录时,都会将登录数据记录在 /var/log/wtmp 文件内,该文件是一个数据文件,它能通过 last 命令读出来。但使用 cat 时,会读出乱码。因为它是属于一种特殊格式的文件。

除上述三种文件外,还有目录文件和连接文件。

目录文件(Directory)就是指目录，第一个属性为[d]，例如 [drwxrwxrwx]。

连接文件(Link)类似于 Windows 下面的快捷方式，其第一个属性为 [l]，例如[lrwxr-wxrwx]。

(2) 设备与设备文件：是指与系统外设及存储等相关的一些文件，通常都集中在/dev 目录。通常又分为四种：

• 块设备文件：就是存储数据以供系统存取的接口设备，简单而言就是硬盘。例如一号硬盘的代码是 /dev/hda1 等文件。第一个属性为[b]。

• 字符设备文件：即串行端口的接口设备，例如键盘、鼠标等等。第一个属性为[c]。

• 套接字(Sockets)：这类文件通常用于网络数据连接。可以启动一个程序来监听客户端的要求，客户端就可以通过套接字来进行数据通信。第一个属性为[s]，最常在 /var/run 目录中看到这种文件类型。

• 管道(FIFO)：FIFO 也是一种特殊的文件类型，它主要的目的是，解决多个程序同时存取一个文件所造成的错误。FIFO 是 first－in－first－out(先进先出)的缩写。第一个属性为[p]。

2) 文件结构

/：根目录，所有的目录、文件、设备都在"/"之下，"/"就是 Linux 文件系统的组织者，也是最上级的领导者。

/bin：bin 就是二进制(Binary)的英文缩写。在一般的系统当中，都可以在这个目录下找到 Linux 常用的命令。系统所需要的那些命令也位于此目录。

/boot：Linux 的内核及引导系统程序所需要的文件目录，比如 vmlinuz initrd. img 文件都位于这个目录中。在一般情况下，GRUB 或 LILO 系统引导管理器也位于这个目录。

/cdrom：这个目录在刚刚安装系统的时候是空的。可以将光驱文件系统挂在这个目录下。例如：mount/dev/cdrom/cdrom。

/dev：dev 是设备(Device)的英文缩写。这个目录对所有的用户都十分重要。因为在这个目录中包含了所有 Linux 系统中使用的外部设备。但是这里并不包括外部设备的驱动程序。这一点和常用的 Windows、DOS 操作系统不一样。它实际上是一个访问这些外部设备的端口。由此可以非常方便地去访问这些外部设备，和访问一个文件、一个目录没有任何区别。

/etc：etc 这个目录是 Linux 系统中最重要的目录之一。在这个目录下存放了系统管理时要用到的各种配置文件和子目录。要用到的网络配置文件、文件系统、Linux 系统配置文件、设备配置信息、设置用户信息等都在这个目录下。

/home：如果建立一个用户，用户名是"xx"，那么在/home 目录下就有一个对应的 /home/xx路径，用来存放用户的主目录。

/lib：lib 是库(Library)的英文缩写。这个目录是用来存放系统动态连接共享库的。几乎所有的应用程序都会用到这个目录下的共享库。因此，千万不要轻易对这个目录进行什么操作，一旦发生问题，系统就不能工作了。

/lost＋found：在 ext2 或 ext3 文件系统中，因系统意外崩溃或机器意外关机而产生的一些文件碎片放在这里。当系统启动的过程中 fsck 工具会检查这里，并修复已经损坏的文件系统。有时系统发生问题，有很多的文件被移这个目录中，可能会需要用手工的方式来修复，或把文件移到原来的位置上。

　　/mnt：这个目录一般是用于存放挂载储存设备的挂载目录的，比如有 cdrom 等目录。可以参见/etc/fstab 的定义。

　　/media：有些 Linux 的发行版使用这个目录来挂载那些 USB 接口的移动硬盘、CD/DVD驱动器等。

　　/opt：这里主要存放那些可选的程序。

　　/proc：可以在这个目录下获取系统信息。这些信息是在内存中，由系统自己产生的。

　　/root：Linux 超级权限用户 Root 的家目录。

　　/sbin：这个目录是用来存放系统管理员的系统管理程序。大多是涉及系统管理的命令的存放，是超级权限用户 Root 的可执行命令存放地，普通用户无权限执行这个目录下的命令，这个目录和/usr/sbin、/usr/X11R6/sbin 或/usr/local/sbin 目录是相似的，凡是目录 sbin 中包含的都是 Root 权限才能执行的。

　　/selinux：对 SElinux 的一些配置文件目录，SElinux 可以让 Linux 更加安全。

　　/srv：服务启动后，所需访问的数据目录，举个例子来说，WWW 服务启动读取的网页数据就可以放在/srv/www 中。

　　/tmp：临时文件目录，用来存放不同程序执行时产生的临时文件。有时用户运行程序的时候，会产生临时文件。/tmp 就用来存放临时文件。/var/tmp 目录和这个目录相似。

　　/usr：这是 Linux 系统中占用硬盘空间最大的目录。用户的很多应用程序和文件都存放在这个目录下。在这个目录下，可以找到那些不适合放在/bin 或/etc 目录下的额外的工具。

　　/usr/local：这里主要存放那些手动安装的软件。它和/usr 目录具有相类似的目录结构。让软件包管理器来管理/usr 目录，而把自定义的脚本(Scripts)放到/usr/local 目录下面。

　　/usr/share：这个目录用来存放系统共用的东西。

　　/var：这个目录的内容是经常变动的，var 可以理解为 vary 的缩写，/var 下有/var/log 用来存放系统日志的目录。/var/www 目录定义 Apache 服务器站点存放目录；/var/lib 用来存放一些库文件，比如 MySQL 以及 MySQL 数据库的存放地。

5. 常用 Linux 指令简介

（1）Linux 管理文件和目录的命令，如表 6-1 所示。

表 6-1　Linux 管理文件和目录的命令

命　令	功　能	命　令	功　能
pwd	显示当前目录	ls	查看目录下的内容
cd	改变所在目录	cat	显示文件的内容
grep	在文件中查找某字符	cp	复制文件
touch	创建文件	mv	移动文件
rm	删除文件	rmdir	删除目录

（2）Linux 管理磁盘空间的命令，如表 6-2 所示。

表 6-2　Linux 管理磁盘空间的命令

命　令	功　能
mount	挂载文件系统
umount	卸载已挂载上的文件系统
df	检查各个硬盘分区和已挂上来的文件系统的磁盘空间
du	显示文件目录和大小
fsck	主要是检查和修复 Linux 文件系统

（3）Linux 文件备份和压缩命令，如表 6-3 所示。

表 6-3　Linux 文件备份和压缩命令

命　令	功　能
bzip2/bunzip2	扩展名为 bz2 的压缩/解压缩工具
gzip/gunzip	扩展名为 gz 的压缩/解压缩工具
zip/unzip	扩展名为 zip 的压缩/解压缩工具
tar	创建备份和归档

（4）Linux 关机和查看系统信息的命令，如表 6-4 所示。

表 6-4　Linux 关机和查看系统信息的命令

命　令	功　能
shutdown	正常关机
reboot	重启计算机
ps	查看目前程序执行的情况
top	查看目前程序执行的情景和内存使用的情况
kill	终止一个进程
date	更改或查看目前日期
cal	显示月历及年历

（5）Linux 管理使用者和设立权限的命令，如表 6-5 所示。

表 6-5　Linux 管理使用者和设立权限的命令

命　令	功　能	命　令	功　能
chmod	改变权限	useradd	增加用户
su	修改用户		

（6）Linux 线上查询的命令，如表 6-6 所示。

表 6-6　Linux 线上查询的命令

命　令	功　能
man	查询和解释一个命令的使用方法，以及这个命令的说明事项
locate	定位文件和目录
whatis	寻找某个命令的含义

（7）Linux 文件阅读的命令，如表 6-7 所示。

表 6-7　Linux 文件阅读的命令

命　令	功　能
head	查看文件的开头部分
tail	查看文件结尾的 10 行
less	less 是一个分页工具，它允许一页一页地（或一个屏幕一个屏幕地）查看信息
more	more 是一个分页工具，它允许一页一页地（或一个屏幕一个屏幕地）查看信息

（8）Linux 网络操作命令，如表 6-8 所示。

表 6-8　Linux 网络操作命令

命　令	功　能	命　令	功　能
ftp	传送文件	telnet	远端登陆录
bye	结束连线并结束程序	rlogin	远端登录
ping	检测主机	netstat	显示网络状态

（9）Linux 定位、查找文件的命令，如表 6-9 所示。

表 6-9　Linux 定位、查找文件的命令

命　令	功　能
which	依序从 path 环境变量所列的目录中找出 command 的位置，并显示完整路径的名称
whereis	找出特定程序的可执行文件、源代码文件以及 manpage 的路径
find	按条件搜索，并执行一定的动作
locate	带记忆的文件搜索
updatedb	更新 slocate 的索引数据库

（10）Linux 常用其他命令，如表 6-10 所示。

表 6 – 10　**Linux 常用其他命令**

命　令	功　能	命　令	功　能
echo	显示一字串	passwd	修改密码
clear	清除显示器	lpr	打印
lpq	查看在打印队列中等待的作业	lprm	取消打印队列中的作业

6.2.3　UNIX 操作系统

1. UNIX 简介

UNIX 操作系统，是一个强大的多用户、多任务操作系统，支持多种处理器架构，按照操作系统的分类，属于分时操作系统，最早由 Ken Thompson、Dennis Ritchie 和 Douglas McIlroy 于 1969 年在 AT & T 的贝尔实验室开发。目前它的商标权由国际开放标准组织所拥有，只有符合单一 UNIX 规范的 UNIX 系统才能使用 UNIX 这个名称，否则只能称为类 UNIX(UNIX – like)。

2. UNIX 系统类别

1）AIX 系统

AIX(Advanced Interactive Executive)是 IBM 开发的一套 UNIX 操作系统。它符合 Open Group 的 UNIX 98 行业标准(the Open Group UNIX 98 Base Brand)，通过全面集成对 32 位和 64 位应用的并行运行支持，为这些应用提供了全面的可扩展性。它可以在所有的 IBM～p 系列和 IBM RS/6000 工作站、服务器和大型并行超级计算机上运行。AIX 的一些流行特性(例如 chuser、mkuser、rmuser 命令)允许如同管理文件一样来进行用户管理。AIX 级别的逻辑卷管理正逐渐被添加进各种自由的 UNIX 风格操作系统中。

2）Solaris

Solaris 是 Sun 公司研制的类 UNIX 操作系统。

早期的 Solaris 是由 BSDUNIX 发展而来。这是因为 Sun 公司的创始人之一比尔·乔伊(Bill Joy)来自加州大学伯克莱分校(U. C. Berkeley)。随着时间的推移，Solaris 在接口上正在逐渐向 System V 靠拢，但至今仍旧属于私有软件。2005 年 6 月 14 日，Sun 公司将正在开发中的 Solaris 11 的源代码以 CDDL 许可开放，这一开放版本就是 OpenSolaris。

Sun 的操作系统最初叫做 SunOS。从 SunOS 5.0 开始，Sun 的操作系统开发开始转向 System V4，并且有了新的名字 Solaris 2.0。Solaris 2.6 以后，Sun 删除了版本号中的"2"，因此，SunOS 5.10 就叫做 Solaris 10。Solaris 的早期版本后来又被重新命名为 Solaris 1. x，所以"SunOS"这个词被用于专指 Solaris 操作系统的内核，因此 Solaris 被认为是由 SunOS、图形化的桌面计算环境以及网络增强部分组成。

Solaris 运行在两个平台：Intel x86 及 SPARC/UltraSPARC。后者是升阳工作站使用的处理器。因此，Solaris 在 SPARC 上拥有强大的处理能力和硬件支援，同时 Intel x86 上的性能也正在得到改善。对这两个平台，Solaris 屏蔽了底层平台差异，为用户提供了尽可能一样的使用体验。

3）HP-UX

HP-UX 取自 Hewlett Packard UNIX，是惠普公司（Hewlett - Packard，HP）以 System V 为基础所研发成的类 UNIX 操作系统。HP-UX 可以在 HP 的 PA-RISC 处理器、Intel 的 Itanium 处理器的电脑上运行，另外过去也能用于后期的阿波罗电脑（Apollo/Domain）系统上。较早版本的 HP-UX 也能用于 HP 9000 系列 200 型、300 型、400 型的电脑系统（使用 Motorola 的 68000 处理器）和 HP-9000 系列 500 型电脑（使用 HP 专属的 FOCUS 处理器架构）上。

3．UNIX 标准及特性

1）标准

UNIX 用户协会最早从 20 世纪 80 年代开始标准化工作，1984 年颁布了试用标准。后来 IEEE 为此制定了 POSIX 标准（即 IEEE 1003 标准），国际标准名称为 ISO/IEC 9945。它通过一组最小的功能定义了在 UNIX 操作系统和应用程序之间兼容的语言接口。POSIX 是由 Richard Stallman 应 IEEE 的要求而提议的一个易于记忆的名称，含义是 Portable Operating System Interface（可移植操作系统接口），而 X 表明其 API 的传承。

2）特性

UNIX 系统是一个多用户、多任务的分时操作系统。

UNIX 的系统结构可分为三部分：操作系统内核（是 UNIX 系统核心管理和控制中心，在系统启动或常驻内存）、系统调用（供程序开发者开发应用程序时调用系统组件，包括进程管理、文件管理、设备状态等）和应用程序（包括各种开发工具、编译器、网络通信处理程序等，所有应用程序都在 Shell 的管理和控制下为用户服务）。

UNIX 系统大部分是由 C 语言编写的，这使得系统易读、易修改、易移植。

UNIX 提供了丰富的、精心挑选的系统调用，整个系统的实现十分紧凑、简洁。

UNIX 提供了功能强大的可编程的 Shell 语言（外壳语言）作为用户界面，具有简洁、高效的特点。

UNIX 系统采用树状目录结构，具有良好的安全性、保密性和可维护性。

UNIX 系统采用进程对换（Swapping）的内存管理机制和请求调页的存储方式，实现了虚拟内存管理，大大提高了内存的使用效率。

UNIX 系统提供多种通信机制，如管道通信、软中断通信、消息通信、共享存储器通信、信号灯通信。

本 章 练 习 题

一、填空题

1．网络操作系统是利用局域网低层提供的_____功能，为高层网络用户提供_____服务。

2．目前主流的网络操作系统有 Microsoft 公司的_____，Novell 公司的_____和_____。

3．Windows Server 2003 除了继承 Windows 2000 家族的所有版本以外，还添加了一

个新的 Windows 2003 Web Edition 版，专门针对_____服务进行优化，并与_____技术紧密结合。

  4. UNIX 系统最早是指由美国贝尔实验室发明的一种_____、_____的通用操作系统。

  5. Linux 系统是一个免费的，提供_____的操作系统。

  6. Linux 系统的桌面环境包含_____、_____、_____、_____等几种环境。

  7. UNIX 系统类别包含_____、_____、_____等。

二、判断题

  1. 由于网络操作系统是运行在服务器上，因此有时也称它为服务器操作系统。（ ）

  2. 网络操作系统的发展经历了由对等型结构向非对等型结构的演变过程。（ ）

  3. 网络操作系统支持不同类型的客户端和局域网连接，但不支持广域网连接。（ ）

  4. Windows NT 只能有一个主域控制器，可以有多个后备域控制器与普通服务器。（ ）

  5. Windows Server 2003 的 4 个 32 位版本与 Windows 2000 的 4 个版本是一一对应的。（ ）

三、简答题

  1. 网络操作系统与单机操作系统之间的区别是什么？

  2. Windows Server 2008 与 Windows Server 2003、Windows Server 2000 有何本质区别？

  3. Linux 操作系统有哪些特性？

  4. Linux 操作系统的文件系统包括哪几部分？请详细阐述。

  5. UNIX 系统有哪些特性和标准？请分别阐述。

本 章 小 结

  网络操作系统是利用局域网低层提供的数据传输功能，为高层网络用户提供共享资源管理服务以及其他网络服务功能的网络系统软件。

  网络服务器采用高配置、高性能的计算机，以集中方式管理局域网的共享资源，并为网络工作站提供各类服务。

  网络操作系统的基本功能包括文件服务、打印服务、数据库服务、通信服务、网络管理服务等多个服务。

  主流的网络操作系统主要有 Windows 操作系统、Linux 操作系统、UNIX 操作系统。每种操作系统的发展史、版本类型、特点、相关指令操作等都是本章的重点内容。

第 7 章 网络安全技术

【本章内容简介】

网络安全是保障计算机正常工作的基础。本章主要介绍网络安全概述，包括网络安全的主要特性、系统功能、等级保护级别等内容。网络攻击方面的知识也比较多，包括攻击分类、攻击层次、攻击方法、攻击步骤等相关内容。网络安全系统重点介绍防火墙系统、入侵检测系统、入侵防御系统、安全网关系统、Web 应用防护系统、VPN 等技术。

【本章重点难点】

重点掌握各类攻击手段、攻击类型、各类主流网络安全系统的概念、作用、部署等相关知识。

7.1 网络安全概述

7.1.1 网络安全的概念

网络安全是指网络系统的硬件、软件及其系统中的数据受到保护，不因偶然的或者恶意的原因而遭受到破坏、更改、泄露，系统连续可靠正常地运行，网络服务不中断。

7.1.2 网络安全的主要特性

网络安全主要特性如下：

（1）保密性：信息不泄露给非授权用户、实体或过程，或供其利用的特性。

（2）完整性：数据未经授权不能进行改变的特性，即信息在存储或传输过程中保持不被修改、不被破坏和丢失的特性。

（3）可用性：可被授权实体访问并按需求使用的特性，即当需要时能否存取所需的信息。例如，网络环境下拒绝服务、破坏网络和有关系统的正常运行等都属于对可用性的攻击。

（4）可控性：对信息的传播及内容具有控制能力。

（5）可审查性：出现安全问题时提供依据与手段。

从网络运行和管理者角度说，希望对本地网络信息的访问、读写等操作受到保护和控制，避免出现"陷门"、病毒、非法存取、拒绝服务和网络资源非法占用和非法控制等威胁，制止和防御网络黑客的攻击。对安全保密部门来说，他们希望对非法的、有害的或涉及国家机密的信息进行过滤和防堵，避免机要信息泄露，避免对社会产生危害，对国家造成巨大损失。

随着计算机技术的迅速发展，在计算机上处理的业务也由基于单机的数学运算、文件处理，基于简单连接的内部网络的内部业务处理、办公自动化等发展到基于复杂的内部网（Intranet）、企业外部网（Extranet）、全球互联网（Internet）的企业级计算机处理系统和世界范围内的信息共享和业务处理。

在系统处理能力提高的同时，系统的连接能力也在不断提高。同时，基于网络连接的安全问题也日益突出，整体的网络安全主要表现在以下几个方面：网络的物理安全、网络拓扑结构安全、网络系统安全、应用系统安全和网络管理的安全等。

7.1.3 网络安全系统功能

由于网络安全攻击形式多，存在的威胁多，因此必须采取措施对网络信息加以保护，以使受到攻击的威胁减至最低。一个网络安全系统应具有如下功能。

1. 身份认证

认证就是识别和证实，是验证通信双方身份的有效手段，它对于开放系统环境中的各种信息安全有重要的作用。用户向系统请求服务时，要出示自己的身份证明，如输入（User ID 和 Password）等。而系统应具备查验用户身份证明的能力，对于用户的输入，能够明确判断该用户是否来自合法用户。

2. 访问控制

访问控制是针对越权使用的防御措施，其基本任务是防止非法用户进入系统以及防止合法用户对系统资源的非法使用。在开放系统中，对网络资源的使用应制定一些规则，包括用户可以访问的资源和可以访问用户各自具备的读、写和其他操作的权限。

3. 数据保密性

数据保密性是针对信息泄露的防御措施，它可分为信息保密、选择数据段保密与业务流保密等。保密性服务是为了防止被攻击而对网络传输的信息进行保护。根据传送的信息的安全要求不同，选择不同的保密级别。最广泛的服务是保护两个用户之间在一段时间内传送的所有用户数据，同时也可以对某个信息中的特定域进行保护。

保密性的另一方面是防止信息在传输中数据流被截获与分析。这就要求采取必要的措施，使攻击者无法检测到网络中传输信息的源地址、目的地址、长度及其他特性。

4. 数据完整性

数据完整性是针对非法的篡改信息、文件和业务流而设置的防范措施，以保证资源可获得性。数据完整性服务可以保证信息流、单个信息或信息中指定的字段，保证接收方所接收的信息与发送方的信息是一致的，在传送过程中没有被复制、插入、删除等对信息进行破坏的行为。

数据完整性服务又可分为恢复和无恢复两类。因为数据完整性服务与信息受到主动攻击相关，因此数据完整性服务与预防攻击相比更注重信息一致性的检测。如果安全系统检测到数据完整性遭到破坏，可以只报告攻击事件发生，也可以通过软件或人工干预的方式进行恢复。

5. 防抵赖

防抵赖是针对对方进行抵赖的访问措施，用来保证收发双方不能对已发送或已接收的信息予以否认。一旦出现发送方对发送信息的过程予以否认，或接收方对已接收的信息予以否认时，防抵赖服务提供记录，说明否认方是错误的。防抵赖服务对电子商务活动是非常有用的。

6. 密钥管理

密钥管理是以密文方式在相对安全的信道上传递信息，可以让用户比较放心地使用网络。如果密钥泄露或居心不良者通过积累大量密文而增加密文的破译机会，就会对通信安全造成威胁。为对密钥的产生、存储、传递和定期更换进行有效的控制而引入密钥管理机制，对增加网络的安全性和抗攻击性非常重要。

7. 攻击监控

通过对特定网段、服务建立的攻击监控体系，可实时检测出绝大多数攻击，并采取相应的行动（如断开网络连接、记录攻击过程、跟踪攻击源等）。

8. 检查安全漏洞

通过对安全漏洞的周期检查，即使攻击可到达攻击目标，也可使绝大多数攻击无效。

7.1.4　等级保护级别分类

信息系统的安全保护等级分为以下五级：

第一级：信息系统受到破坏后，会对公民、法人和其他组织的合法权益造成损害，但不损害国家安全、社会秩序和公共利益。第一级信息系统运营、使用单位应当依据国家有关管理规范和技术标准进行保护。

第二级：信息系统受到破坏后，会对公民、法人和其他组织的合法权益产生严重损害，或者对社会秩序和公共利益造成损害，但不损害国家安全。国家信息安全监管部门对该级信息系统安全等级保护工作进行指导。

第三级：信息系统受到破坏后，会对社会秩序和公共利益造成严重损害，或者对国家安全造成损害。国家信息安全监管部门对该级信息系统安全等级保护工作进行监督、检查。

第四级：信息系统受到破坏后，会对社会秩序和公共利益造成特别严重损害，或者对国家安全造成严重损害。国家信息安全监管部门对该级信息系统安全等级保护工作进行强制监督、检查。

第五级：信息系统受到破坏后，会对国家安全造成特别严重的损害。国家信息安全监管部门对该级信息系统安全等级保护工作进行专门监督、检查。

7.2　网络攻击概述

7.2.1　网络攻击简介

网络信息系统所面临的威胁来自很多方面，而且会随着时间的变化而变化。从宏观上看，这些威胁可分为自然威胁和人为威胁。

自然威胁来自各种自然灾害、恶劣的场地环境、电磁干扰、网络设备的自然老化等。这些威胁是无目的的，但会对网络通信系统造成损害，危及通信安全。而人为威胁是对网络信息系统的人为攻击，通过寻找系统的弱点，以非授权方式达到破坏、欺骗和窃取数据信息等目的。两者相比，精心设计的人为攻击威胁难防备、种类多、数量大。从对信息的破坏性上看，攻击类型可以分为被动攻击和主动攻击。

从攻击的位置上看，攻击类型可分为远程攻击、本地攻击和伪远程攻击。远程攻击指外部攻击者通过各种手段，从该子网以外的地方向该子网或者子网内的系统发动攻击。本地攻击指针对本局域网内的其他系统发动攻击，或在本机上进行非法越权访问。伪远程攻击指内部人员为了掩盖攻击者的身份，从本地获取目标的一些必要信息后，攻击过程从外部远程发起，造成外部入侵的现象，从而使追查者误以为攻击者来自外部。

攻击的目的主要包括：进程的执行、获取文件和传输中的数据、获得超级用户权限、对系统的非法访问、进行不许可的操作、拒绝服务、涂改信息、暴露信息、政治意图、经济利益等。

7.2.2　网络攻击的分类

1. 主动攻击

主动攻击会导致某些数据流的篡改和虚假数据流的产生。这类攻击可分为篡改、伪造消息数据和拒绝服务。

(1) 篡改消息。篡改消息是指一个合法消息的某些部分被改变、删除，消息被延迟或改变顺序，通常用以产生一个未授权的效果。如修改传输消息中的数据，将"允许甲执行操作"改为"允许乙执行操作"。

(2) 伪造。伪造指的是某个实体(人或系统)发出含有其他实体身份信息的数据信息，假扮成其他实体，从而以欺骗方式获取一些合法用户的权利和特权。

(3) 拒绝服务。拒绝服务即常说的 DoS(Denial of Service)，会导致对通信设备正常使用或管理被无条件地中断。通常是对整个网络实施破坏，以达到降低性能、中断服务的目的。这种攻击也可能有一个特定的目标，如到某一特定目的地(如安全审计服务)的所有数据包都被阻止。

2. 被动攻击

被动攻击中攻击者不对数据信息做任何修改，截取/窃听是指在未经用户同意和认可的情况下，攻击者获得了信息或相关数据。通常包括窃听、流量分析、破解弱加密的数据流等攻击方式。

(1) 窃听。窃听是最常用的手段。目前应用最广泛的局域网上的数据传送是基于广播方式进行的，这就使一台主机有可能收到本子网上传送的所有信息。而计算机的网卡工作在杂收模式时，它就可以将网络上传送的所有信息传送到上层，以供进一步分析。如果没有采取加密措施，通过协议分析，可以完全掌握通信的全部内容。窃听还可以用无限截获方式得到信息，通过高灵敏接收装置接收网络站点辐射的电磁波或网络连接设备辐射的电磁波，通过对电磁信号的分析恢复原数据信号从而获得网络信息。尽管有时数据信息不能通过电磁信号全部恢复，但肯定会得到极有价值的情报。

（2）流量分析。流量分析攻击方式适用于一些特殊场合。例如，敏感信息都是保密的，攻击者虽然从截获的消息中无法得到消息的真实内容，但攻击者还能通过观察这些数据报的模式，分析确定出通信双方的位置、通信的次数及消息的长度，获知相关的敏感信息，这种攻击方式称为流量分析。

由于被动攻击不会对被攻击的信息做任何修改，留下痕迹很少，或者根本不留下痕迹，因而非常难以检测，所以抗击这类攻击的重点在于预防，具体措施包括虚拟专用网 VPN，采用加密技术保护信息以及使用交换式网络设备等。被动攻击不易被发现，因而常常是主动攻击的前奏。

被动攻击虽然难以检测，但可采取措施有效地预防，而要有效地防止主动攻击是十分困难的，开销太大，抗击主动攻击的主要技术手段是检测，以及从攻击造成的破坏中及时地恢复。检测同时还具有某种威慑效应，在一定程度上也能起到防止攻击的作用。具体措施包括自动审计、入侵检测和完整性恢复等。

7.2.3　网络攻击的层次

1. 简单拒绝服务攻击

拒绝服务攻击即是攻击者想办法让目标机器停止提供服务，是黑客常用的攻击手段之一。其实对网络带宽进行的消耗性攻击只是拒绝服务攻击的一小部分，只要能够对目标造成麻烦，使某些服务被暂停甚至主机死机，都属于拒绝服务攻击。拒绝服务攻击问题也一直得不到合理的解决，究其原因是因为网络协议本身的安全缺陷，从而拒绝服务攻击也成为攻击者的终极手法。攻击者进行拒绝服务攻击，实际上让服务器实现两种效果：一是迫使服务器的缓冲区满，不接收新的请求；二是使用 IP 欺骗，迫使服务器把非法用户的连接复位，影响合法用户的连接。

2. 本地用户获得非授权读写权限

本地用户是指在本地网络的任一台机器上有口令、因而在某一驱动器上有一个目录的用户。本地用户获取到了他们非授权的文件的读写权限的问题是否构成危险，很大程度上要看被访问文件的关键性。例如，在 Linux 系统中，任何本地用户随意访问临时文件目录（/tmp）都具有危险性，它能够潜在地铺设一条通向下一级别攻击的路径。主要攻击方法是：黑客诱骗合法用户告知其机密信息或执行任务，有时黑客会假装网络管理人员向用户发送邮件，要求用户给他系统升级的密码。

3. 远程用户获得特权文件的读写权限

远程用户获得特权文件读写权限的攻击能做到的不只是核实特定文件是否存在，而且还能读写这些文件。

密码攻击法是主要攻击法，损坏密码是最常见的攻击方法。密码破解是用以描述在使用或不使用工具的情况下渗透网络、系统或资源以解锁用密码保护的资源的一个术语。用户常常忽略他们的密码，密码政策很难得到实施。黑客有多种工具可以击败技术和社会所保护的密码，主要包括：字典攻击（Dictionary Attack）、混合攻击（Hybrid Attack）和蛮力攻击(Brute Force Attack)。防范攻击的最好方法是严格控制进入特权,即使用有效的密码。密码应当遵循字母、数字、大小写混合使用的规则。

4. 远程用户拥有系统管理员权限

远程用户拥有系统管理权限是致命的攻击,表示攻击者拥有服务器的根、超级用户或管理员许可权,可以读、写并执行所有文件。换句话说,攻击者具有对服务器的全部控制权,可以在任何时刻都能够完全关闭甚至毁灭此网络。

TCP/IP 连续偷窃、被动通道听取和信息包拦截是主要攻击形式。TCP/IP 连续偷窃、被动通道听取和信息包拦截,是为进入网络收集重要信息的方法,不像拒绝服务攻击,这些方法有更多类似偷窃的性质,比较隐蔽不易被发现。一次成功的 TCP/IP 攻击能让黑客阻拦两个团体之间的交易,提供中间人袭击的良好机会,然后黑客会在不被受害者注意的情况下控制一方或双方的交易。通过被动窃听,黑客会操纵和登记信息,把文件送达,也会从目标系统上所有可通过的通道找到可通过的致命要害。黑客会寻找联机和密码的结合点,认出申请合法的通道。信息包拦截是指在目标系统约束一个活跃的听者程序以拦截和更改所有的或特别的信息的地址。信息可被改送到非法系统阅读,然后不加改变地送回给黑客。

7.2.4 网络攻击的方法

1. 口令入侵

通过口令进行身份认证是目前实现计算机安全的主要手段之一,一个用户的口令被非法用户获悉,则该非法用户即获得了该用户的全部权限,这样,尤其是高权限用户的口令泄露以后,主机和网络也就随即失去了安全性。黑客攻击目标时也常常把破译普通用户的口令作为攻击的开始。

所谓口令入侵是指使用某些合法用户的账号和口令登录到目的主机,然后再实施攻击活动。这种方法的前提是必须先得到该主机上的某个合法用户的账号,然后再进行合法用户口令的破译。获得普通用户账号的方法如下:

(1) 利用目标主机的 Finger 功能:当用 Finger 命令查询时,主机系统会将保存的用户资料(如用户名、登录时间等)显示在终端或计算机上;

(2) 利用目标主机的 X.500 服务:有些主机没有关闭 X.500 的目录查询服务,也给攻击者提供了获得信息的一条简易途径;

(3) 从电子邮件地址中收集:有些用户电子邮件地址常会透露其在目标主机上的账号;

(4) 查看主机是否有习惯性的账号:有经验的用户都知道,非常多的系统会使用一些习惯性的账号,造成账号的泄露。

关于口令安全性,有许多用户对自己的口令没有很好的安全意识,使用很容易被猜出的口令,以账号本身为例,第一个字母大写,或者全部大写,或者后面简单加上一个数字,甚至只是简单的数字,如 0、1、123、888、6666、168 等,有些是系统或者主机的名字,或者常见名词如 system、manager、admin 等。其实,根据目前计算机加密解密处理的算法和能力,防止自己口令被使用字典攻击法猜出的办法也很简单,就是使自己的口令不在相应解密程序的字典中。一个好的口令应当至少有 7 个字符长,不要用个人信息(如生日、名字等），口令中要有一些非字母（如数字、标点符号、控制字符等），还要好记一些，不能写在纸上或计算机中的文件中，选择口令的一个好方法是将两个不相关的词（最好再组合上大小写）用一个数字或控制字符相连，并截断为 8 个字符。例如，me2. Hk97 就是一个从安全角度讲很不错的口令。

2. 特洛伊木马

RFC1244 中给出了 Trojan 程序的经典定义：特洛伊木马程序是这样一种程序，它提供了一些有用的，或仅仅是有意思的功能。但是通常要做一些用户不希望的事，诸如在用户不了解的情况下拷贝文件或窃取你的密码，或直接将重要资料转送出去，或破坏系统等。特洛伊程序带来一种很高级别的危险，因为它们很难被发现，在许多情况下，特洛伊程序是在二进制代码中发现的，它们大多数无法直接阅读，并且特洛伊程序可以作用在许许多多系统上，它的散播和病毒的散播非常相似。从 Internet 上下载的软件，尤其是免费软件和共享软件，从匿名服务器中获得的程序等都是十分可疑的。

放置特洛伊木马程式能直接侵入用户的计算机并进行破坏，它们常被伪装成工具程式或游戏等，诱使用户打开带有特洛伊木马程式的邮件附件或从网上直接下载，一旦用户打开了这些邮件的附件或执行了这些程序之后，他们就会留在用户的计算机中，并在自己的计算机系统中隐藏一个能在 Windows 启动时悄悄执行的程序。当用户连接到因特网上时，这个程式就会通知攻击者，来报告用户的 IP 地址及预先设定的端口。攻击者在收到这些信息后，再利用这个潜伏在其中的程序，就能任意地修改用户的计算机的参数设定、复制文件、窥视整个硬盘中的内容等，从而达到控制用户的计算机的目的。

3. Web 欺骗

在网上用户能利用 IE 等浏览器进行各种各样的 Web 站点的访问，如阅读新闻组、咨询产品价格、订阅报纸、电子商务等。然而一般的用户恐怕不会想到有这些问题存在：正在访问的网页已被黑客篡改过，网页上的信息是虚假的！例如，黑客将用户要浏览的网页的 URL 改写为指向黑客自己的服务器，当用户浏览目标网页的时候，实际上是向黑客服务器发出请求，那么黑客就能达到欺骗的目的了。

一般 Web 欺骗使用两种技术手段，即 URL 地址重写技术和相关信息掩盖技术。利用 URL 地址，使这些地址都指向攻击者的 Web 服务器，即攻击者能将自己的 Web 地址加在所有 URL 地址的前面。这样，当用户和站点进行安全链接时，就会毫不防备地进入攻击者的服务器，于是用户的所有信息便处于攻击者的监视之中。但由于浏览器一般均设有地址栏和状态栏，当浏览器和某个站点连接时，能在地址栏和状态样中获得连接中的 Web 站点地址及其相关的传输信息，用户由此能发现问题，所以攻击者往往在 URL 地址重写的同时，利用相关信息掩盖技术，即一般用 JavaScript 程式来重写地址栏和状态栏，以达到其掩盖欺骗的目的。

4. 电子邮件攻击

电子邮件是互联网上运用得十分广泛的一种通信方式。攻击者能使用一些邮件炸弹软件或 CGI 程式向目的邮箱发送大量内容重复、无用的垃圾邮件，从而使目的邮箱被撑爆而无法使用。当垃圾邮件的发送流量特别大时，更有可能造成邮件系统对于正常的工作反应缓慢，甚至瘫痪。相对于其他的攻击手段来说，这种攻击方法具有简单、见效快等好处。

它的防御也比较简单，一般邮件收发程序都提供过滤功能，发现此类攻击后，将源目标地址放入拒绝接收列表中即可。

还有一种是电子邮件欺骗，攻击者佯称自己为系统管理员（邮件地址和系统管理员完全相同），给用户发送邮件要求用户修改口令（口令可能为指定字符串）或在貌似正常的附件中加载病毒或其他木马程序。例如，某些单位的网络管理员有定期给用户免费发送防火墙升级程序的义务，这为黑客成功地利用该方法提供了可乘之机，这类欺骗只要用户提高警惕，一般危害性不是太大。

5. 节点攻击

攻击者在突破一台主机后，往往以此主机作为根据地，攻击其他主机（以隐蔽其入侵路径、避免留下蛛丝马迹）。他们能使用网络监听方法，尝试攻破同一网络内的其他主机；也能通过 IP 欺骗和主机信任关系，攻击其他主机。

这类攻击非常狡猾，如 TCP/IP 欺骗攻击。攻击者通过将外部计算机伪装成另一台合法机器来实现。他能破坏两台机器间通信链路上的数据，其伪装的目的在于哄骗网络中的其他机器误将攻击者的机器作为合法机器加以接受，诱使其他机器向他发送数据或允许他修改数据。TCP/IP 欺骗能发生在 TCP/IP 系统的所有层次上，包括数据链路层、网络层、传输层及应用层均容易受到影响。如果底层受到损害，则应用层的所有协议都将处于危险之中。另外由于用户本身不直接和底层相互交流，因而对底层的攻击更具有欺骗性。

6. 网络监听

网络监听是主机的一种工作模式，在这种模式下，主机能接收到本网段在同一条物理通道上传输的所有信息，而不管这些信息的发送方和接收方是谁。因为系统在进行密码校验时，用户输入的密码需要从用户端传送到服务器端，而攻击者就能在两端之间进行数据监听。此时若两台主机进行通信的信息没有加密，只要使用某些网络监听工具（如 NetXRay for WinXP/Vista/7/8/NT、Sniffit for Linux、Solaries 等）就可轻而易举地截取包括口令和账号在内的信息资料。虽然网络监听获得的用户账号和口令具有一定的局限性，但监听者往往能够获得其所在网段的所有用户账号及口令。

7. 安全漏洞

安全漏洞也就是系统的漏洞，指硬件软件或策略上的失误。漏洞类型多种多样，如软件错误和缺陷，系统配合不当，口令失窃，明文通信信息被监听以及 TCP/IP 初始设计存在缺陷等各方面。

许多系统都有这样那样的安全漏洞（Bug）。其中一些是操作系统或应用软件本身具有的，如缓冲区溢出攻击。由于很多系统在不检查程式和缓冲之间变化的情况下，就任意接受任意长度的数据输入，把溢出的数据放在堆栈里，系统还照常执行命令。这样攻击者只要发送超出缓冲区所能处理的长度的指令，系统便进入不稳定状态。若攻击者特别设置一串准备用作攻击的字符，他甚至能访问根目录，从而拥有对整个网络的绝对控制权。另一些是利用协议漏洞进行攻击，如攻击者利用 POP3 一定要在根目录下运行的这一漏洞发动攻击，破坏根目录，从而获得终极用户的权限。又如，ICMP 协议也经常被用于发动拒绝服务攻击。其具体手法就是向目的服务器发送大量的数据包，几乎占据该服务器所有的网络带宽，从而使其无法对正常的服务请求进行处理，而导致网站无法进入、网站响应速度大大降低或服务器瘫痪。常见的蠕虫病毒或和其同类的病毒都能对服务器进行拒绝服务攻击的进攻。它们的繁殖能力极强，一般通过 Microsoft 的 Outlook 软件向众多邮箱发出带有病毒的邮件，而使邮件服务器无法承担如此庞大的数据处理量而瘫痪。对于个人上网用户而言，也有可能遭到大量数据包的攻击使其无法进行正常的网络操作。

8. 端口扫描

所谓端口扫描，就是利用 Socket 编程和目标主机的某些端口建立 TCP 连接、进行传输协议的验证等，从而检测目标主机的扫描端口是否是处于激活状态、主机提供了哪些服务、提供的服务中是否含有某些缺陷等。

端口扫描器通常通过与目标主机 TCP/IP 端口建立连接，并请求某些服务，记录目标主机的应答，搜集目标主机相关信息，从而发现目标主机某些内在的安全弱点。为使系统正常运行，通常应尽量关闭无用的端口。端口扫描有如下功能：

（1）发现一个主机与网络的能力；

（2）识别目标系统上正在运行的 TCP 和 UDP 服务；

（3）识别目标系统的操作系统类型；

（4）识别某个应用程序或某个特定服务的版本号；

（5）发现系统的漏洞。

常用的端口扫描方式有以下几类：

1）TCP connect( )扫描

TCP connect( )扫描是最基本的 TCP 扫描。操作系统提供的 connect( )系统调用，用来与每一个感兴趣的目标计算机的端口进行连接。如果端口处于侦听状态，那么 connect( )就能成功。否则，这个端口是不能用的，即没有提供服务。这个技术的一个最大的优点是不需要任何权限。系统中的任何用户都有权利使用这个调用。另一个好处就是速度快。如果对每个目标端口以线性的方式，使用单独的 connect( )调用，那么将会花费相当长的时间，可以通过同时打开多个套接字，从而加速扫描。使用非阻塞 I/O 允许用户设置一个低的时间用尽周期，同时观察多个套接字。但这种方法的缺点是很容易被发觉，并且被过滤掉。目标计算机的 log 文件会显示一连串的连接和连接是出错的服务消息，并且能很快使它关闭。

2）TCP SYN 扫描

TCP SYN 扫描技术通常认为是"半开放"扫描，这是因为扫描程序不必打开一个完全的 TCP 连接。扫描程序发送的是一个 SYN 数据包，好像准备打开一个实际的连接并等待反应一样。一个 SYN|ACK 的返回信息表示端口处于侦听状态。一个 RST 返回，表示端口没有处于侦听状态。如果收到一个 SYN|ACK，则扫描程序必须再发送一个 RST 信号，来关闭这个连接过程。这种扫描技术的优点在于一般不会在目标计算机上留下记录。但这种方法的一个缺点是，必须要有 Root 权限才能建立自己的 SYN 数据包。

3）TCP FIN 扫描

有的时候有可能 SYN 扫描都不够隐秘，一些防火墙和包过滤器会对一些指定的端口进行监视，有的程序能检测到这些扫描。相反，FIN 数据包可能会没有任何麻烦地通过。这种扫描方法的思想是关闭的端口会用适当的 RST 来回复 FIN 数据包。另一方面，打开的端口会忽略对 FIN 数据包的回复。这种方法和系统的实现有一定的关系。有的系统不管端口是否打开，都回复 RST，这样，这种扫描方法就不适用了。并且这种方法在区分 UNIX 和 NT 时是十分有用的。

4）IP 段扫描

IP 段扫描并不是直接发送 TCP 探测数据包，而是将数据包分成两个较小的 IP 段。这样就将一个 TCP 头分成好几个数据包，从而使过滤器很难探测到。

7.2.5　网络攻击的步骤

一般网络攻击都分为三个阶段，即攻击的准备阶段、攻击的实施阶段和攻击的善后阶段。攻击的准备阶段：确定攻击目的、准备攻击工具和收集目标信息。攻击的实施阶段：实施具体的攻击行动。攻击的善后阶段：消除攻击的痕迹、植入后门，退出。

攻击的准备阶段包含以下步骤：

★ 第一步：隐藏己方位置。

为了不在目的主机上留下自己的 IP 地址，防止被目的主机发现，老练的攻击者都会尽量通过"跳板"或"肉鸡"展开攻击。所谓"肉鸡"通常是指通过后门程序控制的傀儡主机，通过"肉鸡"开展的扫描及攻击，即便被发现也由于现场遗留环境的 IP 地址是"肉鸡"的地址而很难追查。

普通攻击者都会利用别人的计算机隐藏他们真实的 IP 地址。老练的攻击者还会利用 800 电话的无人转接服务连接 ISP，然后再盗用他人的账号上网。

★ 第二步：寻找并分析。

攻击者首先要寻找目标主机并分析目标主机。在 Internet 上能真正标识主机的是 IP 地址，域名是为了便于记忆主机的 IP 地址而另起的名字，只要利用域名和 IP 地址就能顺利地找到目标主机。当然，知道了要攻击目标的位置还是远远不够的，还必须将主机的操作系统类型及其所提供服务等资料作全方面的了解。此时，攻击者们会使用一些扫描器工具，轻松获取目标主机运行的是哪种操作系统的哪个版本，系统有哪些账户，WWW、FTP、Telnet、SMTP 等服务器程式是何种版本等资料，为入侵做好充分的准备。

★ 第三步：账号和密码。

攻击者要想入侵一台主机，首先要获取该主机的一个账号和密码，否则连登录都无法进行。这样常迫使他们先设法盗窃账户文件，进行破解，从中获取某用户的账户和口令，再寻觅合适时机以此身份进入主机。当然，利用某些工具或系统漏洞登录主机也是攻击者常用的一种技法。

★ 第四步：清除记录和留下后门。

攻击者们用 FTP、Telnet 等工具利用系统漏洞进入目标主机系统获得控制权之后，就会做两件事：清除记录和留下后门。他会更改某些系统设置、在系统中置入特洛伊木马或其他一些远程操纵程序，以便日后能不被觉察地再次进入系统。大多数后门程序是预先编译好的，只需要想办法修改时间和权限就能使用了，甚至新文件的大小都和原文件相同。攻击者一般会使用 rep 传递这些文件，以便不留下 FTB 记录。利用清除日志、删除拷贝的文件等手段来隐藏自己的踪迹之后，攻击者就开始下一步的行动。

★ 第五步：窃取资源和特权。

攻击者找到攻击目标后，会继续下一步的攻击，窃取网络资源和特权。例如，下载敏感信息，实施窃取账号密码、信用卡号等经济偷窃，使网络瘫痪。

7.3　主流网络安全系统

7.3.1　防火墙系统

1. 基本定义

防火墙（Firewall）指的是一个由软件和硬件设备组合而成、在内部网和外部网之间、专用网与公共网之间的界面上构造的保护屏障。防火墙是一种获取安全性方法的形象说法，它是一种计算机硬件和软件的结合，使 Internet 与 Intranet 之间建立起一个安全网关（Security Gateway），从而保护内部网免受非法用户的侵入。防火墙主要由服务访问规则、验证工具、包过滤和应用网关 4 个部分组成，防火墙就是一个位于计算机和它所连接的网络之间的软件或硬件。该计算机流入流出的所有网络通信和数据包均要经过此防火墙。

它实际上是一种隔离技术。防火墙是在两个网络通信时执行的一种访问控制尺度，能允许用户“同意”的人和数据进入网络，同时将用户“不同意”的人和数据拒之门外，最大限度地阻止网络中的黑客来访问用户的网络。换句话说，如果不通过防火墙，公司内部的人就无法访问 Internet，Internet 上的人也无法和公司内部的人进行通信。

它可通过监测、限制、更改跨越防火墙的数据流，尽可能地对外部屏蔽网络内部的信息、结构和运行状况，以此来实现网络的安全保护。在逻辑上，它是一个分离器，一个限制器，也是一个分析器，有效地监控了内部网和 Internet 之间的任何活动，保证了内部网络的安全。

2. 使用防火墙的益处

1）保护脆弱的服务

通过过滤不安全的服务，Firewall 可以极大地提高网络安全性和减少子网中主机的风险。例如，Firewall 可以禁止 NIS、NFS 服务通过，Firewall 同时可以拒绝源路由和 ICMP 重定向封包。

2）控制对系统的访问

Firewall 可以提供对系统的访问控制，如允许从外部访问某些主机，同时禁止访问另外的主机。例如，Firewall 允许外部访问特定的 Mail Server 和 Web Server。

3）集中的安全管理

Firewall 对企业内部网实现集中的安全管理，在 Firewall 定义的安全规则可以运行于整个内部网络系统，而无须在内部网每台机器上分别设立安全策略。Firewall 可以定义不同的认证方法，而不需要在每台机器上分别安装特定的认证软件。外部用户也只需要经过一次认证即可访问内部网。

4）增强的保密性

使用 Firewall 可以阻止攻击者获取攻击网络系统的有用信息，如 Finger 服务和 DNS

服务。

5）记录和统计网络使用数据以及非法使用数据

Firewall 可以记录和统计通过 Firewall 的网络通信，提供关于网络使用的统计数据，并且，Firewall 可以提供统计数据来判断可能的攻击和探测。

6）策略执行

Firewall 提供了制定和执行网络安全策略的手段。未设置 Firewall 时，网络安全取决于每台主机的用户策略。

3. 主要类型

1）网络层防火墙

网络层防火墙可视为一种 IP 封包过滤器，运作在底层的 TCP/IP 协议堆栈上。可以以枚举的方式，只允许符合特定规则的封包通过，其余的一概禁止穿越防火墙（病毒除外，防火墙不能防止病毒侵入）。这些规则通常可以经由管理员定义或修改，不过某些防火墙设备可能只能套用内置的规则。

网络层防火墙也称为数据包过滤（Packet Filtering）防火墙。该技术在网络层对数据包进行选择，选择的依据是系统内设置的过滤逻辑，被称为访问控制表。通过检查数据流中每个数据包的源地址、目的地址、所用的端口号、协议状态等因素或它们的组合来确定是否允许该数据包通过。数据包过滤防火墙逻辑简单，价格便宜，易于安装和使用，网络性能和透明性好，它通常安装在路由器上。路由器是内部网络与 Internet 连接必不可少的设备，因此在原有网络上增加这样的防火墙几乎不需要任何额外的费用。

数据包过滤防火墙的缺点有二：一是非法访问，一旦突破防火墙，即可对主机上的软件和配置漏洞进行攻击；二是数据包的源地址、目的地址以及 IP 的端口号都在数据包的头部，很有可能被窃听或假冒。

防火墙规则也能从另一种较宽松的角度来制定，只要封包不符合任何一项"否定规则"就予以放行。操作系统及网络设备大多已内置防火墙功能。

较新的防火墙能利用封包的多样属性来进行过滤，如来源 IP 地址、来源端口号、目的 IP 地址或端口号、服务类型（如 HTTP 或是 FTP），也能经由通信协议、TTL 值、来源的网域名称或网段等属性来进行过滤。

2）应用层防火墙

应用层防火墙工作在 TCP/IP 堆栈的"应用层"，应用层防火墙可以拦截进出某应用程序的所有封包，它针对特定的网络应用服务协议，使用指定的数据过滤逻辑，并在过滤的同时，对数据包进行必要的分析、登记和统计，形成报告。

应用层防火墙也称为应用层代理服务器防火墙或应用层网关，防火墙在两种方向上都有"代理服务器"的能力，这样它就可以保护主体和客体，防止其直接联系。代理服务器可以在其中进行协调，这样它就可以过滤和管理访问，也可以管理主体和客体发出和接收的内容。这种方法可以通过以各种方式集成到现有目录而实现，如用户和用户组访问的LDAP。

　　应用层防火墙还能够仿效暴露在互联网上的服务器,因此正在访问的用户就可以拥有一种更加快速而安全的连接体验。事实上,在用户访问公开的服务器时,他所访问的其实是第七层防火墙所开放的端口,其请求得以解析,并通过防火墙的规则库进行处理。一旦此请求通过了规则库的检查并与不同的规则相匹配,就会被传递给服务器。这种连接在是超高速缓存中完成的,因此可以极大地改善性能和连接的安全性。

　　3) 数据库防火墙

　　随着互联网技术和信息技术的迅速发展,以数据库为基础的信息系统在经济、金融、医疗等领域的信息基础设施建设中得到了广泛的应用,越来越多的数据信息被不同组织和机构(如统计部门、医院、保险公司等)搜集、存储以及发布,其中大量信息被用于行业合作和数据共享。但是在新的网络环境中,由于信息的易获取性,这些包含在数据库系统中的关乎国家安全、商业或技术机密、个人隐私等涉密信息将面临更多的安全威胁。当前,日益增长的信息泄露问题已然成为影响社会和谐的一大障碍。

　　现有边界防御安全产品和解决方案均采用被动防御技术,无法从根本上解决各组织数据库数据所面临的安全威胁和风险,需要专用的数据库安全设备从根本上解决数据安全问题。

　　数据库防火墙系统串联部署在数据库服务器之前,解决数据库应用侧和运维侧两方面的问题,是一款基于数据库协议分析与控制技术的数据库安全防护系统。基于主动防御机制,实现数据库的访问行为控制、危险操作阻断、可疑行为审计。

　　数据库防火墙技术是针对关系型数据库保护需求应运而生的一种数据库安全主动防御技术,部署于应用服务器和数据库之间。用户必须通过该系统才能对数据库进行访问或管理。数据库防火墙所采用的主动防御技术能够主动实时监控、识别、告警、阻挡绕过企业网络边界(Firewall、IDS/IPS 等)防护的外部数据攻击、来自于内部的高权限用户(DBA、开发人员、第三方外包服务提供商)的数据窃取、破坏、损坏等,从数据库 SQL 语句精细化控制的技术层面,提供一种主动安全防御措施,并且,结合独立于数据库的安全访问控制规则,帮助用户应对来自内部和外部的数据安全威胁。

　　数据库防火墙通过 SQL 协议分析,根据预定义的禁止和许可策略让合法的 SQL 操作通过,阻断非法违规操作,形成数据库的外围防御圈,实现 SQL 危险操作的主动预防、实时审计。

　　数据库防火墙面对来自于外部的入侵行为,提供 SQL 注入禁止和数据库虚拟补丁包功能。

4. 基本特性

　　1) 内部网络和外部网络之间的所有网络数据流都必须经过防火墙

　　这是防火墙所处网络位置特性,同时也是一个前提。因为只有当防火墙是内、外部网络之间通信的唯一通道,才可以全面、有效地保护企业网内部网络不受侵害。

　　根据美国国家安全局制定的《信息保障技术框架》,防火墙适用于用户网络系统的边界,属于用户网络边界的安全保护设备。所谓网络边界即是采用不同安全策略的两个网络连接处,比如用户网络和互联网之间连接、和其他业务往来单位的网络连接、用户内部网络不同部门之间的连接等。防火墙的目的就是在网络连接之间建立一个安全控制点,通过允许、拒绝或重新定向经过防火墙的数据流，实现对进、出内部网络的服务和访问的审计和控制。

典型的防火墙体系网络结构如图 7-1 所示。从图中可以看出，防火墙的一端连接企事业单位内部的局域网，而另一端则连接着互联网。所有的内、外部网络之间的通信都要经过防火墙。

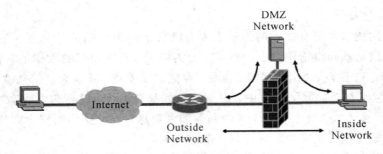

图 7-1 防火墙体系网络结构图

2）只有符合安全策略的数据流才能通过防火墙

防火墙最基本的功能是确保网络流量的合法性，并在此前提下将网络的流量快速地从一条链路转发到另外的链路上去。原始的防火墙是一台"双穴主机"，即具备两个网络接口，同时拥有两个网络层地址。防火墙将网络上的流量通过相应的网络接口接收，按照 OSI 协议栈的七层结构顺序上传，在适当的协议层进行访问规则和安全审查，然后将符合通过条件的报文从相应的网络接口送出，而对于那些不符合通过条件的报文则予以阻断。因此，从这个角度上来说，防火墙是一个类似于桥接或路由器的、多端口的（网络接口大于或等于2）转发设备，它跨接于多个分离的物理网段之间，并在报文转发过程之中完成对报文的审查工作。

3）防火墙自身应具有非常强的抗攻击免疫力

这是防火墙之所以能担当企业内部网络安全防护重任的先决条件。防火墙处于网络边缘，它就像一个边界卫士一样，每时每刻都要面对黑客的入侵，这样就要求防火墙自身要具有非常强的抗击入侵本领。它之所以具有这么强的本领，防火墙操作系统本身是关键，只有自身具有完整信任关系的操作系统才可以谈论系统的安全性。其次就是防火墙自身具有非常低的服务功能，除了专门的防火墙嵌入系统外，再没有其他应用程序在防火墙上运行。当然这些安全性也只能说是相对的。

4）应用层防火墙具备更细致的防护能力

自从 Gartner 提出下一代防火墙概念以来，信息安全行业越来越认识到应用层攻击会最大程度危害用户的信息安全，而传统防火墙由于不具备区分端口和应用的能力，以至于传统防火墙仅仅只能防御传统的攻击，对基于应用层的攻击则毫无办法。

从 2011 年开始，国内厂家通过多年的技术积累，开始推出下一代防火墙，下一代防火墙具备应用层分析的能力，能够基于不同的应用特征，实现应用层的攻击过滤，在具备传统防火墙、IPS、防毒等功能的同时，还能够对用户和内容进行识别管理，兼具了应用层的高性能和智能联动两大特性，能够更好地针对应用层攻击进行防护。

5）数据库防火墙针对数据库恶意攻击的阻断能力

（1）屏蔽直接访问数据库的通道：数据库防火墙部署介于数据库服务器和应用服务器之间，屏蔽直接访问的通道，防止数据库隐通道对数据库的攻击。

（2）二次认证：基于独创的"连接六元组［机器指纹（不可伪造）、IP 地址、MAC 地址、用户、应用程序、时间段］"授权单位，应用程序对数据库的访问，必须经过数据库防火墙和数据库自身两层身份认证。

（3）攻击保护：实时检测用户对数据库进行的 SQL 注入和缓冲区溢出攻击。并报警或者阻止攻击行为，同时详细地审计攻击操作发生的时间、来源 IP、登录数据库的用户名、攻击代码等详细信息。

（4）连接监控：实时的监控所有到数据库的连接信息、操作数、违规数等。管理员可以断开指定的连接。

（5）安全审计：系统能够审计对数据库服务器的访问情况。包括用户名、程序名、IP 地址、请求的数据库、连接建立的时间、连接断开的时间、通信量大小、执行结果等信息。并提供灵活的回放日志查询分析功能。

（6）审计探针：本系统在作为数据库防火墙的同时，还可以作为数据库审计系统的数据获取引擎，将通信内容发送到审计系统中。

（7）细粒度权限控制：按照 SQL 操作类型包括 Select、Insert、Update、Delete，对象拥有者及基于表、视图对象、列进行权限控制。

（8）精准 SQL 语法分析：高性能 SQL 语义分析引擎，对数据库的 SQL 语句操作进行实时捕获、识别、分类。

（9）自动 SQL 学习：基于自学习机制的风险管控模型，主动监控数据库活动，防止未授权的数据库访问、SQL 注入、权限或角色升级以及对敏感数据的非法访问等。

（10）透明部署：无须改变网络结构、应用部署、应用程序内部逻辑、前端用户习惯等。

（11）虚拟补丁技术：针对 CVE 公布的数据库漏洞，提供漏洞特征检测技术。

（12）高危访问控制技术：提供对数据库用户的登录、操作行为，提供根据地点、时间、用户、操作类型、对象等特征定义高危访问行为。

（13）SQL 注入禁止技术：提供 SQL 注入特征库。

（14）返回行超标禁止技术：提供对敏感表的返回行数控制。

（15）SQL 黑名单技术：提供对非法 SQL 的语法抽象描述。

5. 防火墙优缺点

防火墙的优点如下：

（1）防火墙能强化安全策略。

（2）防火墙能有效地记录 Internet 上的活动。

（3）防火墙限制暴露用户点。防火墙能够用来隔开网络中一个网段与另一个网段。这样，能够防止影响一个网段的问题通过整个网络传播。

（4）防火墙是一个安全策略的检查站。所有进出的信息都必须通过防火墙，防火墙便成为安全问题的检查点，使可疑的访问被拒绝于门外。

防火墙的缺点如下：

(1) 防火墙可以阻断攻击，但不能消灭攻击源。

(2) 防火墙不能抵抗最新的未设置策略的攻击漏洞。

(3) 防火墙的并发连接数限制容易导致拥塞或者溢出。

(4) 防火墙对服务器合法开放的端口的攻击大多无法阻止。

(5) 防火墙对内部主动发起连接的攻击一般无法阻止。

(6) 防火墙本身也会出现问题和受到攻击，依然有着漏洞和 Bug。

(7) 防火墙不处理病毒。

7.3.2 入侵检测系统

入侵检测系统(Intrusion Detection System，IDS)是一种对网络传输进行即时监视，在发现可疑传输时发出警报或者采取主动反应措施的网络安全设备。它与其他网络安全设备的不同之处在于，IDS 是一种积极主动的安全防护技术。IDS 最早出现在 1980 年 4 月。1980 年代中期，IDS 逐渐发展成为入侵检测专家系统(IDES)。1990 年，IDS 分化为基于网络的 IDS 和基于主机的 IDS。后又出现分布式 IDS。目前 IDS 发展迅速，已有人宣称 IDS 可以完全取代防火墙。

1. 系统简介

IDS 是计算机的监视系统，它通过实时监视系统，一旦发现异常情况就发出警告。以信息来源的不同和检测方法的差异分为几类：根据信息来源可分为基于主机的 IDS 和基于网络的 IDS，根据检测方法又可分为异常入侵检测和误用入侵检测。不同于防火墙，IDS 入侵检测系统是一个监听设备，没有跨接在任何链路上，无须网络流量流经它便可以工作。因此，对 IDS 的部署，唯一的要求是：IDS 应当挂接在所有流量都必须流经的链路上。在这里，"所关注流量"指的是来自高危网络区域的访问流量和需要进行统计、监视的网络报文。在如今的网络拓扑中，已经很难找到以前的 Hub 式的共享介质冲突域的网络，绝大部分的网络区域都已经全面升级到交换式的网络结构。因此，IDS 在交换式网络中的位置一般选择在尽可能靠近攻击源或者尽可能靠近受保护资源的位置。这些位置通常是：服务器区域的交换机上，Internet 接入路由器之后的第一台交换机上以及重点保护网段的局域网交换机上。

2. 系统组成

IETF 将一个入侵检测系统分为四个组件：

• 事件产生器(Event Generators)：其目的是从整个计算环境中获得事件，并向系统的其他部分提供此事件。

• 事件分析器(Event Analyzers)：经过分析得到数据，并产生分析结果。

• 响应单元(Response Units)：是对分析结果作出反应的功能单元，可以作出切断连接、改变文件属性等强烈反应，也可以只是简单的报警。

• 事件数据库(Event Databases)：是存放各种中间和最终数据的地方的统称，可以是复杂的数据库，也可以是简单的文本文件。

3. 安全策略

入侵检测系统根据入侵检测的行为分为两种模式：异常检测和误用检测。前者先要建立一个系统访问正常行为的模型，凡是访问者不符合这个模型的行为将被断定为入侵；后者则相反，先要将所有可能发生的不利的不可接受的行为归纳建立一个模型，凡是访问者符合这个模型的行为将被断定为入侵。

这两种模式的安全策略是完全不同的，而且它们各有长处和短处：异常检测的漏报率很低，但是不符合正常行为模式的行为并不见得就是恶意攻击，因此这种策略误报率较高；误用检测由于直接匹配比对异常的不可接受的行为模式，因此误报率较低。但恶意行为千变万化，可能没有被收集在行为模式库中，因此漏报率就很高。这就要求用户必须根据本系统的特点和安全要求来制定策略，选择行为检测模式。现在用户都采取两种模式相结合的策略。

4. 通信协议

IDS 系统内部各组件之间需要通信，不同厂商的 IDS 系统之间也需要通信。因此，有必要定义统一的协议。IETF 目前有一个专门的小组 Intrusion Detection Working Group (IDWG)负责定义这种通信格式，称为 Intrusion Detection Exchange Format(IDEF)，但还没有统一的标准。设计通信协议时应考虑以下问题：系统与控制系统之间传输的信息是非常重要的信息，因此必须要保持数据的真实性和完整性。必须有一定的机制进行通信双方的身份验证和保密传输(同时防止主动和被动攻击)；通信的双方均有可能因异常情况而导致通信中断，IDS 系统必须有额外措施保证系统正常工作。

5. 检测技术

对各种事件进行分析，从中发现违反安全策略的行为是入侵检测系统的核心功能。从技术上，入侵检测分为两类：一种基于标志(Signature - Based)，另一种基于异常情况(Anomaly - Based)。

对于基于标志的检测技术来说，首先要定义违背安全策略的事件的特征，如网络数据包的某些头信息。检测主要判别这类特征是否在所收集到的数据中出现。此方法非常类似于杀毒软件。

而基于异常的检测技术则是先定义一组系统"正常"情况的数值，如 CPU 利用率、内存利用率、文件校验和等(这类数据可以人为定义，也可以通过观察系统并用统计的办法得出)，然后将系统运行时的数值与所定义的"正常"情况比较，得出是否有被攻击的迹象。这种检测方式的核心在于如何定义所谓的"正常"情况。

两种检测技术的方法、所得出的结论有非常大的差异。基于标志的检测技术的核心是维护一个知识库。对于已知的攻击，它可以详细、准确地报告出攻击类型，但是对未知攻击却效果有限，而且知识库必须不断更新。基于异常的检测技术则无法准确判别出攻击的手法，但它可以(至少在理论上可以)判别更广泛、甚至未发觉的攻击。

6. 检测方法

1) 异常检测方法

在异常入侵检测系统中常常采用以下几种检测方法：

（1）基于贝叶斯推理的检测法：通过在任何给定的时刻，测量变量值，推理判断系统是否发生入侵事件。

（2）基于特征选择的检测法：指从一组度量中挑选出能检测入侵的度量，用它来对入侵行为进行预测或分类。

（3）基于贝叶斯网络的检测法：用图形方式表示随机变量之间的关系。通过指定的与邻接节点相关的一个小概率集来计算随机变量的连接概率分布。按给定全部节点组合，所有根节点的先验概率和非根节点概率构成这个集。贝叶斯网络是一个有向图，弧表示父、子节点之间的依赖关系。当随机变量的值变为已知时，就允许将它吸收为证据，为其他的剩余随机变量条件值判断提供计算框架。

（4）基于模式预测的检测法：事件序列不是随机发生的而是遵循某种可辨别的模式，是基于模式预测的异常检测法的假设条件，其特点是事件序列及相互联系被考虑到了，只关心少数相关安全事件是该检测法的最大优点。

（5）基于统计的异常的检测法：根据用户对象的活动为每个用户都建立一个特征轮廓表，通过对当前特征与以前已经建立的特征进行比较，来判断当前行为的异常性。用户特征轮廓表要根据审计记录情况不断更新，保护衡量指标，这些指标值要根据经验值或一段时间内的统计而得到。

（6）基于机器学习的检测法：根据离散数据临时序列学习获得网络、系统和个体的行为特征，并提出了一个实例学习法 IBL。IBL 基于相似度，该方法通过新的序列相似度计算将原始数据（如离散事件流和无序的记录）转化成可度量的空间，然后应用 IBL 学习技术和一种新的基于序列的分类方法，发现异常类型事件，从而检测入侵行为。其中，成员分类的概率由阈值的选取来决定。

（7）数据挖掘检测法：数据挖掘的目的是要从海量的数据中提取出有用的数据信息。网络中会有大量的审计记录存在，审计记录大多都是以文件形式存放的。如果靠手工方法来发现记录中的异常现象是远远不够的，所以将数据挖掘技术应用于入侵检测中，可以从审计数据中提取有用的知识，然后用这些知识去检测异常入侵和已知的入侵。采用的方法有 KDD 算法，其优点是具有善于处理大量数据的能力与数据关联分析的能力，但是实时性较差。

（8）基于应用模式的异常检测法：根据服务请求类型、服务请求长度、服务请求包大小分布计算网络服务的异常值。通过实时计算的异常值和所训练的阈值比较，从而发现异常行为。

（9）基于文本分类的异常检测法：将系统产生的进程调用集合转换为"文档"，利用 K 邻聚类文本分类算法，计算文档的相似性。

2）误用入侵检测方法

误用入侵检测系统中常用的检测方法有：

（1）模式匹配法：通过把收集到的信息与网络入侵和系统误用模式数据库中的已知信息进行比较，从而对违背安全策略的行为进行发现。模式匹配法可以显著地减少系统负担，有较高的检测率和准确率，常常被用于入侵检测技术中。

（2）专家系统法：其思想是把安全专家的知识表示成规则知识库，再用推理算法检测入侵。该方法主要是针对有特征的入侵行为。

（3）基于状态转移分析的检测法：其基本思想是将攻击看成一个连续的、分步骤的并且各个步骤之间有一定的关联的过程。在网络中发生入侵时及时阻断入侵行为，防止可能还会进一步发生的类似攻击行为。在状态转移分析方法中，一个渗透过程可以看做是由攻击者做出的一系列行为而导致系统从某个初始状态变为某个被危害的状态。

7．分类

按入侵检测的手段，IDS 的入侵检测模型可分为基于网络和基于主机两种。

1）基于主机的模型

基于主机的模型也称基于系统的模型，它是通过分析系统的审计数据来发现可疑的活动，如内存和文件的变化等。其输入数据主要来源于系统的审计日志，一般只能检测该主机上发生的入侵。这种模型有以下优点：

- 一是性能价格比高。在主机数量较少的情况下，这种方法的性能价格比可能更高。
- 二是更加细致。这种方法可以很容易地监测一些活动，如对敏感文件、目录、程序或端口的存取，而这些活动很难在基于协议的线索中发现。
- 三是视野集中。一旦入侵者得到了一个主机用户名和口令，基于主机的代理是最有可能区分正常的活动和非法的活动的。
- 四是易于用户剪裁。每一个主机有其自己的代理，当然用户剪裁更方便了。
- 五是较少的主机。基于主机的方法有时不需要增加专门的硬件平台。
- 六是对网络流量不敏感。用代理的方式一般不会因为网络流量的增加而丢掉对网络行为的监视。

2）基于网络的模型

基于网络的模型即通过连接在网络上的站点捕获网上的包，并分析其是否具有已知的攻击模式，以此来判别是否为入侵者。当该模型发现某些可疑的现象时也一样会产生告警，并会向一个中心管理站点发出"告警"信号。这种模型有以下优点：

- 一是侦测速度快。基于网络的监测器通常能在微秒或秒级发现问题。而大多数基于主机的产品则要依靠对最近几分钟内审计记录的分析。
- 二是隐蔽性好。一个网络上的监测器不像一个主机那样显眼和易被存取，因而也不那么容易遭受攻击。由于不是主机，因此一个基于网络的监视器不用去响应 Ping，不允许别人存取其本地存储器，不能让别人运行程序，而且不让多个用户使用它。
- 三是视野更宽。基于网络的方法甚至可以作用在网络的边缘上，即攻击者还没能接入网络时就被制止。
- 四是较少的监测器。由于使用一个监测器就可以保护一个共享的网段，所以不需要很多的监测器。相反地，如果基于主机，则在每个主机上都需要一个代理，这样的话，花费昂贵，而且难于管理。但是，如果在一个交换环境下，每个主机就得配一个监测器，因为每个主机都在自己的网段上。
- 五是占用资源少。在被保护的设备上不用占用任何资源。

这两种模型具有互补性，基于网络的模型能够客观地反映网络活动，特别是能够监视到主机系统审计的盲区；而基于主机的模型能够更加精确地监视主机中的各种活动。基于网络的模型受交换网的限制，只能监控同一监控点的主机，而基于主机模型装有 IDS 的监控主机可以对同一监控点内的所有主机进行监控。

7.3.3 入侵防御系统

1. 系统介绍

以著名的防火墙产品 TippingPoint 为例，介绍入侵防御系统的功能。该主动式入侵防御系统能够阻止蠕虫、病毒、木马、拒绝服务攻击、间谍软件、VOIP 攻击以及点到点应用滥用。通过深达第七层的流量侦测，TippingPoint 的入侵防御系统在发生损失之前阻断恶意流量。利用 TippingPoint 提供的数字疫苗服务，入侵防御系统能得到及时的特征、漏洞过滤器、协议异常过滤器和统计异常过滤器更新从而主动地防御最新的攻击。此外，TippingPoint的入侵防御系统是目前能够提供微秒级时延、高达 5 Gb/s 的吞吐能力和带宽管理能力的最强大的入侵防御系统。

通过全面的数据包侦测，TippingPoint 的入侵防御系统提供吉比特速率上的应用、网络架构和性能保护功能。应用保护能力针对来自内部和外部的攻击提供快速、精准、可靠的防护。由于具有网络架构保护能力，TippingPoint 的入侵防御系统保护 VOIP 系统、路由器、交换机、DNS 和其他网络基础免遭恶意攻击和防止流量异动。TippingPoint 的入侵防御系统的性能保护能力帮助客户来遏制非关键业务抢夺宝贵的带宽和 IT 资源，从而确保网络资源的合理配置并保证关键业务的性能。

2. 特点及规格

1）TippingPoint 基于 ASIC 入侵检测防御引擎

UnityOne 无可比拟的性能、稳定性和准确率都是通过 TippingPoint 的工程师和科学家所开发的专利技术发展出来的。这些优势体现于 TippingPoint 的威胁防御引擎（Threat Suppression Engine，TSE）上。UnityOne 是由最新型的网络处理器技术组成的一个高度专业化的硬件式入侵检测防御平台。TippingPoint 拥有整套自行开发的 FPGA（Layer 7）及 ASIC（Layer 4）模块。TSE 是一个能实现所有入侵检测防御所需要的全部功能的硬件线速引擎，主要功能包括 IP 碎片重组、TCP 流重组、攻击行为统计分析、网络流量带宽管理、恶意封包阻挡、流量状态追踪和超过 170 种的应用层网络通信协议分析。

TSE 重组与检测数据包的内容并分析至网络的应用层。当每一个新的数据包随着数据流到达 TSE 时，就会重新检测这个数据流是否含有有害的内容，如果实时检测出这个数据包含有有害内容，那么这个数据包以及随后而来属于这个数据流的数据包将会被阻挡。这样可以保证攻击不会到达攻击目的地。

这种领先的 IPS 技术只有结合高速的网络处理器及定制化的 ASIC 芯片才有可能实现。这种高度专业的流量分类技术可以使 IPS 在具有千兆处理速度的同时处理延迟不到一微秒（Latency under Microsecond），且具有高度的检测和阻挡准确性。不像软件式的或其他竞争对手宣称拥有千兆处理速度的入侵防御系统，其处理性能会因 Filter 安装多寡而受到严重的影响，同时处理延时却高达数秒甚至数十秒之多，UnityOne 具有高度扩充能力的硬件防护引擎可以允许上万的 Filter 同时运行而不影响其性能与准确性。

UnityOne 运用 TSE 突破性的扩充性与高性能，实时侦测通信协议异常与流量统计异常，防护 DDoS 攻击以及阻挡或限制未经授权的应用程序的带宽。

2）TippingPoint 三大入侵防御功能

UnityOne 提供业界最完整的入侵侦测防御功能，远远超出传统 IPS 的能力。Tipping-Point 定义的三大入侵侦测防御功能包括：应用程序防护、网络架构防护与性能保护。这三大功能可提供最强大且最完整的保护以防御各种形式的网络攻击行为，如病毒、蠕虫、拒绝服务攻击与非法的入侵和访问。

（1）应用程序防护。UnityOne 提供扩展至用户端、服务器及第二至第七层的网络型攻击防护，如病毒、蠕虫与木马程序。利用深层检测应用层数据包的技术，UnityOne 可以分辨出合法与有害的封包内容。最新型的攻击可以通过伪装成合法应用的技术，轻易地穿透防火墙。而 UnityOne 运用重组 TCP 流量以检视应用层数据包内容的方式，以辨识合法与恶意的数据流。大部分的入侵防御系统都是针对已知的攻击进行防御，然而 UnityOne 运用漏洞基础的过滤机制，可以防范所有已知与未知形式的攻击。

（2）网络架构防护。路由器、交换器、DNS 服务器以及防火墙都是有可能被攻击的网络设备，如果这些网络设备被攻击导致停机，那么所有企业中的关键应用程序也会随之停摆。而 UnityOne 的网络架构防护机制提供了一系列的网络漏洞过滤器以保护网络设备免于遭受攻击。此外，UnityOne 也提供异常流量统计机制的过滤器，对于超过"基准线"的正常网络流量，可以针对其通信协议或应用程序特性来进行警示、限制流量或阻绝流量等行动。如此一来可以预防 DDoS 及其他溢出式流量攻击所造成的网络断线或阻塞。

（3）性能保护。性能保护是用来保护网络带宽及主机性能，免于被非法的应用程序占用正常的网络性能。如果网络链路拥塞，那么重要的应用程序数据将无法在网络上传输。非商用的应用程序，如点对点文档共享(P2P)应用或实时通信软件(IM)将会快速耗尽网络的带宽，因此 UnityOne 提供带宽保护（Traffic/Rate Shaping)的功能，协助企业仔细辨识出非法使用的应用程序流量并降低或限制其带宽的使用量。

3）TippingPoint 三大入侵侦测防御机制

TippingPoint 的 UnityOne IPS 产品线可同时运作三个独立但互补的入侵侦测防御机制：弱点过滤器、流量异常过滤器和攻击特征过滤器。TippingPoint 可以同时运作这三个机制的能力就是来自于这组特别开发的 ASIC。

弱点过滤器主要是保护操作系统与应用程序。这种过滤器行为就像是一种网络型的虚拟软件补丁程序，保护主机免于遭受利用未修补的漏洞来进行的网络型攻击。新的漏洞一旦发现开始被黑客攻击利用，弱点过滤器就会被实时启动，进行漏洞保护。这个过滤机制的运作模式是重组第七层的信息，从而可以完整地检测应用层的流量。过滤规则可以指定特别的条件，如检测应用程序的运作流程(如缓冲区溢出的应用程序异常)或通信协议的规范(如 RFC 异常)。

流量异常过滤器用来侦测在流量模式方面的变化。这些过滤机制可以调整与学习 UnityOne 所在的特别环境中"正常流量"的模式。一旦正常流量被设定为基准，这些过滤机制将依据可调整的门限阈值来侦测统计异常的网络流量。流量异常过滤机制可以有效地阻挡分布式的阻断服务的攻击（DDoS）、未知的蠕虫、异常的应用程序流量与其他零时差闪电攻击。此外，UnityOne 一个重要的特殊功能是可以依据应用程序的种类、通信信议与 IP 进行最合适的网络流量分配。

攻击特征过滤器主要是针对不需要利用安全漏洞的攻击方式，如病毒或木马。这个过滤方式必须全盘了解已知攻击的特征，且可以侦测并制作出防御的特征数据库。目前 TippingPoint 拥有一个专业团队可以实现 7×24 小时，全年 365 天无休地分析来自于全球的各种攻击威胁，并与 SANS、CERT、SECURITEAM 等知名的信息安全团队合作，在第一时间通过在线更新，让全球每个角落的 UnityOne 配备最新的攻击特征数据库。

7.3.4　安全网关系统

安全网关是各种技术有趣的融合，具有重要且独特的保护作用，其范围从协议级过滤到十分复杂的应用级过滤。它是一种多功能装置，同时具备网络防火墙功能、网络入侵检测功能以及防病毒功能等。设置的目的是防止 Internet 或外网不安全因素蔓延到自己企业或组织的内部网。

1. 系统简介

安全网关支持两种网络接入模式，一种是网桥模式，一种是网关模式。

如果安全网关采用网桥模式，通常情况下应该部署在企业接入设备（防火墙或者路由器）的后面。安全网关的两个网口（内网口和外网口）连接的是同一网段的两个部分，用户只需给安全网关配置一个本网段的 IP 地址，不需要改变网络拓扑以及其他配置，透明接入网络。

网关模式下有 ADSL 拨号、静态路由、DHCP Client 端三种外网接入类型。如果安全网关采用网关模式，通常情况下应该部署在企业网络出口处，作为宽带网络接入设备，保护整个内部网络。

对于企业连接不同地域网络的需求，安全网关提供了 VPN 功能，企业可以通过 Internet 连接不同地域的网络。安全网关提供 IPSec VPN 等接入方法。安全网关的 VPN 功能适用于网关接入模式下。

2. 结构组成

由一个路由器和一个处理机构成的安全网关，两个部件结合在一起后，它们可以提供协议、链路和应用级保护。这种专用的网关不像其他种类的网关一样需要提供转换功能。作为网络边缘的网关，它们的责任是控制出入的数据流。安全网关连接的内网与外网都使用 IP 协议，因此不需要做协议转换，过滤是最重要的。保护内网不被非授权的外部网络访问的原因是显然的。控制向外访问的原因就不那么明显了。在某些情况下，是需要过滤发向外部的数据的。例如，用户基于浏览的增值业务可能产生大量的 WAN 流量，如果不加控制，很容易影响网络运载其他应用的能力，因此有必要全部或部分地阻塞此类数据。

互联网的主要协议 IP 是个开放的协议，它被设计用于实现网段间的通信。这既是其主要的力量所在，同时也是其最大的弱点。为两个 IP 网提供互联在本质上创建了一个大的 IP 网，保卫网络边缘的卫士——防火墙的任务就是在合法的数据和欺骗性数据之间进行分辨。

3. 实现策略

首要任务是建立全面的规则，在深入理解安全和开销的基础上定义可接受的折中方案，这些规则建立了安全策略。安全策略可以是宽松的、严格的或介于二者之间。

在一个极端情况下，安全策略的基始承诺是允许所有数据通过，例外很少，很易管理，这些例外明确地加到安全体制中。这种策略很容易实现，不需要预见性考虑，保证即使业余人员也能做到最小的保护。

另一个极端则极其严格，这种策略要求所有要通过的数据明确指出被允许，这需要仔细、着意的设计，其维护的代价很大，但是对网络安全有无形的价值。从安全策略的角度看，这是唯一可接受的方案。

在这两种极端之间存在许多方案，它们在易于实现、使用和维护代价之间做出了折中，正确的权衡需要对危险和代价做出仔细的评估。

4. 特点及优势

与传统的网络防病毒软件相比，安全网关在病毒过滤方面具有以下优势：

（1）将病毒拦截在企业网络之外，不让病毒进入内部网络。

（2）专用的硬件设备，不会占用服务器或桌面 PC 机的资源。

（3）管理简便，只需要对安全网关设备进行管理就行。

（4）升级方便，能够及时地、自动地更新最新的病毒特征库，每天数次病毒特征库升级减少对企业网络带宽造成的影响。

5. 与传统防火墙的区别

1）区别一

传统防火墙的功能模块在工作过程当中位于七层网络协议的第三层网络协议当中，而且传统防火墙的 IP 包是通过一种比较普通的状态检测技术进行的。而安全网关在工作过程当中，不仅可以实现普通状态检测的技术，还能实现各种过滤功能，除此之外，安全网关还可以对防病毒、入侵检测、VPN 等功能进行设置，可以将它们随意开启和关闭。而且它还可以结合防火墙所具有的策略，让功能产生的效果更明显。

2）区别二

从系统方面看，安全网关不仅能够进行网络访问权限的设置，而且与普通防火墙相比，它还能识别和转发系统当中的数据包，能够处理一些工作量较大的模块，从而减小模块在进行数据处理过程当中需要的工作量，也可以在一定程度上提高系统的性能和系统效率。

3）区别三

安全网关的功能十分强大，可以另外植入一些新功能，对于各种各样的新技术，它都可以兼容。安全网关具有非常高的应用前景，它的适用范围与传统的防火墙相比也比较广泛。

4）区别四

安全网关的操作页面也和传统防火墙不同，它的操作页面可以明了地看到防火墙的各个策略，而且它的层次非常分明，操作起来也非常简单，使用比较灵活，是一种实用性很强的防火墙。

7.3.5　Web应用防火墙系统

1. 系统介绍

Web应用防火墙是集Web防护、网页保护、负载均衡、应用交付于一体的Web整体安全防护设备的一款产品。它集成全新的安全理念与先进的创新架构，保障用户核心应用与业务持续稳定的运行。从广义上来说，Web应用防火墙就是应用级的网站安全综合解决方案，主要是为了防止网页内容被篡改，防止网站数据库内容泄露，防止口令被突破，防止系统管理员权限被窃取，防止网站被挂马和植入病毒、恶意代码、间谍软件等，防止用户输入信息的泄露，防止账号失窃，防SQL注入，防XSS攻击等。

Web应用防火墙还具有多面性的特点。例如，从网络入侵检测的角度来看可以把WAF(网站应用级入侵防御系统)看成运行在HTTP层上的IDS设备；从防火墙角度来看，WAF是一种防火墙的功能模块；还有人把WAF看做"深度检测防火墙"的增强。

总体来说，Web应用防火墙具有以下四个方面的功能：

(1)审计设备：用来截获所有HTTP数据或者仅仅满足某些规则的会话。

(2)访问控制设备：用来控制对Web应用的访问，既包括主动安全模式也包括被动安全模式。

(3)架构/网络设计工具：当运行在反向代理模式下，它们被用来分配职能、集中控制、虚拟基础结构等。

(4)Web应用加固工具：这些功能增强被保护Web应用的安全性，它不仅能够屏蔽Web应用固有弱点，而且能够保护Web应用编程错误导致的安全隐患。

但是，需要指出的是，并非每种被称为Web应用防火墙的设备都同时具有以上四种功能。

2. 功能描述

(1)事前主动防御，智能分析应用缺陷、屏蔽恶意请求、防范网页篡改、阻断应用攻击，全方位保护Web应用。

(2)事中智能响应，快速P2DR建模、模糊归纳和定位攻击，阻止风险扩散，消除"安全事故"于萌芽之中。

(3)事后行为审计，深度挖掘访问行为、分析攻击数据、提升应用价值，为评估安全状况提供详尽报表。

(4)面向客户的应用加速，提升系统性能，改善Web访问体验。

(5)面向过程的应用控制，细化访问行为，强化应用服务能力。

(6)面向服务的负载均衡，扩展服务能力，适应业务规模的快速壮大。

3. 功能特点

Web应用防火墙的一些常见特点如下。

1) 异常检测协议

Web应用防火墙会对HTTP的请求进行异常检测，拒绝不符合HTTP标准的请求。并且，它也可以只允许HTTP协议的部分选项通过，从而减少攻击的影响范围。甚至，一些 Web 应用防火墙还可以严格限定 HTTP 协议中那些过于松散或未被完全制定的选项。

2）增强输入验证

增强输入验证，可以有效防止网页篡改、信息泄露、木马植入等恶意网络入侵行为。从而减小 Web 服务器被攻击的可能性。

3）及时安装补丁

修补 Web 安全漏洞，是 Web 应用开发者最头痛的问题，没人会知道下一秒有什么样的漏洞出现，会为 Web 应用带来什么样的危害。现在 WAF 可以做这项工作了——只要有全面的漏洞信息，WAF 能在不到一个小时的时间内屏蔽掉这个漏洞。当然，这种屏蔽掉漏洞的方式不是非常完美的，并且没有安装对应的补丁本身就是一种安全威胁，但我们在没有选择的情况下，任何保护措施都比没有保护措施更好。

4）状态管理

WAF 能够判断用户是否是第一次访问并且将请求重定向到默认登录页面并且记录事件。通过检测用户的整个操作行为我们可以更容易识别攻击。状态管理模式还能检测出异常事件（比如登录失败），并且在达到极限值时进行处理。这对暴力攻击的识别和响应是十分有利的。

5）其他防护技术

WAF 还有一些安全增强的功能，可以用来解决 Web 程序员过分信任输入数据带来的问题，如隐藏表单域保护、抗入侵规避技术、响应监视和信息泄露保护。

7.3.6　网络防病毒系统

1. 防病毒系统概述

防病毒网关是一种网络设备，用以保护网络内（一般是局域网）进出数据的安全。其功能主要体现在病毒杀除、关键字过滤（如色情、反动）、垃圾邮件阻止等方面，同时部分设备也具有一定防火墙（划分 VLAN）的功能。

这种网关防病毒产品能够检测进出网络内部的数据，对 HTTP、FTP、SMTP、IMAP 四种协议的数据进行病毒扫描，一旦发现病毒就会采取相应的手段进行隔离或查杀，在防护病毒方面起到了非常大的作用。

2. 防病毒系统特点

（1）智能接入，完美可靠。产品支持 ADSL、光纤等多种方式宽带接入方案，实现了灵活扩展带宽和廉价接入。通过路由、NAT、多链路复用及检测等功能为企业解决灵活扩展带宽和廉价接入的接入方案。

（2）健康网络，应用安全。产品通过自身具有的防火墙、防病毒、入侵检测、用户接入主动认证等功能，为企业提供全方位的局域网接入安全管理方案。通过自身具有的 DHCP 服务器、ARP 防火墙、DDNS 等功能为企业提供全方位的局域网管理方案。

（3）移动办公，快速安全。产品中带有的 SSLVPN、IPSEC、PPTP、L2TP 等 VPN 功能，能够让用户通过一键式操作，方便快捷地建立价格低廉的广域网上专用网络，为企业提供广域网安全业务传输通道，便利地实现了企业总部与移动工作人员、分公司、合作伙伴、产品供应商、客户间的连接，提高与分公司、客户、供应商和合作伙伴开展业务的能力。

（4）抑制带宽滥用，保障关键业务。动态智能带宽管理功能，只需一次性设置，自动压抑占用带宽用户，轻松解决 BT、P2P 及视频影片下载等占用带宽问题。

3. 防毒墙与防火墙的最大区别

防毒墙主要基于协议栈工作，或称工作在 OSI 的第七层；而防火墙基于 IP 栈工作，即 OSI 的第三层。因此决定了防火墙必须以管理所有的 TCP/IP 通信为己任，而防毒墙却是以重点加强某几种常用通信的安全性为目的。因此，对于用户而言，两种产品并不存在着互相取代的问题，防毒墙是对防火墙的重要补充，而防火墙是更为基本的安全设备。在实际应用中，对所监控的协议通信中所带文件是否含有特定的病毒特征，防毒墙并不能像防火墙一样阻止攻击的发生，也不能防止蠕虫型病毒的侵扰，相反，防毒墙本身或所在的系统有可能成为网络入侵的目标，而这一切的保护必须由防火墙完成。

7.3.7　VPN 网络技术

1. VPN 定义

VPN 即虚拟专用网络，它的功能是在公用网络上建立专用网络，进行加密通信。在企业网络中有广泛应用。VPN 网关通过对数据包的加密和数据包目标地址的转换实现远程访问。VPN 有多种分类方式，主要是按协议进行分类。VPN 可通过服务器、硬件、软件等多种方式实现。

VPN 属于远程访问技术，简单地说就是利用公用网络架设专用网络。例如，某公司员工出差到外地，他想访问企业内网的服务器资源，这种访问就属于远程访问。

在传统的企业网络配置中，要进行远程访问，传统的方法是租用 DDN（数字数据网）专线或帧中继，这样的通信方案必然导致高昂的网络通信和维护费用。对于移动用户（移动办公人员）与远端个人用户而言，一般会通过拨号线路（Internet）进入企业的局域网，但这样必然带来安全上的隐患。

让外地员工访问到内网资源，利用 VPN 的解决方法就是在内网中架设一台 VPN 服务器。外地员工在当地连上互联网后，通过互联网连接 VPN 服务器，然后通过 VPN 服务器进入企业内网。为了保证数据安全，VPN 服务器和客户机之间的通信数据都进行了加密处理。有了数据加密，就可以认为数据是在一条专用的数据链路上进行安全传输，如同专门架设了一个专用网络一样，但实际上 VPN 使用的是互联网上的公用链路，因此 VPN 称为虚拟专用网络，其实质上就是利用加密技术在公网上封装出一个数据通信隧道。有了 VPN 技术，用户无论是在外地出差还是在家中办公，只要能上互联网就能利用 VPN 访问内网资源，这就是 VPN 在企业中应用得如此广泛的原因。

2. VPN 工作原理

（1）通常情况下，VPN 网关采取双网卡结构，外网卡使用公网 IP 接入 Internet。

（2）网络一（假定为公网 Internet）的终端 A 访问网络二（假定为公司内网）的终端 B，

其发出的访问数据包的目标地址为终端 B 的内部 IP 地址。

（3）网络一的 VPN 网关在接收到终端 A 发出的访问数据包时对其目标地址进行检查，如果目标地址属于网络二的地址，则将该数据包进行封装，封装的方式根据所采用的 VPN 技术不同而不同，同时 VPN 网关会构造一个新 VPN 数据包，并将封装后的原数据包作为 VPN 数据包的负载，VPN 数据包的目标地址为网络二的 VPN 网关的外部地址。

（4）网络一的 VPN 网关将 VPN 数据包发送到 Internet，由于 VPN 数据包的目标地址是网络二的 VPN 网关的外部地址，所以该数据包将被 Internet 中的路由正确地发送到网络二的 VPN 网关。

（5）网络二的 VPN 网关对接收到的数据包进行检查，如果发现该数据包是从网络一的 VPN 网关发出的，即可判定该数据包为 VPN 数据包，并对该数据包进行解包处理。解包的过程主要是先将 VPN 数据包的包头剥离，再将数据包反向处理还原成原始的数据包。

（6）网络二的 VPN 网关将还原后的原始数据包发送至目标终端 B，由于原始数据包的目标地址是终端 B 的 IP，所以该数据包能够被正确地发送到终端 B。在终端 B 看来，它收到的数据包就和从终端 A 直接发过来的一样。

（7）从终端 B 返回终端 A 的数据包处理过程和上述过程一样，这样两个网络内的终端就可以相互通信了。

通过上述说明可以发现，在 VPN 网关对数据包进行处理时，有两个参数对于 VPN 通信十分重要：原始数据包的目标地址（VPN 目标地址）和远程 VPN 网关地址。根据 VPN 目标地址，VPN 网关能够判断对哪些数据包进行 VPN 处理，对于不需要处理的数据包通常情况下可直接转发到上级路由；远程 VPN 网关地址则指定了处理后的 VPN 数据包发送的目标地址，即 VPN 隧道的另一端 VPN 网关地址。由于网络通信是双向的，在进行 VPN 通信时，隧道两端的 VPN 网关都必须知道 VPN 目标地址和与此对应的远端 VPN 网关地址。

3. VPN 实现方式

VPN 的实现有很多种方法，常用的有以下四种：

（1）VPN 服务器：在大型局域网中，可以通过在网络中心搭建 VPN 服务器的方法实现 VPN。

（2）软件 VPN：可以通过专用的软件实现 VPN。

（3）硬件 VPN：可以通过专用的硬件实现 VPN。

（4）集成 VPN：某些硬件设备，如路由器、防火墙等，都含有 VPN 功能，但是一般拥有 VPN 功能的硬件设备通常都比没有这一功能的要贵。

4. VPN 常用技术

1）MPLS VPN

MPLS VPN 是在网络路由和交换设备上应用 MPLS（Multiprotocol Label Switching，多协议标记交换）技术，简化核心路由器的路由选择方式，利用结合传统路由技术的标记交换实现的 IP 虚拟专用网络（IP VPN）。MPLS 优势在于将二层交换和三层路由技术结合起来，在解决 VPN、服务分类和流量工程这些 IP 网络的重大问题时具有很优异的表现。因此，MPLS VPN 在解决企业互连、提供各种新业务方面也越来越被运营商看好，成为在 IP 网络运营商提供增值业务的重要手段。MPLS VPN 又可分为二层 MPLS VPN（即 MPLS

L2 VPN)和三层 MPLS VPN(即 MPLS L3 VPN)。

2) SSL VPN

SSL VPN 是以 HTTPS(Secure HTTP，安全的 HTTP，即支持 SSL 的 HTTP 协议)为基础的 VPN 技术，工作在传输层和应用层之间。SSL VPN 充分利用了 SSL 协议提供的基于证书的身份认证、数据加密和消息完整性验证机制，可以为应用层之间的通信建立安全连接。SSL VPN 广泛应用于基于 Web 的远程安全接入，为用户远程访问公司内部网络提供了安全保证。

3) IPSec VPN

IPSec VPN 是基于 IPSec 协议的 VPN 技术，由 IPSec 协议提供隧道安全保障。IPSec 是一种由 IETF 设计的端到端的确保基于 IP 通信的数据安全性的机制。它为 Internet 上传输的数据提供了高质量的、可互操作的、基于密码学的安全保证。

5. VPN 分类标准

根据不同的划分标准，VPN 可以按几个标准进行分类划分：

1) 按 VPN 的协议分类

VPN 的隧道协议主要有三种，PPTP、L2TP 和 IPSec，其中 PPTP 和 L2TP 协议工作在 OSI 模型的第二层，又称为二层隧道协议；IPSec 是第三层隧道协议。

2) 按 VPN 的应用分类

(1) Access VPN(远程接入 VPN)：客户端到网关，使用公网作为骨干网在设备之间传输 VPN 数据流量。

(2) Intranet VPN(内联网 VPN)：网关到网关，通过公司的网络架构连接来自同公司的资源。

(3) Extranet VPN(外联网 VPN)：与合作伙伴企业网构成 Extranet，将一个公司与另一个公司的资源进行连接。

3) 按所用的设备类型进行分类

网络设备提供商针对不同客户的需求，开发出不同的 VPN 网络设备，主要为交换机、路由器和防火墙：

(1) 路由器式 VPN：路由器式 VPN 部署较容易，只要在路由器上添加 VPN 服务即可。

(2) 交换机式 VPN：主要应用于连接用户较少的 VPN 网络。

(3) 防火墙式 VPN：防火墙式 VPN 是最常见的一种 VPN 的实现方式，许多厂商都提供这种配置类型。

4) 按照实现原理划分

(1) 重叠 VPN：此 VPN 需要用户自己建立端节点之间的 VPN 链路，主要包括 GRE、L2TP、IPSec 等众多技术。

(2) 对等 VPN：由网络运营商在主干网上完成 VPN 通道的建立，主要包括 MPLS、VPN 技术。

6. VPN 的部署模式

VPN 的部署模式从本质上描述了 VPN 通道的起始点和终止点，不同的 VPN 模式适用于不同的应用环境，满足不同的用户需求，总的来说有 3 种 VPN 部署模式。

1）端到端（End – to – End）模式

端到端模式是自建 VPN 的客户所采用的典型模式，也是最为彻底的 VPN 网络。在这种模式中企业具有完全的自主控制权，但是要建立这种模式的 VPN 网络需要企业自身具备足够的资金和人才实力，这种模式在总体投入上是最多的。最常见的隧道协议是 IPSec 和 PPTP。

这种模式一般只有大型企业才有条件采用，其最大的好处，也是最大的不足之处就是整个 VPN 网络的维护权都是由企业自身完成，需花巨资购买成套昂贵的 VPN 设备，配备专业技术人员，同时整个网络都是在加密的隧道中完成通信的，非常安全，不像外包方式中存在由企业到 NSP 之间的透明段。

2）供应商—企业（Provider – Enterprise）模式

供应商—企业模式是一种外包方式，也是目前一种主流的 VPN 部署方式，适合广大的中、小型企业组建 VPN 网络。在该模式中，客户不需要购买专门的隧道设备、软件，由 VPN 服务提供商（NSP）提供设备来建立通道并验证。然而，客户仍然可以通过加密数据实现端到端的全面安全性。在该模式中，最常见的隧道协议有 L2TP、L2F 和 PPTP。

3）内部供应商（Intra – Provider）模式

内部供应商模式是一种外包方式，与上一种方式最大的不同就在于用户对 NSP 的授权级别不同，这种模式非常适合小型企业用户，因为这类企业一般没有这方面的专业人员，自身维护起来比较困难，可以全权交给 NSP 来维护。这是很受电信公司欢迎的模式，因为在该模式中，VPN 服务提供商保持了对整个 VPN 设施的控制。在该模式实现中，通道的建立和终止都是在 NSP 的网络设施中实现的。

对客户来说，该模式的最大优点是他们不需要做任何实现 VPN 的工作，客户不需要增加任何设备或软件投资，整个网络都由 VPN 服务提供商维护。最大的不足也就是用户自身自主权不足，存在一定的不安全因素。

7.3.8　产品介绍

1. 产品系列汇总

下面重点介绍中兴 ZXSG 系列防火墙/UTM 产品以及 ZXSEC US 防火墙/UTM 产品。
ZXSG 下一代防火墙/UTM 产品包括 ZXSG F1006/F3112/F5416 和 ZXSG U1006/U3112/U5416 六款产品。

随着互联网应用类型的不断增加以及应用形式的不断变化，层出不穷的安全威胁时刻发生在我们身边。在"云计算"、"Web2.0"及"移动互联"等一系列新应用技术被广泛使用的今天，对边界安全防护手段的核心技术提出了新的要求。

中兴通讯 ZXSG 下一代防火墙/UTM 产品采用高性能的全并行多核处理器，集合了传统防火墙、虚拟专用网(VPN)、入侵检测和防御(IPS)、网关防病毒、Web 内容过滤、反垃圾邮件、流量整形、用户身份认证、审计以及 BT、IM 控制等多种应用于一身,可方便、灵活地部署在各级政府和企事业单位,保护用户网络免受黑客、病毒、蠕虫、木马、恶意代码以及"零小时"攻击等混合威胁的侵害,同时还为用户提供简便统一的管理方式,大大降低了设备部署、管理和维护的运营成本。

ZXSEC US 企业级下一代智能防火墙产品包括 ZXSEC US300B、ZXSEC US515B、ZXSEC US1605B、ZXSEC US1612B、ZXSEC US2616B、ZXSEC US2620B、ZXSEC US2630B、ZXSEC US2640B 八款产品。

ZXSEC US 下一代智能防火墙提供了全面的应用安全防护和灵活的扩展方式,可部署于运营商、IDC 数据中心、政府、金融、企业、教育等各个行业,广泛适用于互联网出口、网络与服务器安全隔离、VPN 安全接入等多种网络应用场景。

ZXSEC US 企业级下一代安全网关,通过 L2~L7 层全面威胁防御及强大应用安全管控,提供多元组一体化流检测、精准的应用识别与应用管控、APT 攻击检测与防御、Web 攻击防护、VPN、流量控制功能,具有高性价比、智能、绿色节能的特点,提供领先水平的网络安全解决方案。

ZXSEC US 下一代安全网关系列有 US3300、US3305、US3312、US3316、US3320 等七款产品。

ZXSEC US 企业级下一代安全网关除了具备传统防火墙五元组的控制以外,还可精确识别数千种网络应用。结合用户识别、内容识别,ZXSEC US 企业级下一代安全网关可为用户提供可视化及精细化的应用安全管理。

ZXSEC US 企业级下一代安全网关可部署于 IDC 数据中心、政府、金融、企业、教育等各个行业,广泛适用于互联网出口、网络与服务器安全隔离、VPN 接入等多种网络应用场景。

2. 产品详解

(1) ZXSG F 系列和 U 系列产品及参数别分别如图 7-2 和表 7-1 所示。

ZXSG F1006/F3112/F5416   ZXSG U1006/U3112/U5416

图 7-2　ZXSG F 系列和 U 系列设备图

表 7 - 1　ZXSG F 系列和 U 系列产品参数

	ZXSG F1006	ZXSG F3112	ZXSG F5416	ZXSG U1006	ZXSG U3112	ZXSG U5416
	物理规格					
硬件构架	多核	多核	多核	多核	多核	多核
尺寸	426×330×44（1U）	426×470×89（2U）	426×570×89（2U）	426×330×44（1U）	426×470×89（2U）	426×570×89（2U）
USB 接口	1	2	1	1	2	1
电源模块	单 AC 电源	双 AC 电源	双 AC 电源	单 AC 电源	双 AC 电源	双 AC 电源
工作模式	透明旁路、路由、混合、直连（虚拟线）模式					
	软 件 功 能					
网络安全性	内容过滤框架：① 支持基于流、数据包、透明代理的过滤方式；② 支持对 HTTP、SMTP、POP3、IMAP、FTP 等协议的深度内容过滤；③ 支持反垃圾邮件功能					
	应用程序识别：① 支持 150 余种应用程序库的过滤，包括 P2P、IM、炒股、网游等；② 可识别超过 3000 种应用；③ 支持 QQ、Skype 等 Instant Messenger 通信，并可以对于这些应用进行登录限制和账号过滤					
	URL 分类过滤：① 支持 87 个分类；② 分类库的规模达到 700 万＋					
	防病毒：① 支持 HTTP、FTP、POP3、SMTP、IMAP 协议的病毒查杀；② 支持多于 300 万余种病毒的查杀，病毒库定期与及时更新；③ 提供快速扫描及完全扫描两种扫描方式					
	访问控制：① 基于源/目的 IP 地址、MAC 地址、端口和协议、时间、用户的访问控制；② 防代理上网功能					
	防御攻击：非法报文攻击、统计型报文攻击、端口阻断、SYN 代理、CC 攻击等					
VPN 功能	IPSEC VPN、SSL VPN、L2TP VPN、GRE VPN 等					
路由功能	支持多种路由协议，包括静态路由、策略路由、OSPF、RIP、BGP 等					
用户认证	支持多种用户认证方式，包括本地认证、RADIUS 认证、LDAP 协议认证、Windows 活动登录、内置 CA、第三方 CA、AD 域、认证客户端等					
安全虚拟化	支持虚拟防火墙、VPN 等多种安全业务的虚拟化功能					
入侵防御	支持路由、交换、直连、IDS 监听四种模式；支持基于源、目的、规则集的入侵检测；支持自定义动作					
DDOS 防御	非法报文攻击：land、Smurf、Ping of death、winnuke、tcp_sscan、ip_option、teardrop、targa3、ipspoof 等；统计型报文攻击：Synflood、ICMP flood、UDP flood、Port Scan、IP Sweep 等					

（2）ZXSEC US 下一代智能防火墙产品及参数分别如图 7 - 3 和表 7 - 2 所示。

图 7 - 3　ZXSEC US 下一代智能防火墙产品

表 7 - 2　ZXSEC US 下一代智能防火墙产品参数

	ZXSEC US1605B	ZXSEC US1612B	ZXSEC US2616B	ZXSEC US2620B	ZXSEC US2630B
物理规格及功能					
固定接口	5GE 电口＋4COMBO 光/电复用接口	2SFP＋接口，6GE（含一对 Bypass 口），4 个 SFP 接口	2SFP＋光接口，4GE 电口（含一对 Bypass 口），4SFP 光接口	4GE 电口，4SFP 光接口	4GE 电口，4SFP 光接口
尺寸	442×241×44	436×366×44	440×520×88	440×520×88	440×520×88
USB 接口	1	1	1	1	1
AC 电源	100～240 V 50～60 Hz	100～240 V 50～60 Hz	100～240 V 50～60 Hz	100～240 V 50～60 Hz	100～240 V 50～60 Hz

续表

	ZXSEC US1605B	ZXSEC US1612B	ZXSEC US2616B	ZXSEC US2620B	ZXSEC US2630B
插槽数量	无	2 个接口扩展插槽	4 个接口扩展插槽	4 个接口扩展插槽	4 个接口扩展插槽
流量控制	支持	支持	支持	支持	支持
IPS 入侵防御	支持	支持	支持	支持	支持
AV 防病毒	支持	支持	支持	支持	支持
Web 内容过滤	支持	支持	支持	支持	支持
VPN 技术	支持	支持	支持	支持	支持

本 章 练 习 题

一、填空题

1. 网络安全一般是指网络信息的_____、_____、_____真实性和安全保证。

2. 防火墙按照防护原理总体上可以分为_____、_____和_____防火墙三种类型。

3. 防火墙的基本特性包括_____、_____、_____、_____和_____五大特性。

4. 网络安全的主要特性包括_____、_____、_____、_____和_____五大特性。

5. 目前网络安全等级保护分成_____大类。

6. 网络攻击目前分成_____和_____两大类。

7. 主动攻击有_____和_____两种形式，被动攻击有_____和_____两种形式。

8. VPN 是在公用网络中形成的企业专用链路，主要采用了所谓的_____技术。

9. VPN 技术的实现方式包括_____、_____、_____和_____几大类型。

10. VPN 最常用的技术有_____、_____和_____三种。

二、判断题

1. 防火墙不能防范不通过它的连接。（　　）

2. 不触发病毒，病毒是不会发作的。（　　）

3. 反病毒安全网关能够对已知的病毒彻底清除。（　　）

4. VPN 是基于互联网、帧中继或 ATM 等网络上能够自我管理的专用网络。（　　）

三、简答题

1. 请简要说明网络安全攻击相关步骤。

2. 安全网关系统有哪些特性？请简要说明。

3. 入侵检测系统和入侵防御系统的区别有哪些？

4. VPN 技术的分类标准是什么？如何分类的？

5. 防火墙和安全网关系统有什么区别？请详细描述。

6. 防火墙的三种类型有什么不同？请简要阐述。

本 章 小 结

网络安全技术研究的基本问题包括网络安全攻击、网络安全漏洞与对策、网络的信息安全保密、网络内部安全防范、网络病毒。

网络安全服务应该提供保密性、认证、数据完整性、防抵赖与访问控制服务等。

制定网络安全策略就是研究造成信息丢失、系统损坏的各种可能，并提出对网络资源与系统的保护方法等。

防火墙、入侵检测、入侵防御、Web 应用防火墙、安全网关等系统是根据一系列的安全规章来进行检测、防御、过滤网络之间传送的报文分组，以便确保合法的流量、数据进入到网络中，它们是整个边界网络的第一道闸，确保外网网络的安全性。

在网络环境下，病毒传播速度快，破坏性极大，反病毒网关系统能够比较准确地识别病毒，并有针对性地加以清除，但查杀病毒引擎需要不断更新。

VPN 技术虽然不是真的专用网络，但却能够实现专用网络的功能，它采用隧道技术、加解密技术、密钥管理技术、使用者与设备身份认证技术等来保证安全。

第8章　相关实训项目

8.1　网　线　制　作

1. 实训目的

(1) 能熟练制作直通双绞线，并可进行测试。

(2) 通过制作网线，对网络传输介质有直观的认识。

2. 实训环境

(1) 双绞线。

(2) RJ-45插头，压线钳，网线若干，测试器，水晶头若干。

3. 实训内容

(1) 认识各种类型的双绞线。

(2) T568B双绞线的制作。

4. 实训步骤

关于RJ-45头的边接标准有两个：T568A和T568B。二者只是颜色上的区别，本质的问题是要保证1-2线对是一个绕对、3-6线对是一个绕对、4-5线对是一个绕对、7-8线对是一个绕对。常用的接线法是T568B。图8-1标示出了T568A和T568B的排线顺序。

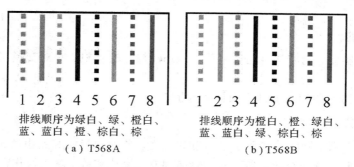

排线顺序为绿白、绿、橙白、　　　排线顺序为橙白、橙、绿白、
蓝、蓝白、橙、棕白、棕　　　　蓝、蓝白、绿、棕白、棕

　　（a）T568A　　　　　　　　　　（b）T568B

图8-1　T568A和T568B排线顺序

图8-2为双绞线的水晶头。

双绞线制作步骤：

(1) 根据实际需要，剪下一定长度的双绞线，然后把两头的外皮都剥除2～3 cm；

(2) 将双绞线中四组不同颜色的线反向缠绕开；

(3) 根据需要的标准排好线；

(4) 用压线钳铰齐线头；

(5) 插入水晶头内(注意水晶头的顺序和双绞线的对应关系);

(6) 用压线钳把线压紧;

(7) 重复第(1)~(6)步,完成双绞线另外一头的制作;

(8) 使用测试仪测试。

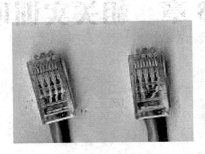

图 8-2　水晶头

交叉线测试步骤:用电缆测试仪测试已经做好的网线,然后检查主模块与另一模块的八个指示灯是否按 1-3、2-6、3-1、4-4、5-5、6-2、7-7、8-8 顺序轮流发光,来判断所做的网线是否合格。

5. 实训体会

按照下例写出你自己的实训体会。

通过此次实训,我们知道了什么是双绞线,怎样制作网线和交叉线的测试。这次实验让我们真正地自己动手操作,给我们提供广阔的实验平台,同时我们也发现了很多的问题,对于同样的制作方法,也会遇到不一样的问题。例如:同样的测试灯都可以亮,但是却不能在网络上连接。实验的目的是让我们发现更多的问题,我希望我们能够有更多的动手机会。

8.2　交换机 Telnet 远程登录

1. 实验目的

(1) 通过本实验,能够学会通过串口、Telnet 操作交换机,并对交换机、路由器进行基本配置操作。

(2) 掌握网络设备的基本操作和日常维护。

2. 实验要求

(1) 通过串口线、网线连接到交换机和路由器,并对交换机和路由器进行配置。

(2) 根据实验的任务要求,参考实验指导材料,完成实验。输入操作命令,观察输出结果,详细记录每个步骤的操作结果。

3. 实验环境

路由器、交换机、串口线、RS-232 转 USB 线(电脑无串口使用此线转接,须在电脑上安装相关驱动程序)。

4. 实验内容

串口线连接到电脑之后,右键点击"我的电脑",选择"管理",选择"设备管理器",查看串口线驱动程序是否安装正确。如果有叹号，则说明串口线驱动未安装正确，需下载驱动精灵进行检测安装。如果安装正确，则在端口里面查看 COM 端口数字，用 CRT 连接时需要选择相应 COM 端口。

5. 实验步骤

1）通过 SecureCRT 软件工具进行串口登录

运行 SecureCRT，依次选择在标签页中连接→新建会话→选择协议（如果通过串口登录）→选择 Serial，如图 8-3 所示（根据电脑选择对应的 COM 端口，将 COM 端口的属性设置为：每秒位数（波特率）"115200（路由器）或 9600（交换机）"，数据位为"8"，奇偶校验为"无"，停止位为"1"，数据流控制为"无"），完成后就会出现对应的快捷登录方式，如图 8-4 所示。

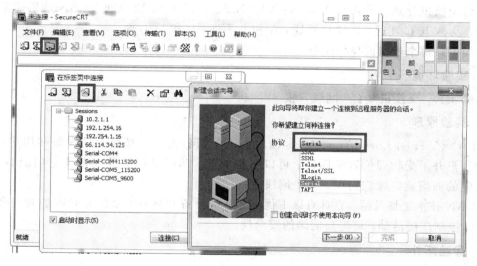

图 8-3　串口登录界面

2）通过 SecureCRT 软件工具利用网线 Telnet 登录

运行 SecureCRT，依次选择在标签页中连接→新建会话→选择协议（如果通过 IP）→选择 Telnet→输入需要访问的设备 IP 地址，完成后就会出现对应的快捷登录方式，如图 8-4 所示。

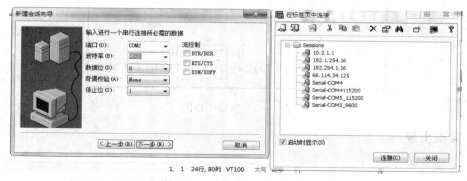

图 8-4　串口登录设置界面

输入的 IP 地址是通过本电脑需要访问的交换机的 IP 地址，该地址要求通过电脑可以 Ping 通，可能是接入交换机的 IPPORT 的地址，也可能是三层路由器的 VLAN 地址，也可能是路由器的端口地址。

8.3　交换机 VLAN 应用

1. 实验目的

(1) 了解 VLAN 的基本概念和基本原理。

(2) 掌握 VLAN 的基本配置步骤。

2. 实验任务

两台交换机分别划分两个 VLAN：VLAN 2、VLAN 3，要求同 VLAN 能够跨越交换机互通，及 A 与 C 互通，B 与 D 互通，A 和 B 不通，C 和 D 不通。

详细记录每个步骤的操作结果。

3. 实验环境

电脑 4 台，交换机 2 台，网线 5 根。

4. 实验原理

VLAN(Virtual Local Area Network，虚拟局域网)是一组逻辑上的设备和用户，这些设备和用户并不受物理位置的限制，可以根据功能、部门及应用等因素将它们组织起来，相互之间的通信就好像它们在同一个网段中一样。

VLAN 技术更加灵活，它具有以下优点：网络设备的移动、添加和修改的管理开销减少；可以控制广播活动；可提高网络的安全性。

5. 实验拓扑

实验拓扑图如图 8-5 所示。

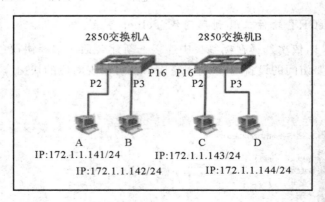

图 8-5　实验拓扑图

6. 实验步骤

1) 实验步骤 1

按图 8-5 所示，用网线将交换机和电脑连接，并进行电脑的 IP 配置。

2）实验步骤 2

（1）按如下步骤进行交换机的配置。

- 交换机 A 的配置如下：

zte＞enable //进入全局配置模式

默认密码：无

zte(cfg)♯set vlan 2 add port 16 tag //在 VLAN2 中加入端口 16，带标签

zte(cfg)♯set vlan 2 add port 2 untag //在 VLAN2 中加入端口 2，不带标签

zte(cfg)♯set vlan 3 add port 16 tag //在 VLAN3 中加入端口 16，带标签

zte(cfg)♯set vlan 3 add port 3 untag //在 VLAN3 中加入端口 3，不带标签

zte(cfg)♯set port 2 pvid 2 //设置端口 2 的 PVID 为 2

zte(cfg)♯set port 3 pvid 3 //设置端口 3 的 PVID 为 3

zte(cfg)♯set vlan 2－3 enable //设置 VLAN2,3 生效

- 交换机 B 的配置如下：

zte＞enable //进入全局配置模式

默认密码：无

zte(cfg)♯set vlan 2 add port 16 tag //在 VLAN2 中加入端口 16，带标签

zte(cfg)♯set vlan 2 add port 2 untag //在 VLAN2 中加入端口 2，不带标签

zte(cfg)♯set vlan 3 add port 16 tag //在 VLAN3 中加入端口 16，带标签

zte(cfg)♯set vlan 3 add port 3 untag //在 VLAN3 中加入端口 3，不带标签

zte(cfg)♯set port 2 pvid 2 //设置端口 2 的 PVID 为 2

zte(cfg)♯set port 3 pvid 3 //设置端口 3 的 PVID 为 3

zte(cfg)♯set vlan 2－3 enable //设置 VLAN2,3 生效

（2）使用 Ping 命令验证四台电脑的连通性（相同交换机的相同 VLAN 是否连通，不同交换机的不同 VLAN 是否连通），记录结果。

（3）使用 show vlan 2,3 命令查看 VLAN 信息，验证配置结果，记录结果。

7．实验现象及分析

1）实验现象

验证不同交换机的相同 VLAN 可以 Ping 通，而不同交换机的不同 VLAN 不可以 Ping 通。通过 show vlan 2,3 命令查看，如图 8－6 所示。

```
zte(cfg)#show vlan 2,3
    VlanId  : 2        Fid  : 2        Priority: off    VlanStatus: enabled
    VlanName:
    VlanMode: Static
    Tagged ports  : 16
    Untagged ports: 2
    Forbidden ports:

    VlanId  : 3        Fid  : 3        Priority: off    VlanStatus: enabled
    VlanName:
    VlanMode: Static
    Tagged ports  : 16
    Untagged ports: 3
    Forbidden ports:
```

图 8－6　实验结果图

2）实验分析

根据 VLAN 理论，该设置是正确的，因为 VLAN 的作用就是隔离广播域，起到了虚拟局域网的作用。

8.4 静态路由应用

1. 实验目的

掌握路由器（三层交换机）直连路由、静态路由配置。

2. 实验要求

根据实验的任务要求，参考实验指导材料，完成实验。输入操作命令，观察输出结果，详细记录每个步骤的操作结果。

3. 实验环境

电脑 2 台，ZXR10 1800 路由器 1 台。

4. 实验原理

• 路由：根据路由器学习路由信息，生成并维护路由表的功能，本实验包括直连路由（Direct）、静态路由（Static）和动态路由（Dynamic）的相关配置。

• 直连路由：路由器接口所连接的子网的路由方式。

• 非直连路由：通过路由协议从别的路由器学到的路由称为非直连路由，分为静态路由和动态路由。

直连路由是由链路层协议发现的，一般指去往路由器的接口地址所在网段的路径，该路径信息不需要维护，也不需要通过某种算法进行计算获得，只要该接口处于活动状态（Active），路由器就会把通向该网段的路由信息填写到路由表中。直连路由无法使路由器获取与其不直接相连的路由信息。

静态路由是由网络规划者根据网络拓扑，使用命令在路由器上配置的路由信息。这些静态路由信息指导报文发送，静态路由方式也不需要路由器进行计算，但是它完全依赖于网络规划者。当网络规模较大或网络拓扑经常发生改变时，网络管理员需要做的工作将会非常复杂并且容易产生错误。

本次实验涉及指令和参数：

Dest：目的逻辑网络地址或子网地址；

Mask：目的逻辑网络地址或子网地址的网络掩码；

Gw：下一跳逻辑地址，网关；

Interface：学习到这条路由的接口和数据的转发接口；

Owner：路由器学习到这条路由的方式。

5. 实验拓扑

实验拓扑图如图 8 - 7 所示。

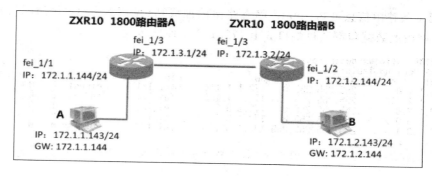

图 8 - 7　实验拓扑图

6. 实验步骤

按照图 8 - 7 连接电脑和路由器。电脑 A、B 按照拓扑图进行 IP 地址配置。

- 路由器 A 进行如下配置：

  ＃conf t //相当于命令 configure terminal，进入全局配置模式

  （config）＃ int fei_1/1　//进入百兆接口 1

  （config - if）＃ porttype 3 //配置端口为三层模式

  （config - if）＃ ip address 172.1.1.144 255.255.255.0　//配置端口的 IP 地址

  （config - if）＃ exit　//退出目前模式

  （config）＃ int fei_1/3　//进入百兆接口 3

  （config - if）＃ porttype 3　//配置端口为三层模式

  （config - if）＃ ip address 172.1.3.1 255.255.255.0　//配置端口的 IP 地址

  （config - if）＃ exit //退出目前模式

  （config）＃ ip route 172.1.2.0 255.255.255.0 172.1.3.2　//配置静态路由

- 路由器 B 进行如下配置：

  ＃conf t　//相当于命令 configure terminal，进入全局配置模式

  （config）＃ int fei_1/2　//进入百兆接口 2

  （config - if）＃ porttype 3　//配置端口为三层模式

  （config - if）＃ ip address 172.1.2.144 255.255.255.0　//配置端口的 IP 地址

  （config - if）＃ exit　//退出目前模式

  （config）＃ int fei_1/3　//进入百兆接口 3

  （config - if）＃ porttype 3　//配置端口为三层模式

  （config - if）＃ ip address 172.1.3.2 255.255.255.0　//配置端口的 IP 地址

  （config - if）＃ exit　//退出目前模式

  （config）＃ ip route 172.1.1.0 255.255.255.0 172.1.3.1　//配置静态路由

配置完成后，测试电脑 A、B 是否连通，记录下命令运行结果。

在路由器上 A、B 分别使用 show ip route 查看路由表，记录下命令运行结果。

找出主机 A 向主机 B 通信所需路由条目，说明各项参数的含义。

7. 实验现象及分析

测试实验现象表明电脑 A、B 可以连通。

观察第 3 条路由信息，可知 static 静态路由添加成功（见图 8 - 8），要访问目标地址为 172.1.2.0 网段的数据包都通过端口 3 上 172.1.3.2 地址转发。

观察第 1 条路由信息可知,static 静态路由添加成功(见图 8 - 9),要访问目标地址为 172.1.1.0 网段的数据包都通过端口 3 上 172.1.3.1 地址转发。

```
ZXR10(config)#show ip route
IPv4 Routing Table:
Dest            Mask             Gw              Interface   Owner    pri metric
172.1.1.0       255.255.255.0    172.1.1.144     fei_1/1     direct   0    0
172.1.1.144     255.255.255.255  172.1.1.144     fei_1/1     address  0    0
172.1.2.0       255.255.255.0    172.1.3.2       fei_1/3     static   1    0
172.1.3.0       255.255.255.0    172.1.3.1       fei_1/3     direct   0    0
172.1.3.1       255.255.255.255  172.1.3.1       fei_1/3     address  0    0
```

图 8 - 8 路由器 A 静态路由表

```
ZXR10(config)#show ip route
IPv4 Routing Table:
Dest            Mask             Gw              Interface   Owner    pri metric
172.1.1.0       255.255.255.0    172.1.3.1       fei_1/3     static   1    0
172.1.2.0       255.255.255.0    172.1.2.144     fei_1/2     direct   0    0
172.1.2.144     255.255.255.255  172.1.2.144     fei_1/2     address  0    0
172.1.3.0       255.255.255.0    172.1.3.2       fei_1/3     direct   0    0
172.1.3.2       255.255.255.255  172.1.3.2       fei_1/3     address  0    0
```

图 8 - 9 路由器 B 静态路由图

8.5 ACL 访问控制列表

1. 实验目的

掌握访问控制列表的原理、作用,标准访问控制列表和扩展访问控制列表的区别,掌握路由器上配置访问控制列表。

2. 实验要求

根据实验的任务要求,参考实验指导材料,完成实验。输入操作命令,观察输出结果,详细记录每个步骤的操作结果。

3. 实验环境

电脑 2 台,交换机 1 台,路由器 1 台。

4. 实验原理

访问控制列表(ACL)是路由器和交换机接口的指令列表,用来控制端口进出的数据包。ACL 适用于所有的被路由协议,如 IP、IPX、AppleTalk 等。

目前有三种主要的 ACL:标准 ACL、扩展 ACL 及命名 ACL。其他的还有标准 MAC ACL、时间控制 ACL、以太协议 ACL 、IPv6 ACL 等。

标准的 ACL 使用 1~99 以及 1300~1999 之间的数字作为表号,扩展的 ACL 使用100~199以及 2000~2699 之间的数字作为表号。标准 ACL 可以阻止来自某一网络的所有通信流量,或者允许来自某一特定网络的所有通信流量,或者拒绝某一协议簇(比如 IP)的所有通信流量。

扩展 ACL 比标准 ACL 提供了更广泛的控制范围。例如,网络管理员如果希望做到"允许外来的 Web 通信流量通过,拒绝外来的 FTP 和 Telnet 等通信流量",那么,他可以使用扩展 ACL 来达到目的,标准 ACL 不能控制这么精确。

5. 实验拓扑

实验拓扑图如图 8 - 10 所示。

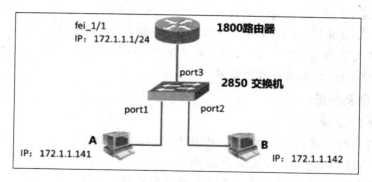

图 8 - 10　实验拓扑图

1）实验步骤 1

按照图 8 - 10 组网，并进行电脑 IP 配置和路由器配置。

路由器配置如下：

ZXR10＞en

ZXR10＞zhongxing（或者 zxr10）　//输入密码

ZXR10＃config terminal　//进入全局配置模式

ZXR10（config）＃interface fei_1/1　//进入内网口 1 配置

ZXR10（config－if）＃porttype l3　//设置端口属性为三层

ZXR10（config－if）＃ ip add 172.1.1.1 255.255.255.0　//设备内网口接口地址

ZXR10（config－if）＃exit　//退出

分别在两台电脑上 Ping 路由器的端口 1 地址，看是否可以 Ping 通，记录结果。

2）实验步骤 2

标准访问控制列表——对 IP 地址进行限制：

ZXR10＃conf t

（config）＃ ip access－list standard 10　//配置标准 ACL 名称为 10

（config－std－acl）＃ permit 172.1.1.142 0.0.0.0　//允许 IP 172.1.1.142

（config－std－acl）＃ exit　//退出

（config）＃ int fei_1/1　//进入端口 1

（config－if）＃ ip access－group 10 in　//将 ACL 10 赋予端口 1 的收数据

分别在两台电脑上 Ping 路由器的 172.1.1.1，看是否可以 Ping 通，记录结果。

3）实验步骤 3

扩展访问控制列表——对 Telnet 服务进行限制：

（config）＃no ip access standard 10　//将 ACL 10 去除

用 no ip access 10 in 删去标准访问控制列表。在电脑上用 Telnet 方式登录 172.1.1.1，看看是否可以登录，记录结果。配置扩展访问控制列表，对 Telnet 服务进行限制：

ZXR10＃conf t

（config）＃ ip access－list extend 120　//配置标准 ACL 名称为 120

（config－ex－acl）＃ deny tcp any any eq 23　//禁止端口 23 的 tcp 数据

（config－ex－acl）＃ permit ip any any　//允许其他所有的协议通过

（config－std－acl）＃ exit　//退出

(config)♯ int fei_1/1 //进入端口 1

(config − if)♯ ip access 120 in //将 ACL 120 赋予端口 1 的收数据

在两台电脑上 Telnet 172.1.1.1,记录测试结果。在两台电脑上 Ping 172.1.1.1,记录测试结果,并分析为什么会有这样的结果。

6. 实验现象及分析

(1) 都可以 Ping 通。

经过交换机和路由器相连同网段的 IP 地址,整体连接为通。

(2) 电脑 B 可以 Ping 通,A 无法 Ping 通。

因为端口 1 只允许 IP 地址为 172.1.1.142 的数据通过。

(3) 使用 no ip access 10 in 删去标准访问控制列表后,A、B 可以通过 Telnet 连接。登录成功后,界面显示如图 8 − 11 所示。

图 8 − 11 Telnet 登录成功

配置扩展访问控制列表,对 Telnet 服务进行限制后不可以登录 Telnet 172.1.1.1,但是可以 Ping 通,如图 8 − 12 所示。因为访问列表开对 Telnet 服务进行了限制,但是允许了其他 IP 协议通过。

图 8 − 12 实验结果

8.6 FTP 服务器搭建

1. 实验目的

(1) 掌握在 Windows 系统下搭建 FTP 服务器方法。

（2）了解 FTP 服务器的基本配置。

2．实验内容

（1）用 Serv－U FTP Server 构建自己的 FTP 服务器。

（2）熟练掌握 Serv－U FTP Server 软件的安装、设置。

（3）理解 FTP 服务器的工作原理。

（4）掌握 FTP 服务器的功能及基本配置。

（5）从网上搜索资料了解，课堂听取老师的讲解。

（6）根据要求配置 Serv－U，创建域，定义用户，设置服务器的访问权限等，通过浏览器、命令提示符等访问 FTP 服务器。

3．实验原理

FTP(File Transfer Protocol,文件传输协议)是现今使用最广泛的应用服务之一，用户通过它可以把文档从一台计算机传到另一台计算机。为使用方便出现了现在的匿名 FTP(Anonymous FTP)，用户只要知道服务器的地址就可以登录并获取资源。

4．实验设备

Serv－U FTP Server 软件，一台计算机，服务器。

5．实验过程及分析

（1）安装软件。

（2）建立一个本地的 FTP 服务器。

① 第一次运行程序，弹出窗口设置向导。

② 点击"下一步"进入创建一个新域，定义自己的域名(ftp. lpsxx. cn)。

③ 根据设置向导提示输入自己的 IP 地址。

④ 根据自己的需求选择加密模式(单向加密，更安全)。

⑤ 最后点击为新域创建用户账户。

⑥ 设置登录 ID 和密码(如匿名登录，设置 ID 为 Anonymous,密码为空)。

⑦ 再设置用户登录时访问的目录(访问权限，选择完全访问)。

⑧ 在"服务器限制和设置"→"FTP 设置"里面设置用浏览器登录服务器乱码的情况(根据自己需要设置服务器的功能)。

6．实验小结

按照下例对自己进行实验小结。

在本次实验中，我学会了怎样在 Windows 环境下搭建自己的 FTP 服务器，在老师的指导下知道了 Ser－U 软件的使用，掌握了 FTP 服务器的基本配置。实验中也遇到很多难题，比如设置"匿名登录"时的用户名(Anonymous)和密码，还有很多细节是我们今后需要改进的。最后搭建完成，实现 FTP 服务器的访问和控制。

附录　常见通信类英文缩写词

PCM：脉冲编码调制(Pulse Code Modulation)

COF：截止频率(Cut - off Frequency)

DTS：离散时间信号(Discrete - Time Signal)

DAC：数字模拟转换器(Digital to Analog Converter)

SSB：单边带(Single Side Band)

BPSK：二进制相移键控(Binary Phase Shift Keying)

QPSK：正交相移键控(Quadrature Phase Shift Keying)

QAM：正交振幅调制(Quadrature Amplitude Modulation)

DECT：数字增强无绳通信(Digital Enhanced Cordless Telecommunications)

DTE：数据终端设备(Data Terminal Equipment)

DCE：数据通信设备(Data Communications Equipment)

CCP：通信控制处理机(Communication Control Processor)

OSI：开放式系统互连(Open System Interconnection)

TCP/IP：传输控制协议/因特网互联协议(Transmission Control Protocol/Internet Protocol)

UDP：用户数据报协议(User Datagram Protocol)

LAN：局域网(Local Area Network)

MAN：城域网(Metropolitan Area Network)

WAN：广域网(Wide Area Network)

ATM：异步传输模式(Asynchronous Transfer Mode)

PCS：个人通信系统(Personal Communication System)

PBX：专用交换机(Private Branch Exchange)

ISO：国际标准化组织(International Organization for Standardization)

ITU：国际电信联盟(International Telecommunication Union)

IEEE：电气和电子工程师协会(Institute of Electrical and Electronics Engineers)

DSU：数据服务单元(Diode Supply Unit)

DDN：数字数据网(Digital Data Network)

TP：双绞线(Twisted Pair)

STP：屏蔽双绞线(Shielded Twisted Pair)

UTP：非屏蔽双绞线(Unshielded Twisted Pair)

MOF：多模光纤(Multimode Optical Fiber)

SOF：单模光纤(Single Mode Fiber)

FDM：频分多路复用(Frequency - Division Multiplexing)

ADSL：非对称数字用户线路(Asymmetric Digital Subscriber Line)

TDM：时分复用（Time Division Multiplexing）

CDM：码分多路复用（Code Division Multiplexing）

CDMA：码分多址（Code Division Multiple Access）

WDM：波分复用（Wavelength Division Multiplexing）

FEC：前向纠错码（Forward Error Correction）

SNA：网络体系结构（System Network Architecture）

LLC：逻辑链路控制子层（Logical Link Control）

MAC：介质访问控制（Medium Access Control）

ICMP：控制报文协议（Internet Control Message Protocol）

ARP：地址解析协议（Address Resolution Protocol）

RARP：反向地址转换协议（Reverse Address Resolution Protocol）

SMTP：简单邮件传输协议（Simple Mail Transfer Protocol）

POP3：邮局协议（Post Office Protocol 3）

FTP：文件传输协议（File Transfer Protocol）

DHCP：动态主机配置协议（Dynamic Host Configuration Protocol）

HTTP：超文本传输协议（Hyper Text Transfer Protocol）

PSTN：公共电话交换网（Public Switched Telephone Network）

SVC：交换虚电路（Switched Virtual Circuit）

PVC：永久虚电路（Permanent Virtual Circuit）

WLAN：无线局域网络（Wireless Local Area Networks）

SDN：软件定义网络（Software Defined Network ）

BPOS：批处理操作系统（Batch Processing Operating System）

TSOS：分时操作系统（Time Sharing Operating System）

RTOS：实时操作系统（Real Time Operating System）

DSS：分布式操作系统（Distributed Software Systems）

EOS：嵌入式操作系统（Embedded Operating System）

DoS：拒绝服务（Deny of Service）

IDS：入侵检测系统（Intrusion Detection System）

IPS：入侵防御系统（Intrusion Prevention System）

VPN：虚拟专用网络（Virtual Private Network）

ACL：访问控制列表（Access Control List）

参 考 文 献

[1] 邢彦辰. 数据通信与计算机网络[M]. 2 版. 北京：人民邮电大学出版社，2015.
[2] 杨心强. 数据通信与计算机网络教程 [M]. 北京：清华大学出版社，2015.
[3] 杨心强. 数据通信与计算机网络 [M]. 4 版. 北京：电子工业出版社，2015.
[4] 廉文娟. 网络操作系统 [M]. 北京：北京邮电大学出版社，2008.
[5] 罗耀祖. 网络安全技术 [M]. 北京：北京大学出版社，2009.
[6] 杨泽卫. 重构网络 SDN 架构与实现 [M]. 北京：电子工业出版社，2017.